# 东昆仑造山带西缘刀锋山地区晚古生代-早中生代主要岩浆事件岩石学依据

秦　松　张东阳　邓关川　雷　停　丁代国
王　磊　申超文　陈小龙　袁　强 / 著

四川大学出版社
SICHUAN UNIVERSITY PRESS

**图书在版编目（CIP）数据**

东昆仑造山带西缘刀锋山地区晚古生代－早中生代主要岩浆事件岩石学依据 / 秦松等著. -- 成都 : 四川大学出版社, 2024.7

（资源与环境研究丛书）

ISBN 978-7-5690-6924-2

Ⅰ. ①东… Ⅱ. ①秦… Ⅲ. ①昆仑山－晚古生代－火成岩－研究②昆仑山－中生代－火成岩－研究 Ⅳ. ①P588.1

中国国家版本馆 CIP 数据核字（2024）第 107230 号

书　　名：东昆仑造山带西缘刀锋山地区晚古生代－早中生代主要岩浆事件岩石学依据

Dongkunlun Zaoshandai Xiyuan Daofengshan Diqu Wangushengdai-Zaozhongshengdai Zhuyao Yanjiang Shijian Yanshixue Yiju

著　　者：秦　松　张东阳　邓关川　雷　停　丁代国　王　磊　申超文　陈小龙　袁　强

丛 书 名：资源与环境研究丛书

丛书策划：庞国伟　蒋　玙

选题策划：胡晓燕

责任编辑：胡晓燕

责任校对：周维彬

装帧设计：墨创文化

责任印制：王　炜

出版发行：四川大学出版社有限责任公司

地址：成都市一环路南一段 24 号（610065）

电话：（028）85408311（发行部）、85400276（总编室）

电子邮箱：scupress@vip.163.com

网址：https://press.scu.edu.cn

印前制作：四川胜翔数码印务设计有限公司

印刷装订：四川省平轩印务有限公司

扫码获取数字资源

成品尺寸：185mm×260mm

印　　张：12

字　　数：293 千字

版　　次：2024 年 7 月 第 1 版

印　　次：2024 年 7 月 第 1 次印刷

定　　价：69.00 元

四川大学出版社微信公众号

# 前　言

对古特提斯洋演化过程中洋陆转换过程的深入认识是准确理解冈瓦纳裂离碎片北向漂移过程中微陆块之间拼合机制的重要窗口。位于古特提斯构造域最北缘的东昆仑古特提斯洋，其俯冲-碰撞之间的转换过程（包括转换时限和转换机制）一直存在较大争议，这极大地制约了对冈瓦纳北缘微地体之间地球动力学过程的深入认识。东昆仑造山带西缘刀锋山地区处于阿尔金断裂和东昆仑的交接部位，研究程度极低，且处于衔接东昆仑、阿尔金、西昆仑的关键部位，保留了晚古生代-中生代岩浆事件和相关的沉积记录，是研究东昆仑古特提斯洋洋陆俯冲和碰撞过程的天然实验室。

本书依托中央返还新疆两权价款资金项目（K16-1-LQ20）和四川省地矿局区调队科研项目［（2017)02 号］，对东昆仑刀锋山地区早二叠-早侏罗世岩浆岩和相关沉积岩展开了系统的野外地质调查、岩相学、岩石地球化学、锆石 U-Pb 年代学和 Lu-Hf 同位素等分析研究工作。

本书主要取得如下研究进展：

（1）对马尔争组下部产出的玄武岩-玄武安山岩和上部发育的流纹岩-英安岩的锆石 U-Pb 测年结果显示，其形成时代分别为（273.1±1.1)Ma 和 266.6～264.8 Ma。前者属于钙碱性系列，具有富钠，高镁含量、$Mg^{\#}$ 值、$(Th/Nb)_{PM}$ 比值，低 $(Nb/La)_{PM}$ 比值，强烈富集大离子亲石元素（LILE），亏损高场强元素（HFSE）；$\varepsilon_{Hf}(t)$ 值变化范围为+0.15～+7.40，$T_{DM}^{C}$ 介于 1283～822 Ma 之间，表明其形成于早二叠世俯冲阶段板片熔融相关的熔体交代过程。后者属钙碱性系列，具有富钠，低镁含量、$Mg^{\#}$ 值，显示 S 型花岗岩特征，强烈富集 LILE，亏损 HFSE；$\varepsilon_{Hf}(t)$ 主体介于－1.65～+8.29 之间（平均为+1.85），$T_{DM}^{C}$ 介于 1396～764 Ma 之间，指示源区具有亏损地幔参与的壳幔混合特征，显示其形成于晚二叠世俯冲背景下深海沉积物（砂、泥岩）不同比例熔融与地幔楔作用的产物。

（2）新发现的在刀锋山混杂带南部侵位于黄羊岭组的闪长岩脉，其锆石 U-Pb 年龄为（258.2±1.9)Ma；具有中等 $SiO_2$ 含量，高 $Na_2O$ 含量、MgO 含量、$Mg^{\#}$ 值、Cr、Ni，低 TFeO/MgO 比值、$TiO_2$ 含量、Th、Th/Ce 比值，类似于赞岐质（Sanukitic）高镁安山岩/闪长岩。该闪长岩的高 Sr（598.7 ppm）、Sr/Y 比值，低 Y、Yb，与俯冲板片熔体相关的埃达克岩特征一致。$\varepsilon_{Hf}(t)$ 变化范围为－10.35～－8.19，表明其形成于晚二叠世俯冲阶段消减板片及其上覆沉积物熔融产生的熔体和地幔楔橄榄岩的反应。

（3）侵位于马尔争组的岩浆岩主要包括辉绿岩和花岗质岩石。辉绿岩锆石 U-Pb 测年结果为（206.5±4.9)Ma 和（226.5±2.9)Ma；元素地球化学测试结果显示其属于钙碱性系列，具有富钠，高镁含量、$Mg^{\#}$值、$(Th/Nb)_{PM}$比值，低（$(Nb/La)_{PM}$比值，强烈富集 LILEs，亏损 HFSEs；$\varepsilon_{Hf}(t)$ 介于$-6.78$～$-1.82$之间（平均值为$-3.51$），表现出源区不同程度富集的特征，暗示其形成于晚三叠世俯冲板片部分熔融相关的熔体交代过程，其中俯冲板片富集组分（如沉积物）可能参与该熔融过程。呈大岩基产出的二长花岗岩锆石 U-Pb 年龄为（209.5±1.5）Ma；显示高钾钙碱性系列，低镁含量、$Mg^{\#}$值，具有 I 型花岗岩特征，富集大离子亲石元素（LILE），亏损高场强元素（HFSE）。高 Lu/Hf 比值指示海相沉积物很可能被俯冲过程带入并参与其形成过程；Zr/Hf 比值偏离其与 Zr 所组成的线性序列，暗示除有岩浆结晶分异外，源区还有幔源组分参与。$\varepsilon_{Hf}(t)$ 变化范围为$+2.15$～$+8.23$，$T_{DM}^{C}$ 介于 1107～720 Ma 之间，表现出不同程度的新生特征，也进一步支持亏损幔源组分参与其形成过程。因此，该二长花岗岩可被认为形成于晚三叠世俯冲阶段俯冲的沉积物（如海相泥岩）部分熔融产生的熔体和地幔楔橄榄岩的反应。晚期呈岩株状产出的花岗质岩石包括二长花岗岩和碱长花岗岩，锆石测年结果分别为（186.6±2.5）Ma 和（186.1±1.8）Ma。元素地球化学分析结果显示，二长花岗岩和碱长花岗岩均属于钙碱性-高钾钙碱性系列，整体表现为高钾含量，低镁含量、$Mg^{\#}$值，均富集 LILEs 和亏损 HFSEs。Zr/Hf 比值与 Zr 所组成的线性序列表明无幔源组分的参与；随 Nb 含量增加和 Nb/Ta 比值降低，Y/Ho 比值呈现出增加趋势，指示与花岗质岩石分异形成的流体相关。早侏罗世花岗质岩石的$\varepsilon_{Hf}(t)$ 变化范围为$+1.04$～$+7.23$，$T_{DM}^{C}$ 介于 1162～766 Ma 之间，与早阶段晚三叠世二长花岗岩具有极为一致的$\varepsilon_{Hf}(t)$ 值。此外，早侏罗世花岗质岩石样品含有大量与晚三叠世花岗岩时代一致的锆石群（212～208 Ma），可初步得出早侏罗世花岗岩是晚三叠世花岗岩或其碎屑物质在软碰撞阶段强烈挤压背景、源区无幔源岩浆参与下再次熔融的产物。

（4）对昆南混杂岩带的马尔争组（$P_{1\text{-}2}m$）、库孜贡苏组（$K_1kz$）和刀锋山组（$D_3d$）构造背景的分析表明，它们均形成于活动陆缘。碎屑锆石年龄均呈现多峰分布：马尔争组砂质亮晶灰岩为～302 Ma、～552 Ma 和～905 Ma，库孜贡苏组长石石英砂岩为～246 Ma 和～446 Ma，刀锋山组含黑云母石英岩为～576 Ma、～657 Ma 和～998 Ma。其中，库孜贡苏组碎屑锆石年龄的两大峰值与东昆仑造山带两期弧岩浆作用密切相关，马尔争组和刀锋山组碎屑锆石年龄值～576 Ma、～905 和～998 Ma 分别记录了泛非事件和罗地利亚超大陆聚合-裂解事件。最年轻的碎屑锆石表明，古特提斯洋在～246 Ma 仍处于消减阶段。

综上所述，本书运用野外地质调查、岩相学、岩石地球化学、同位素年代学等分析了研究区岩浆岩的空间分布、形成时限、物质来源，探讨了岩浆岩的成因机制、构造环境及其造山响应，填补了该区晚古生代-早中生代主要岩浆事件的研究空白；同时得出阿尼玛卿—昆仑古特提斯洋的北向俯冲在早二叠世（～273 Ma）已经开始，持续到晚三叠世（～209 Ma），碰撞可能发生在早侏罗世（～186 Ma），俯冲-碰撞转换发生在晚三叠世-早侏罗世（209～186 Ma），其间经历了大洋俯冲阶段到增生楔-增生楔软碰撞阶段的洋-陆转换过程，为细化阿尼玛卿—昆仑古特提斯洋的俯冲和碰撞过程做了重要时限和机制约束。

本书的编写分工：第1章由秦松、张东阳、邓关川完成，第2章、第3章由秦松、雷停、丁代国、王磊、申超文、陈小龙、袁强完成，第4章由秦松、张东阳完成，第5章、第6章由秦松、张东阳、丁代国完成，第7章、第8章由秦松、张东阳完成，书中图片由丁代国、库克、黄宇、郑育绘制，全书由秦松修改定稿。感谢中国地质大学（武汉）、成都理工大学、四川省地质矿产勘查开发局区域地质调查队各位良师益友在本书的编写过程中提供的无私帮助。

本书可作为地质学专业科研人员及一线生产人员参考用书，特别可作为对东昆仑古特提斯洋晚古生代-早中生代演化感兴趣的科技人员的重要借鉴资料。

限于著者水平，书中错误和不妥之处在所难免，恳请读者批评指正。

**著　者**

**2023年10月**

# 目　　录

# 第1章 概 论

## 1.1 研究意义

青藏高原较完整地保存了特提斯构造域各个演化阶段的地质记录，发育的蛇绿岩、岩浆岩、混杂岩中的增生杂岩及深海沉积物、构造变形特征等大多被保存在板块边缘的缝合带和褶冲带中，记录了特提斯各阶段的演化（Metcalfe，1994，1996；Faure et al.，2014；Zaw et al.，2014）。其中，新特提斯构造域发育了雅鲁藏布洋盆，中特提斯构造域发育了班公湖—怒江洋盆，而古特提斯洋在中国大陆总体表现为T形几何学特征，从扬子地块西南缘延入东南亚一带，为东辛梅利亚古陆碎片与东南亚古陆碎片之间的主洋盆（Wang et al.，2000；Wakita、Metcalfe，2005；闫全人等，2005；Metcalfe，2006，2013；Metcalfe et al.，2017；Huang et al.，2018）。

古特提斯的演化受到了后期中特提斯洋和新特提斯洋演化过程的多期次构造叠加，其岩浆-沉积记录保存较中-新特提斯洋不甚完整，从而增大了古特提斯洋的研究难度。古特提斯在东亚区域分布较广，均发育了相应的缝合带及相应的岩浆岩带，其发展演化记录主要集中于研究区北侧的东昆仑布青山—阿尼玛卿缝合带、南侧金沙江缝合带、龙木措—双湖缝合带、昌宁—孟连缝合带，泰国西部的清迈—因塔农缝合带，马来西亚的文冬—劳勿缝合带，越南东北区域松马缝合带（Metcalfe，1993，1994，2000，2002；Wu et al.，1995；Sone、Metcalfe，2008；Barber、Crow，2009；Fan et al.，2010；熊富浩，2014）。

昆仑造山带是原特提斯洋和古特提斯洋的转换传承地带，是实现洋陆转换、陆块拼接的重要窗口。有研究认为，塔里木、柴达木、扬子、华夏、阿拉善、羌塘等微陆块在早古生代早期均具有亲冈瓦纳大陆的特征（李三忠等，2016），这表明东西昆仑造山带在大地构造位置上均位于冈瓦纳北缘裂离陆块之间的原-古特提斯洋构造域。西昆仑库地北蛇绿岩、阿尔金南缘蛇绿岩和柴北缘蛇绿岩在年龄、岩石组合及地球化学特征方面均具有相似之处，暗示在早古生代时期西昆仑和阿尔金南缘、柴北缘很可能处于相同的构造背景（李海兵等，2007）。昆仑造山带以阿尔金断裂为界可分为东昆仑和西昆仑，系统研究表明，东昆仑和西昆仑在三叠纪以前的地质构造演化具有统一性，形成的构造带可以很好地对比连接（李兴振、尹福光，2002），理由如下：①东昆仑和西昆仑都经历了加里东运动，泥盆系不整合在早古生代或更老的变形变质岩层之上；②东昆仑和西昆仑的晚泥盆世-早石炭世普遍发育一套基性-中酸性-酸性的钙碱性火山岩系；③东昆仑和西昆仑石炭纪明显出现拉张，形成一系列深水盆地；④东昆仑三叠系巴颜喀拉山群的复理石沉积向西一直延伸到西昆仑康西瓦—麻扎以南，构成了东昆仑和西昆仑地质对比的一个重要地层标志。

一直以来，东昆仑造山带演化相关的蛇绿岩、俯冲和碰撞相关的岩浆活动等都是地质学家研究的焦点，并开展了大量年代学、地球化学方面的研究工作。这些研究工作主要集中于东昆仑造山带东段，如对东昆仑造山带东段的蛇绿岩（姜春发等，1992；陈亮等，2001；Bian et al.，2004；杨经绥等，2004；李王晔，2008；孙雨，2010；刘战庆等，2011；杨杰，2014；Li et al.，2015b）、岩浆岩（刘成东等，2003，2004；李碧乐等，2012；陈国超等，2013；宋忠宝等，2013；Li et al.，2015c；Xia et al.，2017；Zheng et al.，2018；Dong et al.，2018）、沉积岩（闫臻等，2008；胡楠等，2013；裴先治等，2015；李瑞保等，2012，2015；裴磊等，2017；陈国超等，2018）等方面进行的较为广泛的研究。相较而言，东昆仑造山带西段由于自然交通条件的限制，研究程度相对较低，近年来仅在无人区开展了部分基础地质调查研究工作（戴传固等，2002，2006；弓小平等，2004；柏道远等，2006；李荣社等，2008；戴传固，2009；范亚洲等，2014；新疆维吾尔自治区地质矿产勘查开发局第十一地质大队，2015；龚大兴等，2016；闫磊等，2016；秦松等，2019；四川省地质矿产勘查开发局区域地质调查队，2019；周敬勇等，2019），取得了珍贵的基础资料，为西段岩浆岩的时空格架、岩石成因、造山带演化过程提供了相关依据。但相对于东段仍然缺乏较为深入的系统分析，这极大地制约了对整个东昆仑造山带古特提斯演化历史的全面认识，而且也限制了进一步对东昆仑和西昆仑造山带的对比连接关系及演化的研究。三叠纪以来，阿尔金断裂的左行走滑作用将东昆仑和西昆仑被错断500～1000公里（李海兵等，2007），刀锋山地区位于东昆仑造山带西缘，处于阿尔金断裂和东昆仑的交接部位，是衔接东昆仑、阿尔金和西昆仑的关键部位，是研究东昆仑造山带西段原-古特提斯洋的构造演化、对比研究东昆仑东段和西昆仑系统的天然实验室。

东昆仑地区保留了大量原-古特提斯洋演化相关的古老洋壳残片、古生物地层和岩浆活动记录，记录了青藏高原北部形成、演化早期的信息及动力学过程（姜春发等，1992；Yang et al.，1996；潘桂堂等，1997；殷鸿福、张克信，1997；Dong et al.，2018；Huang et al.，2018），是研究古特提斯演化、东昆仑造山带形成最为理想的关键区域。其中，花岗质岩基构成了东昆仑古特提斯域造山带的主体，已有诸多学者对东昆仑东段进行了相关研究工作。其中，极具争议的一个问题是布青山—阿尼玛卿古特提斯洋的最终闭合时限，不同学者的观点相差较大（王珂等，2020）：①布青山—阿尼玛卿古特提斯洋在中二叠世闭合，晚二叠世该区已全面进入后碰撞造山阶段（Yang et al.，2009；Pan et al.，2012）；②晚二叠世-早三叠世花岗岩类多为俯冲型岩浆岩，中三叠世才开始碰撞造山运动（熊富浩，2014）；③布青山—阿尼玛卿古特提斯洋的俯冲一直持续到早三叠世，至晚三叠世才全面转入陆内碰撞造山阶段（莫宣学等，2007；张明东等，2018）。但是，只根据单一岩体的地球化学特征来限定构造背景的方法值得商榷。而混杂岩带内很可能保留有布青山—阿尼玛卿古特提斯洋演化的岩浆岩记录，对其形成时代、成因机制、源区特征及大地构造背景等的系统研究将会为解决上述争议问题提供重要的科学依据。

另外，东昆仑造山带花岗岩成因问题存在争议。研究表明，东昆仑造山带显生宙以来的花岗岩类的平均成分与大陆地壳平均成分极为相似（Rudnick、Gao，2003；Xiong et al.，2014），这说明早古生代以来大量花岗岩类的形成响应了显生宙以来的陆壳生长。而且东昆仑花岗岩富集暗色包体，表明幔源岩浆底侵以及岩浆混合作用构成了显生宙以来东昆仑地壳生长的主要方式（肖庆辉等，2005）。但是关于幔源岩浆底侵的动力学机制存在不同观点。有学者认为，碰撞开始时板片的断离作用可导致软流圈物质上涌并诱发地幔楔减压熔融，从而形成镁铁质岩浆而形成幔源岩浆的底侵（罗照华等，2007）；也有学者认为，板片的俯冲过程中板片流体及所携带的沉积物等物质脱水产生的流体同时交代地幔楔，从而形成部分熔融（Defant、Drummond，1990；Defant、Kepezhinskas，2001；Rollinson、Tarney，2005；Wu et al.，2006；Liu et al.，2015；马昌前等，2013），或者幔源岩浆在地壳底部聚集，形成底侵作用，并诱发地壳发生部分熔融，从而发生壳幔物质混合（Williamson et al.，1996；Yang et al.，2002；Watson、Harrison，2005）；还有学者认为，在后碰撞环境下，在岩石圈拆沉、软流圈地幔上涌、大陆地壳伸展垮塌等作用下，壳幔相互作用最为强烈（Castro et al.，1999；邓晋福等，2004；Wang et al.，2004；Castillo，2006）。因此，对东昆仑花岗岩的岩石成因及其构造背景的深入探究可以为研究古特提斯洋的演化阶段提供支撑。

此外，前人对于布青山—阿尼玛卿古特提斯洋演化的探索还相对缺乏沉积岩方面的制约，如碎屑沉积岩的地球化学、碎屑锆石年代学和 Hf 同位素等方面的研究。碎屑沉积岩的碎屑组成、地球化学特征对研究碎屑物源区具有重要意义，可以分析沉积物源变迁、构造演化等问题（Bhatia，1983；Taylor、McLennan，1985；Bhatia、Crook，1986；Roser、Korsch，1988）。不同物源区、不同构造机制下的碎屑沉积岩往往具有独特的碎屑锆石年龄谱及其 Hf 同位素特征，因此可以用来指示沉积构造环境并反演区域构造演化历史（Cawood et al.，2012）。

综上所述，本书在中央返还新疆两权价款资金项目（K16-1-LQ20）和四川省地矿局区调队科研项目［（2017）02 号］的支撑下，选择新疆刀锋山地区构造混杂岩带中产出的早二叠世-早侏罗世的岩浆岩为主要研究对象，在较为细致的野外地质调查基础上，对代表性的岩浆岩及其相关的碎屑沉积岩样品进行详细的岩石学、元素地球化学、锆石 U-Pb 年代学和 Lu-Hf 同位素分析，旨在明确其形成时代，对其形成机制（如源区特征和物质来源）进行有效约束，进而对东昆仑古特提斯造山带构造环境的演化过程进行探讨，尝试限定该造山带俯冲-碰撞构造体制及其转换时限，为古特提斯洋的碰撞-闭合时限提供新的制约。

## 1.2 研究现状及拟解决的问题

### 1.2.1 研究现状

东昆仑造山带作为一个复合型大陆造山带，为我国中央造山系的重要组成部分，其经历了复杂多样的构造演化过程（姜春发等，1992，2000；许志琴等，2007；杨经绥等，2010)。近年来的研究成果显示，其至少经历了两大洋陆构造旋回的物质建造和演化，分别为新元古代-早古生代洋陆旋回和晚古生代-早中生代的洋陆旋回（姜春发等，1992，2000；潘裕生等，1996；殷鸿福、张克信，1997；朱云海等，2002；杨经绥等，2003；陈能松等，2007)。近年来，随着高精度年代学方法的普及和科研力度的增加，东昆仑造山带研究工作的深入，逐渐修正了20世纪的K-Ar年代学数据及20世纪70—90年代对整个昆仑山岩浆活动期次主体为华力西期的认识。莫宣学等（2007）将东昆仑岩浆活动期次划分为前寒武纪、早古生代、晚古生代-早中生代、新生代四个期次。分布的大量不同时代的岩浆岩，以古特提斯构造演化相关的晚古生代-早中生代侵入岩最发育（Zhang et al.，2012；Ding et al.，2014；Huang et al.，2014；Xia et al.，2014；Liu et al.，2015；马昌前等，2015；陈邦学等，2019；李猛等，2020)。

晚古生代以来，以古特提斯洋为主体的洋陆构造格局为中央造山系南部的重要特征。现今古特提斯遗迹在东亚地区保存最为完整，澜沧江—昌宁—孟连蛇绿岩带、金沙江—哀牢山蛇绿岩带、甘孜—理塘蛇绿岩带等晚古生代蛇绿岩作为古特提斯洋存在的证据，被广泛研究（莫宣学等，2001；姚学良、兰艳，2001；闫全人等，2005)。作为古特提斯北缘部分的延伸，东昆仑布青山—阿尼玛卿古特提斯洋记录也广泛存在：沿昆南断裂由西向东分布着大九坝、黑茨沟、布青山、下大武、玛积雪山和玛沁蛇绿岩，蛇绿岩块代表着东昆仑古特提斯洋的残块（Yang et al.，1996，2009；边千韬等，2002；Konstantinovskaia et al.，2003；Xiong et al.，2014；Chen et al.，2017；范亚洲等，2018)。其中蛇绿岩［(332.8±3.1)Ma］（Liu et al.，2011）和海山玄武岩［(308.0±4.9)Ma］（Yang et al.，2009）的岩石地球化学资料显示，洋盆在石炭纪或者之前就已经开始扩张（刘战庆等，2011；邵凤丽，2017；陈国超等，2019)。布青山地区哈尔郭勒蛇绿岩岩石组合出露齐全，蛇绿岩中辉长岩的锆石U-Pb年龄为（333.0±3.1)Ma，地球化学特征显示其形成于正常的洋中脊环境（刘战庆等，2011)；阿尼玛卿地区德尔尼蛇绿岩岩石组合较完整，蛇绿岩中玄武岩全岩Ar-Ar年龄为（345.0±7.9)Ma，锆石SHRIMP U-Pb年龄为（308.0±4.9)Ma，岩石地球化学特征显示为洋中脊型蛇绿岩（杨经绥等，2004)；玛积雪山、哥日卓托地区亦存在一套与灰岩相伴生的海山玄武岩（具有典型洋岛玄武岩地球化学特征)/灰岩组合，时代为早石炭世（郭安林等，2006；李瑞保等，2014)。前人对东昆仑古特提斯洋蛇绿岩（祁漫塔格、昆中清水泉、昆南布青山、阿尼玛卿）进行了一系列研究（杨经绥等，2004；李怀坤等，2006；任军虎等，2009；刘战庆等，2011；李瑞保等，2014)，结果表明，早在374～372 Ma，古特提斯洋就拉开了形成的序幕，并在345～308 Ma开始快速扩张成洋。

随着古特提斯洋的演化，特别是阿尼玛卿古特提斯洋的持续俯冲，形成了规模巨大的岛弧型岩浆岩，包括东昆仑西段其木来克地区岛弧环境花岗闪长岩［(274.6±1.2)Ma］和黑云母花岗岩闪长岩［(271.2±0.6)Ma］（陈邦学等，2019)、青塔山地区形成于大洋俯冲环境的英云闪长岩和含石榴子石英云闪长斑岩［(212.0±1.5)Ma和（214.0±1.0)Ma］（亓鹏，2019)、东昆仑西段形成于岛弧环境的岩碧山辉石橄榄岩（208.0 Ma)（高明，2018)、东昆仑西段形成于陆缘弧环境具I型特征的阿确墩花岗质岩体［(281.5±4.0)Ma］（李猛等，2020)、东昆仑东段希望沟辉长岩［(270.7±1.1)Ma］（李玉龙等，

2018)、活动大陆边缘裂谷背景下的东昆仑祁漫塔格鹰爪沟镁铁-超镁铁质层状岩体[(263.0±4.0)Ma]（胡朝斌等，2018)、具岛弧或活动大陆边缘弧背景下壳-幔混合特征的都兰县阿斯哈石英闪长岩岩体[(232.6±1.4)Ma]（岳维好、周家喜，2019)、玛沁地区德-恰花岗杂岩体[(250±20 Ma)Ma]（杨经绥等，2005)、东昆仑北段白日其镁铁质岩墙[(251±2)Ma]（熊富浩等，2011)、类似于安第斯型活动大陆边缘背景的恰拉尕吐花岗岩体（256 Ma）（孙雨等，2009)、玛积雪山岛弧火山岩（260 Ma）（Yang et al.，1996)、具有陆缘弧特征的东昆仑中段大灶火沟—万保沟地区晚二叠世次流纹英安岩[(254.7±0.6)Ma]（史连昌等，2016；张新远等，2020)、东昆仑东段战红山地区的具岛弧特征的流纹岩[(244.1±1.8)Ma]（张新远等，2020)。区域上岛弧岩浆岩锆石 U-Pb 年龄多集中在 260～237 Ma（许志琴等，2007；孙雨等，2009；熊富浩等，2011；陈国超等，2014；熊富浩，2014；罗明非等，2015；岳维好、周家喜，2019)，而且部分可持续到晚三叠世末（亓鹏，2019)，整体上可从二叠纪持续到晚三叠世。

随着俯冲的结束、碰撞的开始，东昆仑地区发育大规模的岩浆混合和幔源岩浆的底侵作用（刘成东等，2003，2004；谌宏伟等，2005；莫宣学等，2007；吴祥珂等，2011)，这一阶段的花岗岩类包含大量的暗色包体，且有同年龄的镁铁质-超镁铁质岩浆岩广泛发育，富含大量壳幔物质交换信息。其包括约格鲁杂岩体中的角闪辉长岩体[(239.0±6.0)Ma]（谌宏伟等，2005)，石灰沟外滩岩体中的角闪辉长岩[(226.4±0.4)Ma]（罗照华等，2002)，与岩浆底侵、壳幔不同程度混合相关的玛兴大坂二长花岗岩[(218.0±2.0)Ma]（谌宏伟等，2005；莫宣学等，2007)，与和勒冈希里可特地区与暗色包体[(232.0±5.7)Ma]同期的花岗闪长岩岩体[(230.0±4.6)Ma]（陈国超，2014)，布青山—希里可特地区少量具面状展布晚三叠世的碰撞型花岗岩（陈国超等，2013；李瑞保等，2018)。此外，与侵入岩相应的火山岩浆作用也较发育：显示同碰撞特征的东昆仑西段阿格腾地区流纹岩及花岗岩[(215.3±0.5)Ma、(220.7±0.5)Ma、(220.7±0.4)Ma 与(220.6±1.4)Ma]（徐博等，2019)、具陆相喷发背景的鄂拉山组年龄为 213 Ma 的火山岩（玄武岩、玄武安山岩、粗面岩、流纹岩）（丁烁等，2011)。上述资料表明，东昆仑地区碰撞相关的岩体时代主要集中在晚三叠世。

后碰撞阶段地球动力学背景由挤压向伸展构造体系转化，规模较小，一般以小岩体、岩株和岩脉侵入早期岩体和地层，主要岩性为一套准铝质-弱过铝质高钾钙碱性-钾玄岩系列（陈国超等，2019)，包括晚三叠世陆壳加厚伸展背景下东昆仑巴音呼都森中酸性侵入岩（212.4～217.0 Ma）（韩海臣等，2018)、具后碰撞岩浆特征的杂东昆仑马尼特地区石英闪长岩体（206.8 Ma）（魏小林等，2019)、昆仑东部兴海地区出露的辉长质岩体（197.0 Ma)、兴海纳让石英正长岩和乌妥钾长花岗岩（200.0 Ma）（李荣社等，2008)。上述资料表明，后碰撞阶段的岩体时代集中在晚三叠世末到早侏罗世期间。

东昆仑造山带晚古生代以来岩浆岩年龄及成因信息主要集中在中-东段，由于海拔高，自然条件极其恶劣，对西段研究相对较薄弱；上述因素共同制约了对东昆仑全区的岩浆岩时空格架的构建，并限制了对古特提斯洋关键演化过程的理解。前已述及，岩浆混合、壳幔相互作用贯穿于东昆仑造山带古特提斯演化的各个阶段，一般认为花岗岩的岩浆混合作用只发生在Ⅰ型花岗岩中，但最近的研究发现，在 A 型和 S 型花岗岩中也广泛存在岩浆混合作用。岩浆混合作用是一个复杂的过程，是一个高度动态、不断演化的系统，包括时间、空间、物质成分等因素。有学者认为，碰撞开始时板片的断离作用可导致软流圈物质上涌并诱发地幔楔减压熔融从而形成镁铁质岩浆，进而形成幔源岩浆的底侵（罗照华等，2002）。也有学者认为，板片的俯冲过程中板片流体及其携带的沉积物等物质脱水产生的流体同时交代地幔楔，从而形成部分熔融（Defant、Drummond，1990；Defant、Kepezhinskas，2001；Rollinson et al.，2005；Wu et al.，2006；Liu et al.，2015；马昌前等，2013）；或者幔源岩浆在地壳底部聚集，形成底侵作用，并诱发地壳发生部分熔融，从而发生壳幔物质混合（Williamson et al.，1996；Yang et al.，2002；Watson、Harrison，2005）。还有学者认为，在后碰撞环境下，在岩石圈拆沉、软流圈地幔上涌、大陆地壳伸展垮塌等作用下，壳幔的相互作用最为强烈（Castro et al.，1999；邓晋福等，2004；Wang et al.，2004；Castillo，2006）。由于岩浆成因及其深部动力学机制尚存在争议，部分学者认为东昆仑岩浆混合作用仅发生在早中晚三叠世（刘成东等，2002；罗照华等，2002），但随着研究的深入，逐渐发现东昆仑存在大量的晚二叠世-早三叠世花岗质岩浆活动，且岩浆混合特征明显（孙雨等，2009；Xiong et al.，2012）。因此，对二叠纪-侏罗纪期间岩浆成因的系统而深入的分析（包括岩浆混合作用），可为探讨花岗质岩浆岩成因、东昆仑大陆地壳演化、壳-幔相互作用和地球动力学条件等地球科学问题提供关键信息。

对于东昆仑古特提斯演化的沉积作用的认识，近年来取得了一定进展。其中，格曲组（$P_3g$）与浩特洛哇组（$C_2P_1ht$）的角度不整合关系被解释为东昆仑造山带南缘阿尼玛卿—布青山古特提斯洋晚二叠世开始向北俯冲的构造事件（李瑞保等，2012）。东昆仑南缘马尔争组（$P_{1\text{-}2}m$）砂岩物源区分析指示其物源区构造环境为大陆岛弧，源岩性质为长英质火山岩和花岗质岩石，沉积盆地为俯冲环境的古海沟位置，间接记录了古特提斯洋向北俯冲的过程（胡楠等，2013；裴先治等，2015；裴磊等，2017）。根据对格曲组（$P_3g$）下部砾岩碎屑锆石年龄、沉积学特征的综合分析，其为一套沉积于活动大陆边缘环境的海相磨拉石建造，代表了古特提斯洋在晚二叠世尚处于北向俯冲阶段（黄晓宏等，2016；杨森等，2016）。对洪水川组（$T_1h$）砂岩、砾岩等碎屑物源、岩石地球化学、古水流等的分析研究表明，其物源主要来源于布青山—阿尼玛卿古特提斯洋俯冲影响下北侧变质基底或早古生代弧岩浆岩抬升遭受剥蚀而提供的物源（闫臻等，2008；王兴等，2019）。相关研究也表明，该组岩石存在着与洋壳俯冲相关的中压变质作用（陈能松等，2007b；李瑞保等，2012；陈国超等，2018）。闹仓坚沟组（$T_2n$）岩石组合及沉积结构构造显示，其沉积环境由浅海陆棚碎屑沉积环境逐渐变为浅海碳酸盐岩台地沉积，说明沉积海盆趋于填满或接近结束的样式。通过物源分析可知，其碎屑物源构造背景依然为大陆岛弧，指示中三叠世时期古特提斯洋依然处于俯冲消减与陆缘弧发育阶段（李瑞保等，2012；陈伟男，2015）。希里可特组（$T_2x$）属三角洲沉积体系（李瑞保，2012）。希里可特组（$T_2x$）与闹仓坚沟组（$T_2n$）存在微角度不整合关系，也印证了中三叠世晚期洋壳俯冲消减近乎完毕，只在局部地段呈现出陆（弧）陆差异性碰撞造山，局部区域海水退出，指示一个洋陆转变的过程（李瑞保，2012）。八宝山组（$T_3b$）为河湖相沉积体系，区域上与下伏闹仓坚沟组（$T_2n$）存在广泛的角度不整合。东昆仑地区从中三叠世闹仓坚沟组浅海相、希里可特组海陆过渡相再到晚三叠世八宝山组陆相，该沉积序列反映了区域构造体系发生根本转变，即由洋壳俯冲消减完毕到陆（弧）陆局部初始碰撞到最后的全面大规模碰撞，并附带相关时代地层（中三叠世晚期-晚三叠世早期）局部缺失（李瑞保等，2012；岳远刚，2014）。而另有观点认为，中三叠统希里可特组在东昆仑地区仅零星出露，且具有海陆相交、互相沉积的特征（李瑞保等，2012），指示布青山—阿尼玛卿古特提斯洋局部的闭合。上三叠统八宝山组为广泛的陆相沉积，印证东昆仑地区在晚三叠世已经完全进入后碰撞演化阶段（陈国超等，2018）。由此不难看出，沉积作用反映的晚三叠世后碰撞与上述岛弧、碰撞型岩浆岩在时代上显示一定程度的重叠。但上述沉积学证据还缺乏碎屑沉积岩的地球化学特征、碎屑锆石年代学特征和 Hf 同位素特征等数据来支撑。因此，本书以沉积学为基础，结合碎屑岩的地球化学、年代学、同位素分析，进而对沉积盆地充填、物源变迁、构造演化等问题进行约束，进一步制约古特提斯洋晚古生代-早中生代期间的构造演化历史（Bhatia，1983；Taylor、Mc Lennan，1985；Bhatia、Crook，1986；Roser、Korsch，1988；Fedo et al.，1995；Cawood et al.，2012）。

由此可见，东昆仑地区从俯冲、碰撞到后碰撞阶段的岩浆作用时间记录在晚三叠世存在较大的重叠范围，而且学者间对晚三叠世期间的（中-酸性）岩浆（混合）形成机制存在不同认识。此外，对于沉积岩不同时代的角度不整合具有不同的解释，如格曲组（$P_3g$）与浩特洛哇组（$C_2P_1ht$）的角度不整合被解释为俯冲相关，而希里可特组与闹仓坚沟组间微角度不整合被解释为碰撞相关（李瑞保等，2012）。这些争议极大制约了对东昆仑古特提斯晚期构造演化，尤其是洋盆最后闭合-碰撞过程的深入认识。

### 1.2.2 拟解决的问题

本书以晚古生代-早中生代岩浆事件研究为主线，结合相关沉积记录分析，拟解决的关键问题如下：

（1）东昆仑造山带西段刀锋山地区晚古生代-早中生代岩浆岩成因和构造背景；

（2）刀锋山地区晚古生代沉积岩形成的构造背景；

（3）东昆仑古特提斯洋最后闭合-碰撞时限；

（4）东昆仑古特提斯洋晚古生代-早中生代构造演化和地球动力学过程。

## 1.3 研究内容与研究思路

### 1.3.1 研究内容

（1）东昆仑西段古特提斯演化相对应的岩浆活动研究。重点研究晚古生代-早中生代不同类型的岩浆岩，分析其野外产状、形成时限、空间分布、岩浆物质来源，探讨各类岩浆岩的成因机制及其差异、构造环境，分析洋盆闭合到洋陆转换过程地球动力学机制和岩石地球化学行为之间的对应关系。

（2）东昆仑西段古特提斯演化相对应的沉积证据研究。针对刀锋山地区及其邻区广泛分布的二叠纪-三叠纪碎屑沉积岩，进行沉积学、岩相学、岩石地球化学、碎屑锆石U-Pb定年和Hf同位素分析，进而反演沉积环境，并限制碎屑物源区特征和大地构造背景。同时，通过对比碎屑沉积岩的锆石年龄谱和Hf同位素组成，进一步限制布青山—阿尼玛卿古特提斯洋俯冲-闭合过程中的构造演化。

### 1.3.2 研究思路

为更加深入地了解东昆仑西段古特提斯洋在晚古生代-早中生代的构造演化过程，本书在已有研究的基础上，结合近期工作，选择了交通条件极为不便，研究程度几近空白的刀锋山地区及其邻区为代表，选取晚古生代-早中生代沉积岩、岩浆岩为研究对象，采用野外地质调查、室内岩相学、岩浆岩-碎屑沉积岩元素地球化学、锆石U-Pb年代学和原位Hf同位素等分析测试相结合的方法，综合相关区域已有研究成果，查清岩浆岩成因、深部动力学过程及碎屑沉积岩的物源区特征、沉积环境、大地构造背景等，以期厘清东昆仑西段布青山—阿尼玛卿古特提斯洋从俯冲消减到陆内造山的构造演化过程。

（1）资料调研与收集：详细收集、整理和阅读东昆仑东段、东昆仑西段地质成果，了解和熟悉研究区及其邻区的地质概况和研究现状，全面掌握研究区构造演化、岩浆作用、变质和变形历史等多方面资料，并对相关内容进行筛选，收集有用数据，深入把握东昆仑西段的既有研究数据，厘清研究思路，制订详细的野外工作及室内研究计划。

（2）野外地质调查：在充分掌握和理解区域地质背景的基础上开展刀锋山地区及其邻区野外地质调查，调查路线根据研究对象及待解决的问题来规划，调查内容包括相关地层层序，地层之间接触关系、变质变形作用，不同地区碎屑沉积岩的分布、岩性及产状变化，岩浆岩岩体空间展布、产出次序、与区域构造线的关系、与沉积地层的接触关系等情况，并系统采集碎屑沉积岩和岩浆岩相关样品，对典型地段测制地质剖面，对典型地质现象进行拍照、素描取证，收集珍贵的一手资料。有效的野外地质调查是本书研究的前提。

（3）样品预处理：对野外采集的样品进行分类，选择新鲜未经受明显后期风化和蚀变的样品进行磨片、碎样和单矿物挑选（如锆石等），并根据需求制作锆石环氧树脂靶，为后续的锆石U-Pb定年和原位Hf同位素测定做准备。

（4）岩相学研究：在偏光显微镜下观察得到碎屑沉积岩及岩浆岩的矿物组成、结构构造、变形及蚀变等信息。根据碎屑沉积岩的矿物组成、形态特征以及碎屑成分等，初步判断其物源区物质组成、远近乃至形成时的构造背景等重要地质信息。根据岩浆岩的矿物组成、组合和结构构造对岩浆岩进行分类，初步判断其形成环境（深度和温度等）和源区（壳源或幔源等）。岩相学研究是本书研究的重要基础工作。

（5）岩石地球化学分析：在野外地质调查、岩相学研究的基础上，选择地质剖面及地质调查路线中新鲜无蚀变的代表性样品进行全岩主量元素、微量元素分析测试，深入探讨岩浆岩成因及源区特征、地壳/地幔贡献，碎屑沉积岩的源区性质、沉积特征及其形成的大地构造背景等。

（6）锆石形态学和内部结构研究：利用光学显微镜观察碎屑沉积岩和岩浆岩锆石的

形态特征，特别是对碎屑锆石形态学特征的统计。碎屑锆石的形态学特征可以反映碎屑物搬运的距离，进而指示其物源区的远近。根据阴极发光图像了解锆石内部结构特征（比如是否具有继承核等），结合锆石 Th/U 比值确定锆石成因类型，为解释其年代学和同位素数据提供参考依据。

（7）年代学研究：在前述工作的基础上，选择关键的、代表性的样品进行年代学研究。通过对碎屑沉积岩、岩浆岩中选取的锆石进行 LA-ICP-MS U-Pb 定年，对岩浆岩建立研究区岩浆活动的时间序列，对碎屑沉积岩获取其锆石年龄频谱分布特征，限定地层的形成时代，为确定其物源特征和沉积环境提供参考依据。比如，被动大陆边缘的沉积岩，其所含的碎屑锆石大多以大陆内部相对古老的碎屑锆石为主；而沉积于活动大陆边缘的碎屑岩，其碎屑锆石主要来自临近的岛弧岩浆岩，其年龄更加接近地层的沉积时代。

（8）锆石 Hf 同位素分析：选择与 U-Pb 年代学研究相配套的样品进行锆石原位 Hf 同位素测定，计算$\varepsilon_{Hf}(t)$ 及其模式年龄，讨论其物源区性质及其新生物质加入的大致比例，从而为探讨地壳早期演化提供依据。

（9）综合研究分析：在综合分析以上野外调查、前人资料和实验室分析测试数据的基础上，讨论东昆仑西段晚古生代-早中生代岩浆岩成因和构造环境，探讨岩浆岩成因、源区特征、构造演化等；对比相同时代和不同时代地层中碎屑沉积岩锆石年龄谱系特征和 Hf 同位素组成，示踪碎屑沉积岩物源，揭示其源区位置及其沉积环境。经综合研究分析，为布青山—阿尼玛卿古特提斯洋俯冲-闭合过程中的构造演化重建提供可靠限制。

## 1.4 完成的工作量

在中央返还新疆两权价款资金项目“新疆昆仑山中段刀锋山西一带 1∶5 万 J45E020003、J45E020004、J45E021003、J45E022003 四幅区域地质矿产调查”（K16-1-LQ20）和四川省地矿局区调队科研项目“新疆且末县刀锋山西金锑多金属矿成矿机制初探”[（2017）02 号] 的资助下，笔者查阅了大量与本次研究工作相关的地质资料和学术论文，并收集整理了一批相关的数据及研究成果，为工作的开展奠定了坚实的理论基础。2016—2019 年间，笔者与项目组其他成员先后进行了四次野外地质调查，收集了大量关于东昆仑西段（大面积高海拔、无人区）珍贵的一手野外素材，重点考察了东昆仑西段刀锋山地区的四岔雪峰岩体和刀锋山构造混杂岩带，野外调查路线近 30 条，采集样品 398 件。在对野外地质调查结果和采集样品细致整理的基础上，笔者和项目组其他成员开展了较为详细的室内观察和测试分析工作。本书完成的实际工作量见表 1—1。

表 1—1 实际工作量表

| 项目 | 工作量 | 完成者或完成单位 |
|---|---|---|
| 野外地质调查 | 94 天 | 笔者及项目组其他成员 |
| 收集地质、矿产资料 | 43 份 | 笔者及项目组其他成员 |
| 采集样品 | 398 件 | 笔者及项目组其他成员 |

续表

| 项目 | 工作量 | 完成者或完成单位 |
| --- | --- | --- |
| 野外、显微照片 | 400 余张 | 笔者及项目组其他成员 |
| 薄片详细鉴定 | 150 余片 | 笔者 |
| 锆石单矿物分选 | 12 件 | 河北省地质测绘院岩矿实验测试中心 |
| 锆石 U-Pb 同位素定年 | 12 件/306 点 | 中国科学院青藏高原研究所大陆碰撞与高原隆升重点实验室 |
| 主量元素测试 | 50 件 | 新疆维吾尔自治区地质矿产勘查开发局第三地质大队实验室 |
| 微量元素测试 | 50 件 | |
| 锆石制靶和照相 | 5 个工作日 | 南京宏创地质勘查技术服务有限公司 |
| 锆石 Lu-Hf 同位素测试 | 12 件/208 点 | 中国地质调查局天津地质调查中心同位素实验室 |
| 查阅文献 | 600 余篇 | 笔者 |

## 1.5 创新点

（1）研究区研究程度极低，笔者在该区系统地开展了野外调查、岩相学、岩石地球化学、同位素年代学等研究工作，分析了研究区岩浆岩的空间分布、形成时限、物质来源，探讨了岩浆岩的成因机制、构造环境及其造山响应，填补了该区晚古生代-早中生代主要岩浆事件的研究空白。

（2）通过对东昆仑造山带西段岩浆活动事件较为系统的分析，并结合相关沉积记录，得出阿尼玛卿—昆仑古特提斯洋的北向俯冲在早二叠世（~273 Ma）已经开始，持续到晚三叠世（~209 Ma），碰撞可能发生在早侏罗世（~186 Ma），俯冲-碰撞转换发生在晚三叠世-早侏罗世（209~186 Ma）。

# 第2章　东昆仑造山带区域地质背景

## 2.1　大地构造背景

东昆仑造山带位于青藏高原北部、中央造山系西部，呈东西向沿东昆仑—鄂拉山一带展布，延伸达1500 km。西侧以阿尔金左行走滑断裂为界与西昆仑造山带为邻，东侧以瓦洪山—温泉断裂为界与西秦岭造山带为邻，北侧与柴达木盆地相连，南侧以昆南缝合带为界与巴颜喀拉地体为邻（姜春发等，1992；Feng et al. 2009；李瑞保，2012；陈国超，2014；祁生胜等，2014；罗明非，2015；Meng et al.，2015；邵凤丽，2017）；而以乌图美仁一带为界线，又可将东昆仑划分为东、西两段（莫宣学等，2007）。

东昆仑造山带内存在着多种构造单元的划分方案（姜春发等，1992；肖序常、李廷栋，2000；许志琴等，2006；许志琴等，2007；李荣社等，2008；熊富浩，2014；新疆维吾尔自治区地质矿产勘查开发局第十一地质大队，2015；四川省地质矿产勘查开发局区域地质调查队，2019），根据现代板块构造理论，越来越多的研究较为一致的观点是：东昆仑造山带内存在着两条蛇绿岩带，两条蛇绿岩带时代不同，昆中蛇绿岩带代表原特提斯洋的演化，昆南蛇绿岩带代表阿尼玛卿古特提斯洋的演化（Bian et al.，2004；杨经绥等，2004；刘战庆等，2011；岳远刚，2014）。

本书在广泛收集前人研究成果的基础上，进一步归纳总结、对比，由北往南将东昆仑造山带细分为四个构造单元：东昆北构造带、东昆中蛇绿混杂岩带、东昆南构造带、布青山—阿尼玛卿构造混杂岩带（见图2—1）（Yang et al.，1996；肖序常、李廷栋，2000；许志琴等，2006；许志琴等，2013；陈国超，2014；祁生胜等，2014；罗明非，2015；邵凤丽，2017）。

| 青海省区域地质志，1991 | 姜春发等，1992 | 潘桂堂等，2012 | 许志琴等，2006 | 邓晋福等，1998 | 本书综合 |
| --- | --- | --- | --- | --- | --- |
| 柴达木盆地台坳 | 柴达木坳陷 | 东昆仑花岗岩带 | 柴达木地体 | 柴达木盆地 | 柴达木盆地 |
| | 阿达滩断裂 | | | | |
| 祁漫塔格断褶带 | 东昆仑北带（祁漫塔格） | | 昆北地体 | 东昆北构造带 | 东昆北构造带 |
| 昆北断裂 | | | | 昆北断裂 | |
| 东昆仑北坡断隆 | 东昆仑中带（东昆仑中间隆起带） | | 昆中缝合带 | 昆中缝合带 | 东昆中蛇绿混杂岩带 |
| | | 昆中断裂 | | | |
| 柴达木南缘台褶带 | 东昆仑南带 | 东昆仑中南缘消减杂岩带 | 昆南地体 | 东昆南构造带 | 东昆南构造带 |
| | | 昆南断裂 | | | |
| 阿尼玛卿优地槽带 | 东昆仑间合带 | 阿尼玛卿蛇绿岩带 | 昆南缝合带 | 昆南缝合带 | 布青山—阿尼玛卿构造混杂岩带 |
| | | 布青山南断裂 | | | |
| 北巴颜喀拉冒地槽带 | 可可西里—巴颜喀拉印支期地槽褶皱系 | 巴颜喀拉洋 | 巴颜喀拉地体 | 巴颜喀拉地块 | 巴颜喀拉构造带 |

**图 2—1　东昆仑造山带构造单元划分方案**

## 2.1.1　东昆北构造带

东昆北构造带限定于北侧柴达木南缘断裂、南侧东昆中断裂、西侧阿尔金断裂、东侧哇洪山断裂的区域。该构造带内出露大面积的前寒武纪中深变质岩系，为东昆北结晶基底组成物质，即古元古界白沙河岩群和中元古界长城系小庙岩群，为显生宙时期长时间洋陆转换过程中相对稳定环境的产物。受原特提斯碰撞造山活动影响，地体抬升为陆，可见少量的上泥盆统-下石炭统巨厚的陆相磨拉石建造（熊富浩，2014；Xiong et al.，2014）。岩浆活动主要为晚古生代-早中生代华力西-印支期侵入岩，以花岗岩岩基侵位，岩体时代主要为晚二叠世-早三叠世（谌宏伟等，2005；邵凤丽，2017）。

## 2.1.2　东昆中蛇绿混杂岩带

东昆中蛇绿混杂岩带为东昆北构造带与东昆南构造带的分界带，主要由蛇绿混杂岩构成，大致呈东西向展布。由北往南可见 3 个近东西向展布的蛇绿岩带，分别为划分东昆北构造带与东昆南构造带的分界线，呈近东西向延乌妥蛇绿岩、清水泉蛇绿岩及塔妥蛇绿岩带，蛇绿混杂岩带各岩块混杂，以构造接触的关系夹持于古元古代、早古生代、晚古生代地层中，代表不同时代、多旋回裂解、拼合的过程（朱云海等，2002；陈国超，2014；邵凤丽，2017）。

## 2.1.3　东昆南构造带

东昆南构造带限定于北侧东昆中蛇绿混杂岩带、南侧布青山—阿尼玛卿构造混杂岩带、西侧阿尔金南缘断裂、东侧哇洪山断裂的区域。沉积了一套与古特提斯洋演化密切相关的晚古生代-中生代地层（蔡雄飞、刘德民，2008；闫臻等，2008；岳远刚，2014）。南缘出露纳赤台岩群变质碎屑岩-火山岩系，泥盆系布拉克巴什组、刀锋山组，石炭系哈拉郭勒组（托库孜达坂组）、浩特洛哇组哈拉米兰河群，二叠系树维门科组、马尔争组、格曲组，三叠系-下侏罗统海相、海陆交互相及陆相沉积地层（包括洪水川组、闹仓坚沟组、希里可特组、八宝山组和羊曲组，上三叠统八宝山组）与下覆多套地层呈广泛的角度不整合。在白垩纪时期，昆南地体上升为陆，形成小型陆相盆地，逐渐形成晚中生代-新生代期间的陆相盆地地层。带内岩浆活动以晚古生代-早中生代花岗岩为主，出露少量早古生代侵入岩（邵凤丽，2017）。

### 2.1.4　布青山—阿尼玛卿构造混杂岩带

布青山—阿尼玛卿构造混杂岩带（昆南缝合带）北以东昆南断裂为界，南以布青山南坡断裂为界，北与东昆南构造带相邻，南与巴颜喀拉构造带相邻，近东西向展布，自东向西由德尔尼、玛积雪山、布青山蛇绿岩三段组成（郭安林等，2006；刘战庆等，2011；岳远刚，2014），呈楔形尖灭于格尔木纳赤台一带。研究区位于该带西侧，区域上该构造混杂岩带的物质组成记录了古生代-早中生代长期演化的证据：从新元古代晚期-早古生代洋盆扩张、洋壳俯冲碰撞造山到晚古生代洋盆扩张、洋壳俯冲碰撞造山、陆内改造等过程，均记录了相应的沉积、岩浆活动。构造混杂岩带内主要由基质岩系与混杂岩块组成，混杂岩块与基质呈断层接触。混杂岩块组成较为复杂，主要为中元古界苦海岩群基底岩块，寒武系-奥陶系蛇绿岩块、志留纪岛弧型中酸性侵入岩-火山岩、石炭系-二叠系蛇绿混杂堆积岩、石炭系蛇绿岩岩块及上二叠统海相底砾岩。前人研究（Bian et al.，2004；杨经绥等，2004，2005；刘战庆等，2011；李瑞保，2012；岳远刚，2014）显示，得力斯坦蛇绿岩中辉长岩锆石 U-Pb 年龄为 516 Ma（早寒武世）、哈尔郭勒蛇绿岩中辉长岩锆石 U-Pb 年龄为 333 Ma（早石炭世）、德尔尼枕状玄武岩 Rb-Sr 等时线年龄为（347±9）Ma（早石炭世）、阿尼玛卿蛇绿岩带中蛇绿岩洋壳熔岩 SHRIMP 锆石 U-Pb 年龄为（308±4.9）Ma（晚石炭世），分别代表了原特提斯洋和古特提斯洋的洋盆残迹。

### 2.1.5　巴颜喀拉构造带

巴颜喀拉构造带位于青藏高原北缘，为康西瓦—木孜塔格—阿尼玛卿缝合带和郭扎错—西金乌兰—金沙江缝合带之间的前陆盆地（李荣社等，2008）。区内地层较为简单，主要为二叠系黄羊岭组，三叠系巴颜喀拉山群、西长沟组，侏罗系叶尔羌群、库孜贡苏组地层。其中以一套三叠系巴颜喀拉山群浊积岩为主，沉积巨厚地层，主要岩石类型为岩屑长石砂岩、粉砂岩及板岩，沉积环境为次深海-深海相浊流沉积（陈守建等，2011；岳远刚，2014）。巴颜喀拉山群呈北西西—南东东向褶皱构造样式，后期伸展作用形成近东西向的地堑-地垒构造。区内岩浆活动较弱，可见少量的印支期花岗闪长岩、正长花岗岩和新近系陆相火山岩。

## 2.2 区域地层

东昆仑地层包括前寒武系基底地层和早古生代以来的沉积盖层。基底地层主要包括古元古界白沙河岩群、中元古界小庙岩群、中元古界狼牙山组和苦海岩群以及中新元古界丘吉东沟组和万宝沟岩群；盖层以东昆仑南带最为发育，包括上古生界-新生界沉积地层（陈国超，2014；熊富浩，2014；岳远刚，2014；罗明非，2015）。东昆仑造山带地层序列如图 2-2 所示。

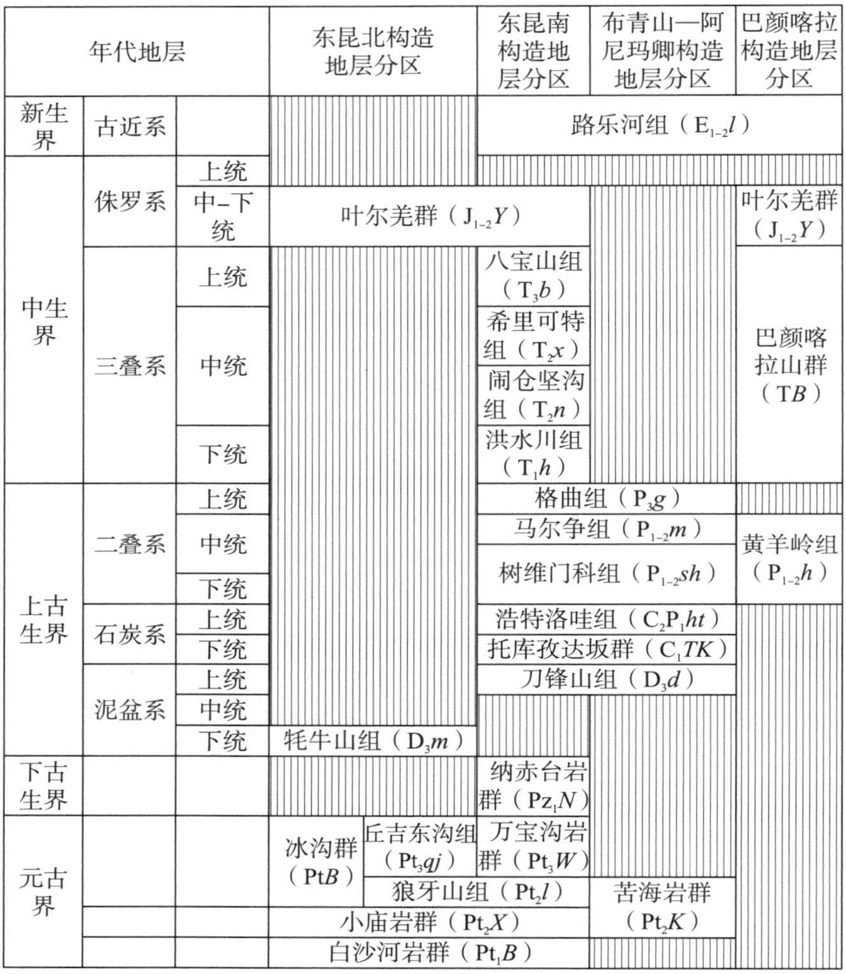

| 年代地层 | | | 东昆北构造地层分区 | 东昆南构造地层分区 | 布青山—阿尼玛卿构造地层分区 | 巴颜喀拉构造地层分区 |
|---|---|---|---|---|---|---|
| 新生界 | 古近系 | | | 路乐河组（$E_{1-2}l$） | | |
| 中生界 | 侏罗系 | 上统 | | | | |
| | | 中-下统 | 叶尔羌群（$J_{1-2}Y$） | | | 叶尔羌群（$J_{1-2}Y$） |
| | 三叠系 | 上统 | | 八宝山组（$T_3b$） | | 巴颜喀拉山群（$TB$） |
| | | 中统 | | 希里可特组（$T_2x$）<br>闹仓坚沟组（$T_2n$） | | |
| | | 下统 | | 洪水川组（$T_1h$） | | |
| 上古生界 | 二叠系 | 上统 | | 格曲组（$P_3g$） | | |
| | | 中统 | | 马尔争组（$P_{1-2}m$） | | 黄羊岭组（$P_{1-2}h$） |
| | | 下统 | | 树维门科组（$P_{1-2}sh$） | | |
| | 石炭系 | 上统 | | 浩特洛哇组（$C_2P_1ht$） | | |
| | | 下统 | | 托库孜达坂群（$C_1TK$） | | |
| | 泥盆系 | 上统 | | 刀锋山组（$D_3d$） | | |
| | | 中统 | | | | |
| | | 下统 | 牦牛山组（$D_3m$） | | | |
| 下古生界 | | | | 纳赤台岩群（$Pz_1N$） | | |
| 元古界 | | | 冰沟群（$PtB$）<br>丘吉东沟组（$Pt_3qj$） | 万宝沟岩群（$Pt_3W$） | | |
| | | | 狼牙山组（$Pt_2l$） | | 苦海岩群（$Pt_2K$） | |
| | | | 小庙岩群（$Pt_2X$） | | | |
| | | | 白沙河岩群（$Pt_1B$） | | | |

图 2-2　东昆仑造山带地层序列

### 2.2.1 元古代-早古生代

（1）白沙河岩群（$Pt_1B$）：白沙河岩群分布于东昆北构造带和东昆南构造带内，为一套中深变质基底岩系，主要岩石组合为钙硅酸岩、条带状斜长角闪岩、云母斜长片麻岩、黑云（角闪）变粒岩、条带状大理岩、斜长透辉粒岩、云母石英片岩、石英岩和云母片岩等，原岩建造为一套碎屑岩-泥灰岩-碳酸盐岩建造，变质程度可达麻粒岩相-高角闪岩相，岩石形成时代为 1339～1196 Ma，部分锆石核部年龄可达 2500～2400 Ma，总体属于古元古代-中元古代（陈能松等，2006；罗明非，2015）。

（2）小庙岩群（$Pt_2X$）：小庙岩群分布于东昆北构造带和东昆南构造带内，为一套中深变质基底岩系，以石英质岩石为主，岩石组合为石英岩、大理岩、片麻岩和变粒岩等，原岩为一套陆缘碎屑岩建造夹碳酸盐岩建造，变质程度相对较低，为高角闪岩相。LA-ICP-MS 碎屑锆石 U-Pb 测年结果显示，在哈拉尕吐地区，该套地层物源存在 2729～1900 Ma 的热构造事件（张建新等，2003；王国灿等，2004，2007；陈有炘等，2013），加权平均年龄集中在 1712～1567 Ma，形成时代为中元古代早期（王国灿等，2007；陈有炘等，2013；陈国超，2014）。

（3）苦海岩群（$Pt_2K$）：苦海岩群分布于布青山—阿尼玛卿构造带内，为一套中深变质基底岩系，主要为一套高绿片岩-角闪岩相变质岩系，与围岩呈断层接触，主要岩石类型为绿灰色眼球状黑云二长（钾长）片麻岩、斜长角闪片岩、角砾状条带混合岩、混合片麻岩、角闪斜长片麻岩、黑云斜长片麻岩及少量大理岩、黑云石英片岩、斜长角闪岩、变粒岩等，以绿灰色眼球状片麻岩为其显著特征。区域上将苦海岩群由老至新依次划分为片麻岩组、大理岩组、变火山岩组、片岩组。前人在该岩群片麻岩中获得 Rb-Sr 年龄，分别为 1202.98 Ma 和 915.00 Ma，在苦海地区苦海片麻杂岩中获得角闪石 $^{39}Ar/^{40}Ar$ 年龄为 975 Ma（熊富浩，2014；许鑫，2020），均代表了晋宁变质热事件；在侵入该岩群片麻岩中的基性岩中获得 Sm-Nd 等时线年龄为（2213±10.16）Ma（王秉璋等，1999；许鑫，2020），因此初步推断苦海岩群主体形成于古元古代，且经历了晋宁期变质热事件改造。

（4）狼牙山组（$Pt_2l$）：狼牙山组分布于东昆南构造带，阿布塔尔塔西、和勒岗希里可特东等地，变质程度相对较低，主要为一套滨海-浅海相碳酸盐夹碎屑岩沉积，主要岩性为生物碎屑灰岩、白云质灰岩、灰岩和少量的硅质岩、变质碎屑岩，可见叠层石及微古植物化石；与上覆地层呈断层接触。叠层石有 *Anabaria cf. divergens.*，*Boxoniadentata*，*Chihsienella cf.*，*Conicodomeniaf.*，*Conophyton sp.*，*Columellati.*，*Nodosaria*，*Jurusaniaf.*，*Tungussiaf.*，*Conophyton sp.* 等，微古植物化石有 *Tre Matos Phaeridium minutum*，*T. sp.*，*Quadratimorpha sp.*，*Lophosphaeridium sp.*，*Laminarites sp.*，*Ligunm sp.*，*Taemiatu Ma sp.* 等，地质时代为中元古代蓟县纪（张爱奎，2012）。通过对东昆仑造山带中段洪水河铁矿区狼牙山组千枚岩碎屑锆石 U-Pb 测年，获得最大沉积年龄为（788±9）Ma（张强等，2018），结合区域分布特征，推测该套地层沉积时代为中-新元古代。

（5）丘吉东沟组（$Pt_3qj$）：丘吉东沟组与狼牙山组组成冰沟群（$PtB$），分布于东昆北构造带内，平行不整合于狼牙山组之上，主要为一套浅变质成熟度较低的陆源碎屑岩，并夹硅质岩、镁质碳酸盐岩。

（6）万宝沟岩群（$Pt_3W$）：万宝沟岩群分布于东昆南构造带内，主要为一套混杂堆积地层，具备外来岩块和基质地层之分。岩块主要岩性为浅变质灰绿色中-基性火山岩、火山碎屑岩、凝灰岩，夹灰白色细砂岩、深灰色板岩和浅灰色-灰白色薄层灰岩、灰-灰白色薄-厚层灰岩、白云质灰岩夹白云岩，可进一步划分为火山岩岩片及碳酸盐岩片；基质为片理化泥质灰岩和千枚岩。

根据以往在万宝沟一带该套地层岩块中采集到的叠层石化石，将该套地层时代限定为前寒武纪的蓟县纪-青白口纪（郭宪璞等，2005；王国灿等，2007）。根据该套地层中变玄武岩 Sm-Nd 等时线年龄（1441±230)Ma，判定其地层时代为中-新元古代（任军虎等，2011）；对万宝沟岩群变玄武岩进行锆石 SHRIMP U-Pb 定年，测得年龄为（1343±30)Ma，认为其地层时代为中元古代（王国灿等，2007；任军虎等，2011）。

（7）纳赤台岩群（$Pz_1N$）：纳赤台岩群分布于东昆南构造带内，主要为一套变沉积-火山岩系，变沉积岩主要为绢云石英片岩、二云母石英片岩、长石石英片岩、绿泥绢云片岩，局部夹少量的大理岩、片麻岩及石英岩，其原岩主要为砂岩、杂砂岩及少量泥质岩；变火山岩类型有绿帘绿泥钠长片岩、角闪片岩、斜长角闪片岩，不同岩石单元之间呈构造整合接触（陈有炘等，2013，2014；胥晓春，2015）；岩石变质程度可达高绿片岩相-低角闪岩相，与围岩均呈断层接触。根据对纳赤台岩群内变流纹斑岩锆石年代学分析的结果认定，纳赤台岩群的形成时代为 450～425 Ma，为晚奥陶世-早志留世地层（张耀玲等，2010；周春景等，2010）；而根据对哈拉尕土地区纳赤台岩群内变火山岩的 U-Pb 年代学研究结果判定，其形成时代为（474±7.9)Ma，为早奥陶世地层（陈有忻等，2013）。

### 2.2.2 晚古生代

（1）牦牛山组（$D_3m$）：牦牛山组分布于柴达木盆地北缘及东昆北构造带内，为一套陆相沉积岩夹中酸性火山岩组合，下部为灰绿色、紫红色砾岩、砂砾岩、长石石英砂岩及夹凝灰质粉砂岩等，上部为中酸性火山岩、火山碎屑岩，火山岩主要为蚀变安山岩、英安岩、肉红色流纹岩；区域上该套地层不整合覆盖于下古生界奥陶-志留系岩层之上。整体上柴达木北缘分布的牦牛山组沉积时间晚于东昆仑地区该套地层的沉积时间：根据测得的柴达木盆地北缘牦牛山组碎屑锆石 U-Pb 最大沉积年龄为（365±3)Ma，且多集中在 392.4～369.2 Ma，推测其沉积时代不早于晚泥盆世（寇贵存等，2017；李建兵等，2017；张春宇等，2019）；根据测得的柴北缘该组上部火山岩段锆石 U-Pb 年龄集中在（396.5±2.4)Ma、(395.8±1.2)Ma、(395.7±2.7)Ma，推测该组沉积时代不晚于早-中泥盆世（杨张张等，2017；张耀玲等，2018）；对牦牛山组底部英安岩进行锆石 U-Pb 测年，获得（412.5±8.6)Ma 的年龄，流纹岩夹层锆石 U-Pb 年龄为 423～406 Ma，表明该组形成时代为早泥盆世（陆露等，2010；张耀玲等，2010；祁晓鹏等，2018）。结合碎屑锆石最小年龄（421.4±10)Ma，代表牦牛山组沉积年龄的下限，对比上部火山岩的年龄，进一步推测牦牛山组形成时代被限定在晚志留世-早泥盆世（苏朕国，2019）。牦牛山组也是该时期东昆仑构造体制由挤压向伸展转化体制下的沉积、岩浆作用产物。

（2）刀锋山组（$D_3d$）：刀锋山组分布于布青山—阿尼玛卿构造带内，为一套深海盆地-斜坡相沉积，呈北东—南西向展布，与上覆早石炭世托库孜达坂群呈断层接触，未见底。主要岩性组合为上部灰-深灰色砾屑灰岩、角砾状泥晶生屑灰岩、角砾状含砾屑泥晶生屑灰岩（角砾为泥晶灰岩，产牙形石）、砾状泥晶灰岩、角砾状页岩、砂屑灰岩夹泥质岩、石英砂岩、硅泥质粉砂岩、黏土岩、泥晶生物灰岩，下部深灰色粉砂岩、硅质岩夹泥灰岩、硅化灰岩、粉砂岩（马强，2019；秦松等，2019；周敬勇等，2019）。从采获的牙形石可知，该套地层属晚泥盆世（四川省地质矿产勘查开发局区域地质调查队，2019）。

（3）托库孜达坂群（$C_1$*TK*）：托库孜达坂群分布于东昆南构造带及布青山—阿尼玛卿构造带内，为一套碎屑岩-碳酸盐岩-火山岩海相沉积，为东昆仑造山带西段古特提斯洋构造演化（俯冲阶段）的重要记录；与上覆上石炭统浩特洛哇组呈断层接触。根据岩性组合可进一步划分为三个组：托库孜达坂群下组主要岩性为含砾砂岩、钙质板岩、千枚岩、石英砂岩等，与下伏地层呈断层接触。托库孜达坂群中组为一套浅海火山岩、火山碎屑岩及碳酸盐建造，主要岩性为流纹岩、流纹质凝灰岩、安山岩及灰岩。灰岩中含生物化石，由底至顶该组火山岩至少经历了三次火山喷发作用（Xu et al.，2019；许鑫，2020）。托库孜达坂群上组主要岩性为砾岩、灰岩、含生物碎屑灰岩，生物碎屑灰岩中生物碎屑主要为海百合茎。对中组流纹岩中的锆石进行U-Pb定年，获得（364.1±3.4）Ma～(343.8±18)Ma的年龄，说明托库孜达坂群中组火山岩形成时代为顶泥盆世至早石炭世（许鑫，2020）。根据托库孜达坂群上组碳酸盐岩中珊瑚、腕足类化石组合特征，可知其时代为早石炭世岩关期-大塘期，并由此确定下伏火山岩形成时代为早石炭世早期（贵州省地质调查院，2002；王先辉等，2004）。

（4）浩特洛哇组（$C_2P_1$*ht*）：浩特洛哇组分布于东昆南构造带及布青山—阿尼玛卿构造带内，为一套被动大陆边缘系统下陆棚相沉积体系，主要为碎屑岩-碳酸盐岩沉积，生物化石较为丰富，未见中基性火山岩发育，显示出相对稳定的构造背景（李瑞保等，2012）。岩石组合可分为上、下两段：上段为薄层碳酸盐岩夹变质砂岩，内部发育水平层理，生物化石丰富；下段底部为变质砂砾岩、细碎屑岩，中上部为白云质灰岩、角砾状灰岩。区域上与上覆树维门科组呈断层接触，与格曲组呈角度不整合接触。根据对采集的蜓类化石、腕足类化石的鉴定可判断，其沉积时代以晚石炭世为主，跨入早二叠世晚期（岳远刚，2014）。区域上，格曲组与浩特洛哇组的角度不整合关系代表了东昆仑造山带南缘阿尼玛卿—布青山古特提斯洋晚二叠世开始向北俯冲的构造事件（李瑞保等，2012）。

（5）树维门科组（$P_{1-2}$*sh*）：树维门科组分布于东昆南构造带及布青山—阿尼玛卿构造带内，为一套滨海相-浅海陆棚相-碳酸盐台地相沉积体系，主要岩石组合为碳酸盐岩建造，局部夹碎屑岩、火山碎屑岩。从下至上沉积厚层状生物碎屑灰岩、砂屑灰岩夹钙质砂岩、变质杂砂岩、粉砂岩，往上沉积厚层状生物碎屑灰岩、含生物骨架灰岩、礁屑灰岩、生屑亮晶灰岩；区域上低角度断层覆盖于马尔争组之上。根据对该组礁灰岩中蜓化石、珊瑚化石、腕足类化石的研究，指示树维门科组沉积时代为早-中二叠世（赵志刚等，2013；岳远刚，2014）。

（6）马尔争组（$P_{1-2}$*m*）：马尔争组分布于东昆南构造带及布青山—阿尼玛卿构造带内，为一套沉积于被动大陆边缘构造环境的大陆斜坡相深海-半深海浊积岩（裴先治等，2015），受后期多期次构造作用的叠加改造，遭受了较为强烈的构造变形、低级变质作用和构造置换作用。主要岩性特征为中基性火山岩、碎屑岩夹碳酸盐岩，包括下部变玄武岩和安山岩等火山岩，中部碳酸盐岩和碎屑岩互层局部夹硅质岩，上部为厚层杂砂岩、长石砂岩和石英长石粉砂岩组成完整或不连续的鲍马序列。在该套地层中可见多种原生沉积构造（递变层理、平行层理、水平层理、包卷层理等），具备浊积特征（岳远刚，2014；裴先治等，2018）。由采集到的该套地层中放射虫化石的鉴定结果可确定，其沉积时代为早二叠世（张克信等，1999；王永标，2005；裴先治等，2018），根据在该套地层中找到的大量蜓类化石，可判断其沉积时代属于早中二叠世（冀六祥、欧阳舒，1996）；根据在布青山地区马尔争组薄层状泥晶灰岩中发现的 *Kargalites sp.* 菊石动物化石，确定其沉积时代为早二叠世（殷鸿福等，2003），根据区域上与上覆上二叠统格曲组的角度不整合，指示其沉积时代必然早于晚二叠世；根据对该套地层中玄武岩锆石 U-Pb 同位素测年结果为（278.0±1.9）Ma，判断其形成时代为早二叠-中二叠世之交（马延景等，2018）。综上所述，可以确定马尔争组形成时代为早-中二叠世。对东昆仑南缘马尔争组砂岩物源区的分析结果指示，物源区构造环境为大陆岛弧，源岩性质为长英质火山岩和花岗质岩，沉积盆地为俯冲环境的古海沟位置，间接记录了古特提斯洋向北俯冲的过程（胡楠等，2013；裴先治等，2015；裴磊等，2017）。

（7）黄羊岭组（$P_{1\text{-}2}h$）：黄羊岭组分布于巴颜喀拉构造带内，为一套陆源碎屑复理石沉积夹碳酸盐岩沉积，主要岩性为灰黑色页岩、岩屑砂岩互层，韵律性较强，发育鲍马序列，局部见弱的冲刷面，具粒序层理构造，区域上与上覆三叠系地层呈整合或断层接触（陈守建等，2011）。自下而上大致可分为三段：第一段以灰黑色页岩为主，夹灰褐色中厚层细-粗粒岩屑砂岩，偶有夹泥晶灰岩，局部夹礁灰岩，砂岩中多具平行层理；第二段为灰黑色页岩与岩屑砂岩互层，夹多层复成分砂质砾岩及泥晶砾屑灰岩，此段碳酸盐岩中可见大量的海百合茎、蜓、腕足、介形虫等化石，砂岩具平行层理及鲍马序列；第三段为深灰色中-细粒岩屑砂岩、细粒长石岩屑砂岩，夹生物碎屑微-泥晶灰岩，碳酸盐岩中可见腕足、苔藓虫、介形虫等生物化石。根据对第三段灰岩中菊石的鉴定，指示该段岩石时代为中二叠世栖霞期（黎敦朋等，2007）；根据对第二段岩石中蜓化石的鉴定，指示该段岩石时代也为中二叠世栖霞期（陈守建等，2011）；根据对第一段岩石中蜓类化石的鉴定，指示该段岩石时代为早二叠世晚期（孙巧缡，1993）。综上所示，可将黄羊岭组沉积时代限定在早中二叠世时期。根据岩石组合特征及生物化石组合，初步推断该套地层主体沉积环境为浅海陆棚相，偶出现黑色页岩及鲍马序列，为半深海-深海环境的震荡变化。

（8）格曲组（$P_3g$）：格曲组分布于东昆南构造带及布青山—阿尼玛卿构造带内，沉积一套下段碎屑岩、上段碳酸盐岩，与下伏地层呈断层接触，或者角度不整合于中-下二叠统马尔争组、树维门科组等老地层之上，与上覆地层下三叠统洪水川组（$T_1h$）呈平行不整合或断层接触（裴先治等，2015；黄晓宏等，2016）。下段主要为一套向上变细的正向旋回性层序，由黄褐色中-厚层状、块状复成分砾岩与灰绿色中-中厚层状杂砂岩、岩屑砂岩及粉砂岩、粉砂质泥岩组成。其中砾石磨圆度较好，成熟度较高，具底砾岩性质，砾石成分主要为花岗岩砾、硅质岩砾、基性岩砾、变质岩砾等，砂岩中发育交错层理、平行层理。上段为灰色-深灰色厚-巨厚层状生物碎屑灰岩及泥灰岩，夹带少量的钙质粉砂岩、钙质细砂岩；生物碎屑灰岩中含大量的腕足、蜓、珊瑚等化石。根据格曲组所含化石（刘广才、李向红，1994），将其时代归为二叠纪乐平世，即晚二叠世。从岩石组合特征的变化看，总体上自下而上砾石厚度变小，砂岩比例增加，呈现出扇三角洲-浅海碳酸盐台地沉积环境特征。根据对下部砾岩碎屑锆石年龄、沉积学特征的综合分析，格曲组为一套沉积于活动大陆边缘环境的海相磨拉石建造，代表了古特提斯洋在晚二叠世尚处于向北俯冲构造阶段（黄晓宏等，2016；杨森等，2016）。

### 2.2.3　中生代

（1）洪水川组（$T_1h$）：洪水川组分布于东昆南构造带内，为一套扇三角洲相-浅海陆棚相-深海浊流相-滨浅海相沉积，下部主要岩性为厚层粗砂岩、含砾粗砂岩、粗砂岩夹砾石、杂砂岩、长石砂岩、粉砂岩夹凝灰岩、安山质凝灰熔岩，上部包括粉砂岩、硅质岩、砂岩及薄层灰岩，顶部又沉积中薄层细砾岩、含细砾砂岩、细砂岩并夹钙质粉砂岩及灰岩，其中灰岩含丰富的腕足类及植物化石碎片。区域上与下伏地层格曲组呈断层或不整合接触，与上覆闹仓坚沟组呈断层接触，局部区域与古元古界白沙河岩群或早生代侵入岩呈断层接触或角度不整合接触（陈国超，2014；王兴等，2019）。李瑞保等（2015）对岩石组合、沉积结构构造特征的研究结果表明，洪水川组沉积序列与弧前盆地沉积序列一致。闫臻等（2008）、王兴等（2019）对洪水川组砂岩、砾岩等碎屑物源、岩石地球化学、古水流等的分析研究表明，早三叠世时期洪水川组沉积物源主要来源于布青山—阿尼玛卿古特提斯洋俯冲背景下北侧变质基底或早古生代弧岩浆岩。

（2）闹仓坚沟组（$T_2n$）：闹仓坚沟组分布于东昆南构造带内，为一套滨浅海沉积，下部主要沉积深灰色核形石灰岩、薄层纹层状灰岩夹碎屑岩，为浅滩相至浅海相；中部为碎屑岩、火山岩及火山碎屑岩，为浅海相沉积；上部为灰红色块状钙质角砾岩夹岩屑长石砂岩、微晶灰岩、砂屑灰岩，为浅海相。根据闹仓坚沟组产丰富的菊石、双壳、腕足等化石，由化石组合特征，可将其沉积时代确定为中三叠世（蔡雄飞等，2008；吴芳等，2010）。区域上与上覆希里可特组（$T_2x$）呈微角度不整合接触，八宝山组（$T_3b$）呈角度不整合接触。对闹仓坚沟组内流纹质凝灰岩进行锆石年代学研究，结果表明，该套火山岩的形成时代主要为（243.5±1.7）Ma，属于中三叠世（吴芳等，2010）。根据对闹仓坚沟组岩石组合及沉积结构的构造研究，其沉积环境由浅海陆棚碎屑沉积环境逐渐变为浅海碳酸盐岩台地沉积，说明继早三叠世以来的弧前盆地趋于填满或接近结束的样式，通过物源分析，其碎屑物源区构造背景依然为大陆岛弧；中三叠世时期古特提斯洋依然处于俯冲消减与陆缘弧发育阶段（李瑞保等，2012；陈伟男，2015）。

（3）希里可特组（$T_2x$）：希里可特组分布于东昆南构造带内，为一套海相沉积盆地向陆相沉积盆地过渡环境的沉积产物，出露较为局限，仅出露于希里可特—额肯其次日郭勒一带，与下伏闹仓坚沟组呈微角度不整合或断层接触，底部灰紫色砾岩以微角度不整合覆盖于闹仓坚沟组灰岩之上，在希里可特地区该现象保存较好（李瑞保等，2012）；与上覆八宝山组（$T_3b$）呈角度不整合接触。根据岩石组合可将其划分为两段：下段为粗碎屑岩段，主要为厚层状的砾岩及含砾粗砂岩夹紫红色泥岩、粉砂质泥岩；上段为细碎屑岩段，主要为薄层砂岩、中细砂岩、粉砂岩，局部夹含砾砂岩，在粉砂岩中产菊石及双壳类化石。根据对双壳类化石的研究可得出，*Halobia sp.* 等具中三叠世拉丁期时期特征，属中三叠世晚期（蔡雄飞等，2008）。该组沉积的砂岩以肝红色和灰绿色为特点，具陆表暴露氧化成因，基本形成了粗、中、细规律旋回，且每个旋回底与上个旋回顶以冲刷面接触，细砂岩中常发育板状、楔状或槽状斜层理构造。这些特征显示，牵引流控制下的扇三角洲平原相河道滞流沉积和边滩沉积。砾岩层中砾石主要成分为下伏闹仓坚沟组灰岩，从砾石成分可以看出，物源主体来自闹仓坚沟组。综合分析认为，希里可特组属三角洲沉积体系（李瑞保等，2012）。希里可特组与闹仓坚沟组微角度不整合关系以及沉积环境的变化也体现了与陆（弧）陆局部差异性初始碰撞的洋陆转换构造事件的响应：布青山—阿尼玛卿古特提斯洋在经历了晚二叠世洋壳初始俯冲和早三叠世强烈俯冲作用后，于中三叠世晚期洋壳俯冲消减接近尾声，局部地段陆（弧）陆已经开始差异性碰撞造山而导致海水退出，以希里可特一带为代表仍接受有少量沉积。因此，希里可特组与闹仓坚沟组间微角度不整合就是在上述局部差异性初始碰撞的背景上形成的，指示了洋陆转变的过程（李瑞保，2012；李瑞保等，2012）。

（4）八宝山组（$T_3b$）：八宝山组分布于东昆南构造带内，主体为一套陆相碎屑岩沉积，根据岩石组合特征将其划分为三段，下段为粗碎屑岩组合，主要为含砾粗砂岩夹复成分砾岩，砾岩中砾石成分主要为砂岩、花岗岩及石英岩，磨圆度较好，分选一般；中段为细碎屑岩组合，主要为薄层粉砂岩、石英粉砂岩夹细砂岩；上段主要为灰色细砾岩、含砾粗砂岩－细砂岩组合，往上渐变为粉砂岩夹细砂岩。通过对该组采集的植物化石、孢粉化石等的鉴定，时代确定为晚三叠世卡尼期或稍晚（岳远刚，2014），对该套地层中安山岩进行K-Ar年代学研究，获得了226～204 Ma的同位素年龄，指示其沉积时代为晚三叠世（熊富浩，2014）。八宝山组上、下段的粗碎屑岩中色调以紫红色、黄绿色为主，沉积构造可见槽状交错层理、板状斜层理，指示干燥炎热古气候特征下的河流相沉积体系。中段沉积粒径变小，为细碎屑岩，且为薄层状，发育水平层理，推测为湖泊相沉积体系。区域上该套地层与上覆侏罗系地层为平行不整合接触，与下伏闹仓坚沟组呈明显的角度不整合接触。从东昆仑地区由中三叠世闹仓坚沟组浅海相、希里可特组海陆过渡相再到晚三叠世八宝山组陆相紫红色粗碎屑岩沉积的沉积序列可以看出，区域构造体系发生了根本转变，即由洋壳俯冲消减完毕到陆（弧）陆局部初始碰撞到最后的全面大规模碰撞，并附带相关时代地层（中三叠世晚期-晚三叠世早期）局部缺失。因此，布青山—阿尼玛卿洋的闭合及全面造山的开启应以该不整合界面为代表，即中三叠世晚期到晚三叠世早期洋盆闭合（李瑞保等，2012；岳远刚，2014）。

（5）巴颜喀拉山群（$TB$）：巴颜喀拉山群分布于巴颜喀拉构造带内，主要为一套浊流沉积。主要岩石组合为一套巨厚的陆源碎屑-火山碎屑质浊积复理石建造（夏蒙蒙等，2019），自下而上分为三个岩组：下岩组主要为一套板岩夹砂岩、砂板岩互层为特征，发育递变层理和水平层理；中岩组主要为近乎互层的砂板岩，砂岩主要为中细粒-粉砂质，板岩以泥质和钙质为主；上岩组主要为砂岩夹少量的板岩，砂岩内部发育水平层理及粒序层理。该套地层沉积厚度巨大，变形较为复杂，难见顶底，区域上与上覆侏罗系地层呈断层接触。对该套地层中英安质沉凝灰岩夹层进行锆石U-Pb测年，获得了(244±2)Ma的同位素年龄，指示该段岩石沉积时代为中三叠世早期（张耀玲等，

2015)；通过对其中的火山岩夹层进行锆石 U-Pb 测年，分别获得 208～203 Ma 的同位素年龄，指示其沉积于晚三叠世晚期（夏蒙蒙等，2019)；对牙形石、有孔虫等进行分析，指示该套地层为晚三叠世诺利期（白国典等，2018)；根据测得的碎屑锆石年龄及侵入到巴颜喀拉山群中的花岗闪长岩年龄，将巴颜喀拉山群形成年龄限定在 252～209 Ma 之间，横跨整个三叠纪时期，主体形成于岛弧环境（崔加伟等，2016)；结合该套地层沉积厚度大、变形较为强烈、难见顶底、岩性较为单一且区域上横向对比相对较难等特点，不同岩石层位时代的确定尚无对比性，故而将整个巴颜喀拉山群沉积时限暂定为早三叠世-晚三叠世，且主体沉积于岛弧环境中。

（6）叶尔羌群（$J_{1\text{-}2}Y$)：叶尔羌群分布于东昆北构造带、东昆南构造带及巴颜喀拉构造带内，主要为一套河湖相沉积，呈近东西向分布，与下伏地层呈断层或不整合接触，被上覆古近系地层角度不整合覆盖。根据岩石组合，叶尔羌群大致可分为三段：下岩段为灰色、灰白色厚层状砾岩、含砾粗砂岩、中砂岩，岩层中产植物化石及孢粉化石；中岩段主要为黑色炭质泥岩、深灰色粉砂岩并夹煤线或黑色炭质泥岩；上岩段为紫红色、灰绿色块状砾岩、含砾粗砂岩、石英砂岩、岩屑砂岩，可见较多的植物化石碎片。在中岩段含煤岩层中发现的植物化石群（以 *Conioperis hymenophylloides* 为代表）及双壳化石（以 *Coniopsis sichuanensis* 为代表)，指示其沉积时代为早-中侏罗世（黄建国等，2016)。经实测剖面工作中采集的大量植物化石、孢粉化石及少量动物化石，可进一步将该套地层沉积时代确定为早、中侏罗世（黄乐清，2013)。上岩段及下岩段碎屑岩中均可见较多的槽状交错层理、板状斜层理，颜色以黄-黄绿色为主，代表温暖潮湿古气候环境下的河流相沉积；中岩段以炭质、泥质沉积物为特征，且发育水平层理，保存丰富的植物碎片化石，代表湖泊沼泽相沉积环境。该套地层为侏罗纪以来，东昆仑地区大地构造格局发生转变，已经进入造山后陆内构造演化阶段-山间小型断陷盆地环境下形成的河湖相沉积。

### 2.2.4　新生代

（1）路乐河组（$E_{1\text{-}2}l$)：路乐河组分布于东昆南构造带、布青山—阿尼玛卿构造带及巴颜喀拉构造带内，主要为一套湖泊相沉积。其可分为两段：下段为红色砾岩、砾石成分为灰岩、砂岩，上段为红黄色、红色粉砂岩-泥岩夹石膏岩。其主要是在东昆仑地区进入全新的受新生代印欧碰撞造山影响的构造演化阶段的一套陆内湖泊沉积。

（2）第四系：广泛分布，主要为湖泊沉积、冲积-洪积、沼泽堆积、冰水堆积、冰川堆积和现代河流冲积松散堆积物。

## 2.3　区域侵入岩

由于受各期次造山作用的影响，东昆仑造山带岩浆活动非常频繁，形成与区域构造线方向（NWW—SEE）基本一致的岩浆岩带，可与冈底斯岩浆岩带相媲美，整个岩浆岩带侵入岩和火山岩均较发育。岩性类型较为复杂，从超基性到中酸性均有出露，以花岗岩类为主，伴有少量的橄榄岩类和辉长岩类。空间上，岩浆岩整体呈 NWW—SEE

向分布，与区域构造线基本一致，且严格受控于昆中及昆南缝合带，主要分布在昆中断裂以北。时间上，岩浆作用整体上具备幕式活动的特征，大致可划分为前寒武纪、早古生代、晚古生代-早中生代、晚中生代-新生代四个阶段，分别对应前寒武造陆事件、原特提斯造山事件、古特提斯造山事件和新特提斯造山事件（陈国超，2014；熊富浩，2014；罗明非，2015；邵凤丽，2017）。

### 2.3.1 前寒武纪

东昆仑造山带前寒武纪岩浆活动多表现为变质岩浆岩，基本都经历了强烈的变形变质左右改造，零星出露，构成了该地区的变质基底。岩浆活动的信息主要来源于岩石中保留的大量继承锆石信息。主要岩性为变基性辉长岩、眼球状黑云二云片麻岩、斜长角闪岩、花岗片麻岩、片麻状英云闪长岩-奥长花岗岩-花岗闪长岩（TTG 组合）、变玄武岩等。

陈能松等（2006）、王国灿等（2007）通过对白沙河岩群中麻粒岩相-高角闪岩相变质碎屑岩进行锆石 U-Pb 年龄测试，获得源区锆石年龄信息为 2500～2400 Ma、2000～1900 Ma；陆松年等（2002）通过对金水口地区变质辉长岩进行锆石 U-Pb 年龄测定，获得 2468 Ma 的结晶年龄；诺木洪地区金水口群变余辉长岩中继承锆石 U-Pb 年龄为 1951～1911 Ma，小庙地区辉绿岩脉捕获锆石年龄为 2428～1996 Ma（任军虎等，2009）。上述信息表明东昆仑地区存在古元古代的岩浆活动。

对小庙岩群 LA-ICP-MS 碎屑锆石 U-Pb 的测年结果显示，哈拉尕吐地区该套地层物源存在 2729～1900 Ma 的热构造事件（陆松年等，2002；张建新等，2003；王国灿等，2004，2007；任军虎等，2011；陈有炘等，2013），加权平均年龄集中在 1712～1567 Ma，形成时代为中元古代早期（王国灿等，2007；陈有炘等，2013；陈国超，2014）；测得万宝沟岩群地层中变玄武岩的 Sm-Nd 等时线年龄为（1441±230）Ma（阿成业等，2003）；对万宝沟群变玄武岩进行锆石 SHRIMP U-Pb 测年，获得了（1343±30）Ma 的年龄（王国灿等，2007）。陆露等（2010）测得牦牛山组磨拉石中流纹岩的继承锆石 U-Pb 年龄为 2486～920 Ma；张建新等（2003）测得金水口群花岗质岩石继承锆石 SHRIMP U-Pb 年龄为 1800～1600 Ma；对红水川地区花岗质片麻岩（与中元古界小庙岩组呈断层接触）的 U-Pb 同位素年代学研究表明，其形成时代为 1124 Ma（陈国超等，2019）。上述信息均代表了东昆仑地区中元古代时期的岩浆活动。

王国灿等（2004）测得东昆仑巴隆南侧的小庙岩群片麻岩的锆石 U-Pb 年龄为 1074～1035 Ma；陈能松等（2006）在香日德的变质花岗岩中测得锆石 SHRIMP U-Pb 年龄为 904 Ma；在都兰地区出露的眼球状花岗闪长质片麻岩和英云闪长质片麻岩测得锆石 U-Pb 年龄分别为（917±21）Ma 和（987±93）Ma；香日德地区侵位于白沙河岩组中的变质花岗岩测得锆石 SHRIMP U-Pb 年龄约为 904 Ma（陈能松等，2006）；对沟里地区花岗质侵入岩进行锆石 Pb-Pb 年代学分析，测得年龄为 1011～913 Ma；前人在苦海岩群片麻岩中测得 Rb-Sr 年龄分别为 1202.98 Ma 和 915.00 Ma（熊富浩，2014），在苦海地区苦海片麻杂岩中测得角闪石 $^{39}Ar/^{40}Ar$ 年龄为 975 Ma（熊富浩，2014），均代表了晋宁变质热事件；对东昆仑造山带中段洪水河铁矿区狼牙山组千枚岩碎屑进行锆石

U-Pb 测年，获得最大沉积年龄为（788±9）Ma（张强等，2018）。以上数据均集中在10亿年左右的中-新元古代，年龄峰值与全球尺度的 Rodinia 超大陆的形成时间相吻合，也是这一时间段内 Rodinia 超大陆聚合过程中广泛的深熔作用的直接地质表现。

## 2.3.2 早古生代

东昆仑早古生代岩浆活动较为强烈，侵入岩岩石类型丰富，超基性岩、基性岩、酸性岩均有发育，包括蛇绿岩套、辉长岩、闪长岩、石英闪长岩、花岗闪长岩、二长花岗岩和钾长花岗岩等（Li et al.，2014；范亚洲等，2018）。火山岩主要为纳赤台岩群火山岩，岩石类型为玄武岩、中基性火山熔岩、流纹岩等（熊富浩，2014）。

侵入岩主要为俯冲-碰撞相关的岩浆作用响应，在造山带东段及西段，均发育有这一时期造山作用影响下的岩浆产物。另外，沿昆中断裂带出露的超基性岩、辉长岩、辉绿岩和基性火山岩等岩片或岩块混杂在前寒武系变质岩及早古生代纳赤台岩群中（范亚洲等，2018）。多数学者认为这些岩块为被肢解的蛇绿岩套，主要形成时间为早古生代，是原特提斯洋的残片（Yang et al.，1996）。对昆中断裂附近的都兰县可可沙地区石英闪长岩进行年代学分析，测得其 U-Pb 年龄为 515 Ma，具有典型岛弧岩浆岩地球化学特征，代表了昆中洋盆的俯冲作用（张亚峰等，2010）。早期基性岩以胡晓钦辉长岩体为代表，其形成时代为 438 Ma，与俯冲流体交代地幔楔有关（刘彬等，2013）。在其他地区也发现了相关地球动力学背景的侵入岩：具备岛弧岩浆岩特征，锆石 U-Pb 年龄为 446 Ma 的香日德南变形变质闪长岩体（陈能松等，2000）；曲什昂北中基性杂岩中岛弧型辉长岩锆石 U-Pb 年龄为 455 Ma；清水泉北岛弧型辉长岩锆石 U-Pb 年龄为 452 Ma（魏博等，2015）；在东昆仑西段库木勒克地区出露一套与蓝片岩相伴生的辉长岩，辉长岩形成时代为444 Ma，蓝片岩形成时代为晚奥陶世（莫宣学等，2007）；布青山—阿尼玛卿地区得力斯坦花岗闪长岩锆石 U-Pb 年龄为 438 Ma，形成与俯冲环境有关（陈国超，2011）；下大武南一带出露的富闪深成侵入岩形成于活动大陆边缘环境，形成时代为 450～447 Ma（Xiong et al.，2015）。以上均为洋盆闭合前的岩浆作用产物。

关于早古生代原特提斯洋的关闭、碰撞开始时间一直存在争议：①原特提斯洋关闭、碰撞开始于晚奥陶世（莫宣学等，2007；张亚峰等，2010；王晓霞等，2012）；②原特提斯洋关闭、碰撞开始于早志留世（陈能松等，2000；刘彬等，2013）或者早泥盆世（许志琴等，2006；边千韬等，2007；祁生胜等，2014；范亚洲等，2018）。近年来，在东昆仑地段相继发现了 428 Ma 的温泉榴辉岩（Meng et al.，2013）、411 Ma 的夏日哈木榴辉岩（祁生胜等，2014）、431 Ma 的朗木日榴辉岩（祁晓鹏等，2016）、433 Ma 的大格勒榴辉岩（Meng et al.，2013）等，结合最新 1∶50000 地质填图，沿榴辉岩分布区域并未见深大断裂，也未见代表洋壳俯冲的蛇绿混杂岩，但出现了大量碰撞型花岗岩，其时限与前述榴辉岩中获得的时代基本一致，故而基本确定晚奥陶世-早泥盆世发生了大规模的陆陆碰撞（Meng et al.，2013）。

前人在冰沟获得锆石 U-Pb 年龄为 391 Ma 的辉绿岩脉，岩石地球化学特征显示为伸展构造背景（Xiong et al.，2014）；同时在东昆仑东段也发现普遍发育的晚志留世-早泥盆世 I-A 型花岗岩，和勒冈那仁 423 Ma 的 A 型花岗岩（Li et al.，2013）、跃马山

406 Ma的I-S花岗岩（刘彬等，2012），以及冰沟391 Ma的A型花岗岩（刘彬等，2013）；东昆仑西段造山后过铝质I型和S型花岗岩类同样发育，如金水口地区411 Ma的S型石榴堇青石花岗岩及396 Ma的S型黑云母花岗岩（龙晓平等，2006），跃进山岩体407 Ma的过铝质-强过铝质花岗岩及406 Ma的辉长岩（刘彬等，2012）。沉积学证据方面，牦牛山组碰撞后伸展环境下的磨拉石建造时限为423～406 Ma（陆露等，2010；张耀玲等，2010），也证实了原特提斯造山事件的结束。

早古生代火山岩代表性岩石有纳赤台群火山岩，通过对纳赤台群流纹岩进行锆石SHRIMP年代学分析，获得450 Ma的结晶年龄（张耀玲等，2010）；根据对哈拉尕土地区纳赤台岩群内变火山岩进行锆石U-Pb测年，获得（474±7.9）Ma的年龄（陈有炘等，2013）。通过阿拉克湖1∶250000区调工作，在该套地层玄武岩中获得锆石SHRIMP年龄为419 Ma。以上信息表明，东昆仑早古生代火山岩浆作用主要集中在奥陶纪、志留纪。

### 2.3.3 晚古生代-早中生代

晚古生代-早中生代岩浆活动记录了古特提斯洋壳形成、扩张、俯冲、闭合等演化过程（莫宣学等，2007；Xia et al.，2014；王珂等，2020），是东昆仑造山带内最为发育的一期岩浆活动，规模宏大，构成了东昆仑造山带的主体（Xiong et al.，2012；Zhang et al.，2012；Ding et al.，2014；Huang et al.，2014；Xia et al.，2014；Liu et al.，2015；马昌前等，2015；胡朝斌等，2018；陈邦学等，2019；李猛等，2020）。侵入岩主要分布于昆中断裂北侧，自北向南逐渐减少；总体上呈近东西向带状分布，常形成大型复式岩基，岩基具多期次底侵和多个岩性单元特征，由于持续的岩浆活动，岩基内部相互接触部位的脉动接触或涌动接触关系常见。主要岩石类型为代表洋壳的蛇绿岩及洋岛/海山组合、俯冲碰撞相关的中酸性岩浆活动，镁铁质侵入岩出露较少，多为小岩体、岩株。蛇绿岩主要在石炭纪-二叠纪较为发育，中酸性岩浆活动时代主要集中在晚二叠世-三叠纪，侏罗纪少有发育，石炭纪中酸性岩浆活动不发育（祁生胜，2015）。

1\. 石炭纪-二叠纪蛇绿（混杂）岩及洋岛/海山组合

东昆仑晚古生代蛇绿岩分布于木孜塔格—布青山—阿尼玛卿蛇绿混杂岩带中（杨经绥等，2004；刘战庆等，2011），沿昆南断裂由西向东分布着大九坝、黑茨沟、布青山、下大武、玛积雪山和玛沁蛇绿岩，蛇绿岩块代表着东昆仑古特提斯洋的残块（Yang et al.，1996，2009；边千韬等，2002；Konstantinovskaia et al.，2003；Xiong et al.，2014；Chen et al.，2017；范亚洲等，2018），其中蛇绿岩［(332.8±3.1)Ma］（Liu et al.，2011）和海山玄武岩［(308.0±4.9)Ma］（Yang et al.，2009）的年代学、岩石地球化学资料显示，洋盆在石炭纪或者之前就已经开始扩张（刘战庆等，2011；邵凤丽，2017；陈国超等，2019）。布青山地区哈尔郭勒蛇绿岩岩石组合出露齐全，蛇绿岩中辉长岩锆石U-Pb年龄为（333±3.1)Ma，地球化学特征显示其形成于正常的洋中脊环境（刘战庆等，2011）；阿尼玛卿地区德尔尼蛇绿岩岩石组合较完整，蛇绿岩中玄武岩全岩Ar-Ar年龄为（345±7.9)Ma，锆石SHRIMP U-Pb年龄为（308±4.9)Ma，岩石地球化学特征显示其为洋中脊型蛇绿岩（杨经绥等，2004）；玛积雪山、哥日卓托地区亦存在一套与灰岩相伴生的海山玄武岩（具有典型洋岛玄武岩地球化学特征）/灰岩组合，时代为早石炭世（郭安林等，2006；李瑞保等，2014）。

2. 晚古生代-中生代俯冲碰撞型岩浆岩

随着古特提斯洋的演化，特别是阿尼玛卿古特提斯洋的持续俯冲，直至全面闭合转入陆陆碰撞，在东昆仑造山带形成了规模巨大的岩浆岩带（王珂等，2020）。已有诸多学者对这方面进行了大量研究，但对阿尼玛卿古特提斯洋何时闭合以及岩浆活动究竟形成于何种动力学背景一直存在不同观点：①阿尼玛卿古特提斯洋的俯冲一直持续到早三叠世，至晚三叠世才全面转入陆内碰撞造山阶段（罗照华等，2002；莫宣学等，2007；张明东等，2018）；②阿尼玛卿古特提斯洋闭合于中二叠世，晚二叠世该区已全面进入后碰撞造山阶段（Yang et al.，2009；Pan et al.，2012）；③晚二叠世-早三叠世花岗岩类多为俯冲型岩浆岩，至中三叠世才开始碰撞造山运动（孙雨等，2009；熊富浩，2014）。

弧型岩浆岩规模巨大，东昆仑西段其木来克地区岛弧环境花岗质岩体中获得的花岗闪长岩测得锆石 U-Pb 年龄为（274.6±1.2）Ma，黑云母花岗岩闪长岩测得锆石 U-Pb 年龄为（271.2±0.6）Ma（陈邦学等，2019）；青塔山地区英云闪长岩和含石榴子石英云闪长斑岩测得锆石 U-Pb 年龄分别为（212±1.5）Ma 和（214±1）Ma，形成于洋俯冲环境，为俯冲洋壳板片部分熔融产物与上覆地幔楔橄榄岩反应的产物，显示中高压特征（亓鹏，2019）。东昆仑西段岩碧山辉石橄榄岩测得锆石 U-Pb 年龄为208 Ma，其形成环境为弧环境（高明，2018）。东昆仑东段希望沟辉长岩测得锆石 U-Pb 年龄为（270.7±1.1）Ma，为受围岩混染或俯冲板片流体交代作用的产物（李玉龙等，2018）。东昆仑西段阿确墩地区花岗质岩体测得锆石 U-Pb 年龄为（281.5±4）Ma，地球化学特征显示其为形成于陆缘弧环境的 I 型花岗岩（李猛等，2020）。东昆仑祁漫塔格鹰爪沟镁铁-超镁铁质层状岩体形成时代为（263±4）Ma，形成于古特提斯洋俯冲作用下的活动大陆边缘裂谷（胡朝斌等，2018）；都兰县阿斯哈石英闪长岩岩体测得锆石 U-Pb 年龄为（232.6±1.4）Ma，岩石地球化学特征显示其具有岛弧或活动大陆边缘弧岩浆及壳-幔混合特征，是幔源基性岩浆与古老壳源花岗质岩浆混合作用的产物，古老地壳可能为中元古代俯冲地壳物质，为中三叠世晚期俯冲向碰撞转换的动力学背景下的岩浆记录（岳维好、周家喜，2019）；据报道，玛沁地区德-恰花岗杂岩体测得锆石 U-Pb 年龄为（250±20）Ma（杨经绥等，2005）；昆北白日其镁铁质岩墙测得锆石 U-Pb 年龄为（251±2）Ma（熊富浩等，2011）；恰拉尕吐花岗岩体测得锆石 U-Pb 年龄为256 Ma，形成环境类似于安第斯型活动大陆边缘（孙雨等，2009）。上述岩体都处于古特提斯洋俯冲阶段的晚期，与碰撞前［破坏性活动板块边缘（板块碰撞前）花岗岩］的构造背景吻合，有向板块碰撞后隆起期花岗岩（后碰撞）演化的趋势。另外，已有学者测得玛积雪山岛弧火山岩年龄为 260 Ma（Yang et al.，1996），东昆仑中段大灶火沟—万保沟地区晚二叠世陆缘弧火山岩-次流纹英安岩锆石 U-Pb 年龄为（254.7±0.6）Ma（史连昌等，2016；张新远等，2020），东昆仑东段战红山地区的岛弧火山岩-流纹岩锆石 U-Pb 年龄为（244.1±1.8）Ma（张新远等，2020），区域上岛弧岩浆岩锆石 U-Pb 年龄多集中在 260～237 Ma（许志琴等，2007；孙雨等，2009；熊富浩等，2011；陈国超等，2014；熊富浩，2014；罗明非等，2015；岳维好、周家喜，2019）。

如前所述，阿尼玛卿古特提斯洋的闭合及全面造山的开启时限一直存在争议，但可以肯定的是，随着俯冲的结束、碰撞的开始，东昆仑地区发育大规模的岩浆混合和幔源岩浆的底侵作用（刘成东等，2003，2004；谌宏伟等，2005；莫宣学等，2007；吴祥珂等，2011），这一阶段的花岗岩类包含大量的暗色包体，且有同年龄的镁铁质-超镁铁质岩浆岩广泛发育，含有丰富的壳幔物质交换信息。约格鲁杂岩体中的角闪辉长岩体SHRIMP锆石U-Pb年龄为（239±6）Ma（谌宏伟等，2005）；石灰沟外滩岩体中角闪辉长岩角闪石$^{39}Ar$-$^{40}Ar$年龄为（226.4±0.4）Ma（罗照华等，2002）；玛兴大坂二长花岗岩形成于（218±2）Ma，基本为同时代产出，底侵基性岩带来的巨大热量导致地壳物质熔融，形成大规模的花岗质岩浆；同时幔源基性岩浆与壳源花岗质岩浆（古地壳重熔形成花岗质岩浆）发生不同程度的混合（谌宏伟等，2005；莫宣学等，2007）。和勒冈希里可特花岗闪长岩岩体，暗色包体结晶年龄为（232±5.7）Ma，寄主花岗闪长岩形成年龄为（230±4.6）Ma，二者近乎同期，为岩浆混合作用的产物（陈国超，2014）。布青山—希里可特地区亦可见少量具面状展布晚三叠世的碰撞型花岗岩（陈国超等，2013；李瑞保等，2018）。相应的火山岩浆作用较发育：东昆仑西段阿格腾地区流纹岩及花岗岩锆石U-Pb年龄分别为（215.3±0.5）Ma、（220.7±0.5）Ma、（220.7±0.4）Ma、（220.6±1.4）Ma，岩石地球化学特征显示同碰撞特征（徐博等，2019）。东昆仑地区鄂拉山组火山岩，主要岩性为玄武岩、玄武安山岩、粗面岩、流纹岩，整体表现为陆相喷发，年代学研究表明其侵位时代为213 Ma（丁烁等，2011）。

与俯冲-同碰撞阶段相比，后碰撞阶段的地球动力学背景由挤压向伸展构造体系转化，其出露规模较小，一般以小岩体、岩株和岩脉侵入早期岩体和地层，主要岩性为一套准铝-弱过铝质的高钾钙碱性-钾玄岩系列（陈国超等，2019）；岩浆岩类型多样，且具独特性。东昆仑巴音呼都森中酸性侵入岩中测得锆石U-Pb年龄为217.0～212.4 Ma，结合岩石地球化学特征，显示其源于地壳物质部分熔融，为晚三叠世陆壳加厚伸展背景下岩浆活动的产物（韩海臣等，2018）；东昆仑马尼特地区石英闪长岩体测得锆石U-Pb年龄为206.8 Ma，岩石地球化学特征显示其具备后碰撞岩浆活动特征（魏小林等，2019）。

沉积学特征也为东昆仑古特提斯洋各阶段的演化提供了有力证据：希里可特组与闹仓坚沟组的微角度不整合关系以及沉积环境的变化体现了与陆（弧）陆局部差异性初始碰撞的洋陆转换构造事件的响应，整体的响应过程可表现为布青山—阿尼玛卿古特提斯洋在经历了晚二叠世洋壳初始俯冲和早三叠世强烈俯冲作用后，于中三叠世晚期洋壳俯冲消减接近尾声，局部地段陆（弧）陆已经开始差异性碰撞造山而导致海水退出，以希里可特一带为代表仍接受有少量沉积。希里可特组与闹仓坚沟组间微角度不整合就是在上述存在局部差异性的初始碰撞背景下形成的，指示了洋陆转变的过程（李瑞保，2012；李瑞保等，2012）。从东昆仑地区的沉积序列也可以看出，古特提斯洋从俯冲开始到碰撞完成的构造演化之沉积证据：中三叠世闹仓坚沟组为浅海相沉积，希里可特组为海陆过渡相沉积，晚三叠世八宝山组为陆相紫红色粗碎屑岩沉积。

### 2.3.4　晚中生代-新生代

该时期的岩浆活动相对较少，以侏罗纪为主，为东昆仑造山带内时代最晚的岩浆活动，新生代岩浆活动尚未见报道（莫宣学等，2007）。形成的构造动力学背景依然为后造山环境，其规模较小，以岩株、岩脉侵入早期岩体或地层；主要出露于东昆南断裂带附近，岩性以基性岩及碱性花岗岩为主。在东昆仑东部兴海地区出露辉长质岩体，岩石为辉绿岩和辉绿玢岩，辉石的 Ar-Ar 年代学研究结果表明其结晶时代为 197 Ma；在兴海纳让的石英正长岩和乌妥钾长花岗岩岩株中，年代学分析表明其侵位时代为 200 Ma 左右（李荣社等，2008）。

# 第 3 章　刀锋山地区地质特征

## 3.1　大地构造位置

本书研究区位于东昆仑造山带西段较为特殊的构造位置：横向上位于东昆仑西段最西段，紧邻其西边界断裂—阿尔金左行走滑断裂，与西昆仑造山带相邻；纵向上纵跨秦祁昆造山系（Ⅲ）及西藏—三江造山系（Ⅳ）两个Ⅰ级构造单元。研究区以刀锋山断裂、断边山断裂为界，纵跨Ⅲ级构造单元，分别为：东昆南构造带（四岔雪峰中生代岩浆弧带）（Ⅲ-4-1）、布青山—阿尼玛卿构造混杂岩带（阿克苏库勒俯冲增生杂岩带）（Ⅲ-4-2）、巴颜喀拉地体（巴颜喀拉前陆盆地）（Ⅳ-1-1），具体划分见表 3－1。

**表 3－1　研究区大地构造分区简表**

| Ⅰ级构造单元 | Ⅱ级构造单元（大相） | Ⅲ级构造单元（相） | 研究区 |
|---|---|---|---|
| 秦祁昆造山系（Ⅲ） | 南昆仑结合带（Ⅲ-4） | 东昆南构造带（四岔雪峰中生代岩浆弧带）（Ⅲ-4-1） | 四岔雪峰中生代岩浆弧带 |
| | | 布青山—阿尼玛卿构造混杂岩带（阿克苏库勒俯冲增生杂岩带）（Ⅲ-4-2） | 阿克苏库勒俯冲增生杂岩带 |
| 西藏—三江造山系（Ⅳ） | 巴颜喀拉地块（Ⅳ-1） | 巴颜喀拉地体（巴颜喀拉前陆盆地）（Ⅳ-1-1） | 巴颜喀拉前陆盆地 |

根据研究区构造特征、变形层次、沉积作用、岩浆记录、变质变形作用，结合、对比区域大地构造位置，对研究区构造单元做进一步厘定：以断边山断裂、刀锋山断裂为界，北属四岔雪峰中生代岩浆弧带，中属阿克苏库勒俯冲增生杂岩带，南属巴颜喀拉前陆盆地（见图 3－1）。

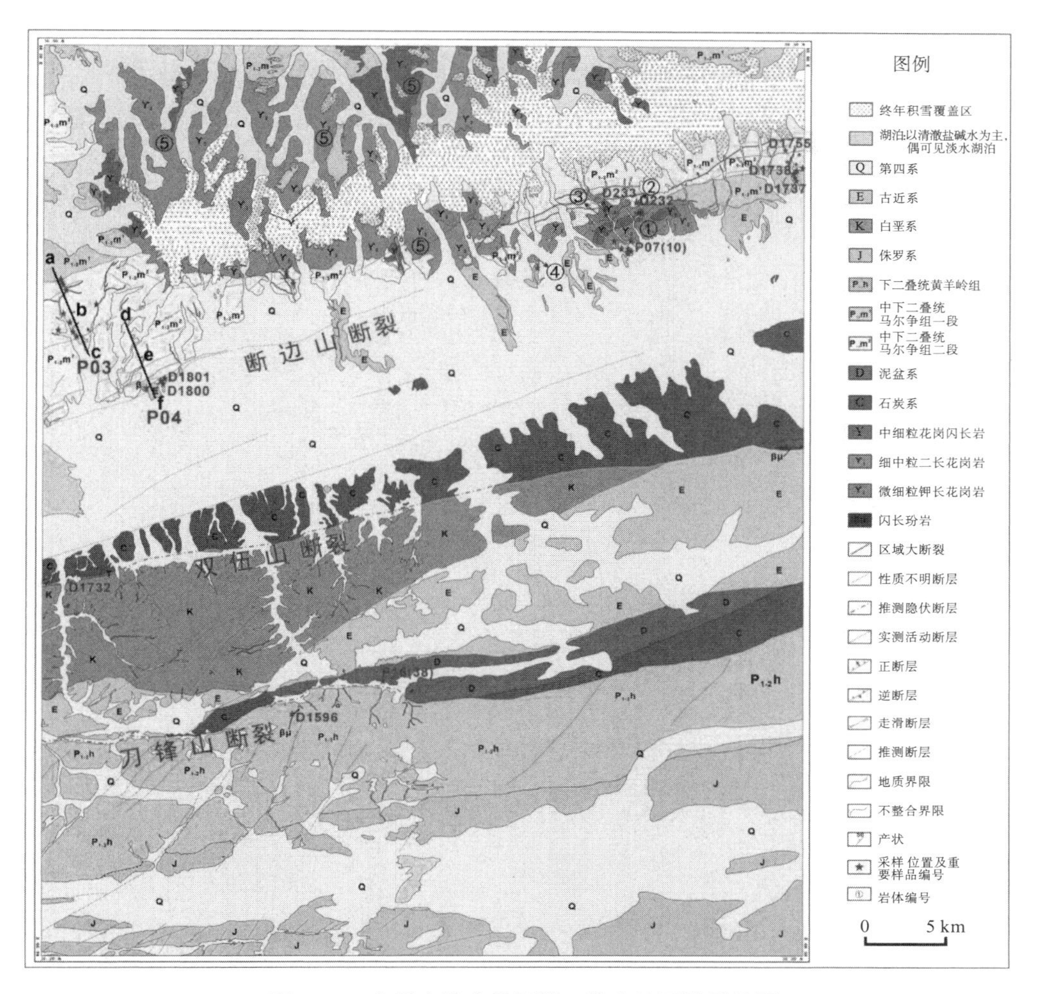


**图 3－1　东昆仑造山带西段刀锋山地区地质简图**

## 3.2　地层

研究区地层单位序列如图 3－2 所示（李瑞保等，2012；新疆维吾尔自治区地质矿产勘查开发局，2012；岳远刚，2014；詹天宇等，2018；王兴等，2019）。

东昆仑地层包括前寒武纪基底地层及早古生代以来的沉积盖层。基底岩系主要包括古元古界白沙河岩组、中元古界小庙岩组和苦海岩群以及中新元古界冰沟群和万宝沟群；盖层以东昆南构造带最为发育，主要为上古生界-新生界沉积地层。本书仅对分布于研究区内的东昆南构造带和布青山—阿尼玛卿构造混杂岩带中发育的与古特提斯洋演化相关的上古生界-中生界沉积地层做重点介绍，其他地层不再一一赘述。

由图 3－2、图 3－3 可知，东昆南构造带（四岔雪峰中生代岩浆弧带）中主要发育晚古生代以来的地层，从老至新主要有中-下二叠统马尔争组（$P_{1\text{-}2}m$）、古-始新统路乐河组（$E_{1\text{-}2}l$），第四系更-全新统冰水堆积（$Qp\text{-}h^{gfl}$）、冰川堆积（$Qp\text{-}h^{gl}$），全新统冲洪积（$Qh^{pal}$）、残坡积（$Qh^{eld}$）及湖积（$Qh^{fl}$）。

| 年代地层 | | | 东昆南构造分区 | 布青山—阿尼玛卿构造分区 | | | 巴颜喀拉构造分区 | | |
|---|---|---|---|---|---|---|---|---|---|
| 新生界 | 第四系 | 全新统 | 冲洪积（$Qh^{pal}$）、残坡积（$Qh^{eld}$）、湖积（$Qh^{fl}$） | | 冰水堆积（$Qp\text{-}h^{gfl}$）冰川堆积（$Qp\text{-}h^{gl}$） | | 冲洪积（$Qh^{pal}$）、残坡积（$Qh^{eld}$）、湖积（$Qh^{fl}$） | | |
| | | 更新统 | | | | | | | |
| | 古近系 | 始新统 | 路乐河组（$E_{1\text{-}2}l$） | | 第三段（$E_{1\text{-}2}l^3$） | | | | |
| | | | | | 第二段（$E_{1\text{-}2}l^2$） | | | | |
| | | 古新统 | | | 第一段（$E_{1\text{-}2}l^1$） | | | | |
| 中生界 | 白垩系 | 下统 | | 克孜勒苏组（$K_1kz$） | 第二段（$K_1kz^2$） | | | | |
| | | | | | 第一段（$K_1kz^1$） | 第二岩性段（$K_1kz^{1\text{-}2}$） | | | |
| | | | | | | 第一岩性段（$K_1kz^{1\text{-}1}$） | | | |
| | 侏罗系 | 上统 | | | | | 库孜贡苏组（$J_3k$） | | |
| | | 中统 | | | | | 叶尔羌群（$J_{1\text{-}2}Y$） | 二岩组（$J_{1\text{-}2}Y^2$） | 四岩段（$J_{1\text{-}2}Y^{2\text{-}4}$） |
| | | | | | | | | | 三岩段（$J_{1\text{-}2}Y^{2\text{-}3}$） |
| | | | | | | | | | 二岩段（$J_{1\text{-}2}Y^{2\text{-}2}$） |
| | | | | | | | | | 一岩段（$J_{1\text{-}2}Y^{2\text{-}1}$） |
| | | 下统 | | | | | | | |
| | 三叠系 | 下统 | | | | | | | |

<table>
<tr><td rowspan="4">上古生界</td><td rowspan="2">二叠系</td><td rowspan="2">中-下统</td><td rowspan="2">马尔争组（$P_{1-2}m$）</td><td>二段（$P_{1-2}m^2$）</td><td rowspan="2">黄羊岭组（$P_{1-2}h$）</td><td>二段（$P_{1-2}h^2$）</td></tr>
<tr><td>一段（$P_{1-2}m^1$）</td><td>一段（$P_{1-2}h^1$）</td></tr>
<tr><td rowspan="2">石炭系</td><td>上统</td><td colspan="4"></td></tr>
<tr><td>下统</td><td>托库孜达坂组（$C_1t$）</td><td colspan="2">二段（$C_1t^2$）</td><td></td></tr>
<tr><td></td><td>泥盆系</td><td>上统</td><td colspan="3">刀锋山组（$D_3d$）</td><td></td></tr>
</table>

图 3—2　研究区地层单位序列

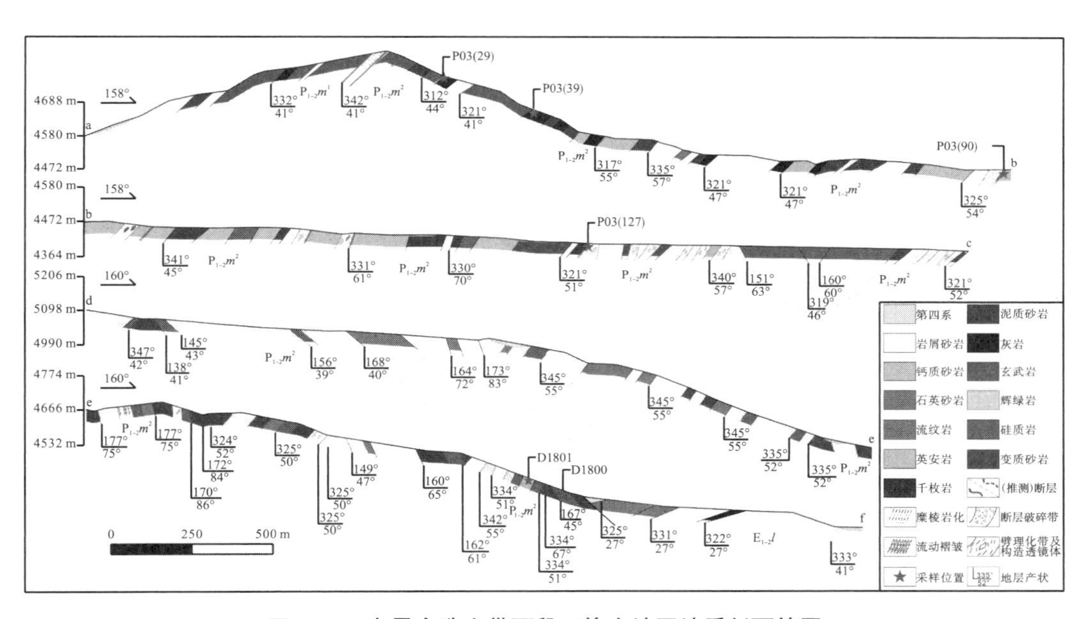


图 3—3　东昆仑造山带西段刀锋山地区地质剖面简图

由图 3—2、图 3—3 可知，布青山—阿尼玛卿构造混杂岩带（阿克苏库勒俯冲增生杂岩带）中地层系统发育较为完整，主要为晚古生代-中生代-新生代地层，从老至新主要有上泥盆统刀锋山组（$D_3d$）、下石炭统托库孜达坂组（$C_1t$）、中-下二叠统马尔争组（$P_{1-2}m$）、下白垩统克孜勒苏组（$K_1kz$）、古-始新统路乐河组（$E_{1-2}l$）、第四系更-全新统冰水堆积（$Qp\text{-}h^{gfl}$）、冰川堆积（$Qp\text{-}h^{gl}$）、全新统冲洪积（$Qh^{pal}$）、残坡积（$Qh^{eld}$）及湖积（$Qh^{fl}$）。刀锋山组（$D_3d$）、托库孜达坂组（$C_1t$）、马尔争组（$P_{1-2}m$）各组及其内部各段多为断层接触，受断层破坏、断失、拆离，各种深海浊积岩块、灰岩、玄武岩呈大小混杂的构造镶嵌，在完成古特提斯洋闭合后，在陆内改造、陆内调整阶段，沉积形成山间盆地的下白垩统克孜勒苏组（$K_1kz$）、古-始新统路乐河组（$E_{1-2}l$）。

巴颜喀拉地体（巴颜喀拉前陆盆地）主要为古特提斯洋闭合后，南昆仑地体与巴颜喀拉地体碰撞作用阶段在前陆盆地（弧后盆地）沉积的一套地层：中-下二叠统黄羊岭组（$P_{1-2}h$）、中-下侏罗统叶尔羌群二岩组（$J_{1-2}Y^2$）、上侏罗统库孜贡苏组（$J_3k$）。同时，可见大量的第四系全新统冲洪积（$Qh^{pal}$）、残坡积（$Qh^{eld}$）及湖积（$Qh^{fl}$）（见图 3－2）。

## 3.2.1　东昆南构造分区

东昆南构造分区内出露的地层仅有马尔争组（$P_{1-2}m$），该套地层广泛分布于研究区北部四岔雪峰—陡坎沟一带，多位于断边山断裂（东昆南构造带南边界）两侧。空间上，被大面积花岗质岩浆岩侵入，并有四岔雪峰等高海拔常年积雪区覆盖，南部多被第四系冲洪积、冰水沉积物所掩盖。后期受强烈构造变形，区域上表现为复式向斜，且伴有逆冲推覆作用，发育大量断裂构造，组内岩石多以断夹块的形式出露，并发育劈理化带、破碎带。

马尔争组以中浅变质的细粒陆源碎屑岩夹钙质夹层、基性火山岩、酸性火山岩为特征，总体上可分为上下两段——一段岩性组合：下部主要为中层状灰色粉砂质中细粒岩屑砂岩、中薄层状钙质粉砂质泥质岩、中薄层状粉砂质不等粒砂岩、中薄层钙质粉砂质岩屑砂岩夹中薄层状玄武岩、角闪石片岩、石英绢云母岩，岩石均具有一定程度的变质，表现为纤闪石化、透辉石化、绿泥石化等；上部主要为中层钙质细粒岩屑砂岩、中薄层钙质粉砂岩，夹薄层含细砂微晶灰岩、薄层硅质岩，岩石均具有一定程度的变质，表现为绢云母化，局部强构造变形带有一定程度的碎裂岩化。岩石以中层、中薄层状为主。二段岩性组合：下部主要为灰色变质钙质细粒岩屑砂岩夹深灰色变质砂质粉砂岩，偶见变质硅质岩及顺层状变英安岩；上部主要为灰色变质钙质细粒岩屑砂岩与深灰色变质砂质、钙质粉砂岩互层，并夹砂质岩屑灰岩、砂屑灰岩，偶见变英安岩顺层产出。岩石整体显破碎，局部见碎裂岩化、糜棱岩化。该段可识别的地层层序：中薄层钙质岩屑砂岩→中层砂屑灰岩→中薄层泥质、钙质粉砂岩→薄层粉晶灰岩。受构造影响，该层序在纵向上分布不太连续，多有缺失。

贵州省地质调查院（2002）在该组碎屑岩采集有虫䗴科 *Neoschwa-gerina sp.*，*Ploydiexodina sp.* 和珊瑚、腕足等化石，指示其时代相当于早中二叠世；马延景等（2018）在青海扎日加地区马尔争组玄武岩中测得锆石 U-Pb 年龄为（278.0±1.9）Ma，为中二叠世。本次工作在研究区马尔争组二段岩屑灰岩中测得碎屑锆石最大沉积 U-Pb 年龄为（305.9±3.6）Ma，为 $C_2^4$ 逍遥阶，说明该套地层应在晚石炭世或者之后开始沉积。在相同层位下部的流纹岩中测得锆石 U-Pb 年龄为（266.0±2.4）～（266.2±2.2）Ma，为 $P_2^3$；在下部层位的玄武岩中测得锆石 U-Pb 年龄为（272.6±1.4）Ma，为 $P_2^2$。结合马尔争组的具体特征——沉积厚度大、岩性复杂，为古特提斯洋消减过程中沉积、造山作用拼合在一起增生楔岩片，这一过程应该是一个相对漫长的地质响应过程。结合前人研究成果（贵州省地质调查院，2002；马延景等，2018；詹天宇等，2018），将该套地层的时代限定在早中二叠世。

詹天宇等（2018）根据马尔争组复理石岩片中的主要沉积标志、微量元素分析结果，认为其为浅海至半深海碳酸盐台地相沉积；结合该组主要岩性为一套远源细碎屑浊积岩及碳酸盐岩，具体为细粒砂岩、粉砂质泥岩、泥质粉砂岩和岩屑灰岩、微晶灰岩，上述岩石构造单一，砂体厚度中等，其岩性、沉积构造特征也反映了浅海陆棚沉积环境。根据马尔争组锆石同位素年龄分布特征（胡楠等，2013；裴先治等，2015）及与区域地质特征的相关性分析结果推测，东昆仑造山带的早古生代岩浆弧和元古代变质结晶基底为马尔争组提供主要物质来源。砂岩地球化学特征指示马尔争组复理石岩系形成于沟弧盆系活动大陆边缘构造环境（裴先治等，2018）。

### 3.2.2　布青山—阿尼玛卿构造分区

1. 刀锋山组（$D_3d$）

刀锋山组（$D_3d$）位于布青山—阿尼玛卿构造混杂岩带（阿克苏库勒俯冲增生杂岩带）内，分布于研究区利剑山一带，总体呈近东西向分布，与区内山脉走向一致。北侧为第四系冲洪积（$Qh^{pal}$）、古-始新统路乐河组（$E_{1\text{-}2}l$）覆盖，南侧与黄羊岭组（$P_{1\text{-}2}h$）、托库孜达坂组（$C_1t$）呈断层接触，在刀锋山断裂破坏作用下，被断失、拆离，呈断块产出。

岩石组合以灰岩、变质砂岩为主，其次为白云岩、硅质岩、大理岩、黑云斜长变粒岩、黑云斜长石英岩、变质复成分细砾岩等。该套岩石具明显的区域性低温动力变质作用，除灰岩、白云岩、硅质岩等未表现出受区域变质作用外，其余岩石均遭受低绿片岩相、绿片岩相的区域变质。另外，该套岩石具有动力变形、碎裂岩化的现象。

贵州省地质调查院（2002）在该套地层中采集到大量的牙形石、腕足、珊瑚、层孔虫等化石，其中牙形石 *Pal Matolepis minuta minut*、*P. glabra pectinata* 是贵州牙形刺带 *Pal Matolepis minuta minut-Pal Matolepis rugose rugsa* 中的重要分子，属晚泥盆世锡矿山期（$D_3^2$）。

受断层作用，该组地层层序难以恢复。本书研究工作在该套地层中发现层孔虫、腕足残片等化石，它们都是典型的海相生物化石。珊瑚、层孔虫属于窄盐度生物，仅能存活于正常盐度的海水中，因此指示古盐度为 2%～4%（Heckel，1972）。以生物碎屑灰岩、大理岩化微晶灰岩，偶夹中厚层灰岩，下部可见硅质岩及变质砂岩呈不等厚的韵律层产出的岩性组合特征反映了斜坡-盆地相沉积。综合岩石、古生物组合特征，该套地层为一套次深海相碳酸盐岩夹碎屑岩沉积。

2. 托库孜达坂组（$C_1t$）

托库孜达坂组（$C_1t$）位于布青山—阿尼玛卿构造混杂岩带（阿克苏库勒俯冲增生杂岩带）内，在双伍山断裂及其分支断裂内部、刀锋山断裂及其分支断裂内部展布，出露不全，未见顶底，分布较为零星；空间上多被第四系冲洪积物所掩盖，与其他地层呈断层接触。研究区仅出露第二段地层，为一套深海复理石组合：弱绢云母化、弱绿泥石化中细粒岩屑砂岩与弱蚀变细粒岩屑砂岩、泥质砂岩互层，偶夹弱蚀变钙质、凝灰质细砂岩、含砾砂岩。该段地层是阿克苏库勒俯冲增生杂岩带的主要物质成分。其内可识别的层序为中层含砾砂岩→中层砂岩→薄层、中薄层泥质砂岩，内部地层可见重复、局部见鲍马序列的逆粒序层［见图 3－4（a）］。

许鑫等（2020）对东昆仑西段阿克苏河地区托库孜达坂组中段流纹岩进行了 LA-ICP-MS 锆石 U-Pb 定年，测得年龄（354.8±1.9）Ma～(343.8±18)Ma，为早石炭世。

有研究人员在该地区砂屑灰岩或钙质砂岩中采获牙形石、珊瑚、腕足类化石，且位于火山岩地层之上，其生物组合为早石炭世岩关期-大塘期的标准分子或常见分子，结合生物化石、火山岩锆石 U-Pb 定年结果，将其地质时代定为早石炭世（贵州省地质调查院，2002；王先辉等，2004）。

在该套地层中可见多次重复性韵律层理，每一韵律层都包含由砂岩到泥质粉砂岩的顺序规律，并可见浊积岩鲍马序列的递变段（a 段）的逆粒序层［见图 3－4（b)］。从本地区该时期沉积的复理石沉积特征，即碎屑成分不成熟、含大量岩屑砂，偶见火山碎屑；砂泥韵律多次重复出现，可判断该套地层为活动大陆边缘弧前盆地或海沟地带较近源的沉积环境。

（a）托库孜达坂组二段砂泥韵律层　（b）托库孜达坂组二段鲍马序列递变段的逆粒序层

**图 3－4　托库孜达坂组沉积构造特征**

3. 马尔争组（$P_{1\text{-}2}m$）

马尔争组（$P_{1\text{-}2}m$）分布于断边山断裂（东昆南构造带南边界）两侧，沿该断裂呈断块产出，经历了不同程度的构造置换和变形变质作用。研究区该套地层多被印支期-燕山期花岗质岩浆岩侵位，基本被第四系冲洪积、冰水沉积掩盖，岩性组合特征与东昆南构造分区地层一致。该套地层纵跨两个构造分区。

4. 克孜勒苏组（$K_1kz$）

克孜勒苏组（$K_1kz$）出露于双伍山与刀锋山之间的大部区域，北部与下石炭统托库孜达坂组呈断层（双伍山断裂）接触，南部与古近系路乐河组呈断层接触。组内岩石均为整合接触，可见少部分被第四系掩盖，为陆内演化阶段在前陆盆地沉积，为一套湖相杂色陆源粗碎屑岩沉积。研究区内进一步划分为两段：一段（$K_1kz^1$）为紫红色陆源粗碎屑岩，二段（$K_1kz^2$）为灰、灰绿、紫红中厚层夹薄层细碎屑岩。

贵州省地质调查院（2002）在该地层岩石中采集到孢粉化石：*Gleicheniidites sp.*、*Toroispora sp.*、*Cicatricosisporites sp.*、*Classopollis sp.*、*Callialasporites trilobatus.*、*Deltoidospora sp.*、*Schizaeoisporites sp.*，均为早白垩世的重要孢粉类型，故将该单元划归于早白垩世。

克孜勒苏组一段为砾岩，杂基支撑，块状构造，砾石呈块状混杂堆积，分选性较好，未见定向性［见图 3－5（a)］，指示其是一种处于较长洪峰期的冲积扇扇根沉积环境；往上砾石多呈线状分布，叠瓦状排列，与下伏呈冲刷接触［见图 3－5（b)］，显示山前冲洪积扇扇中沉积特征。往上逐步渐变为中薄层紫红色钙质细粒长石岩屑砂岩夹灰色、黄褐色钙质细粒岩屑砂岩，顶部亦渐变为薄层紫红色钙质细砂质粉砂岩夹浅紫红色钙质细粒长石岩屑砂岩。这样的旋回特征显示碎屑从下往上粒度变小，碎屑分选磨圆变好的过渡关系，显示其沉积环境从冲积扇沉积向河流相沉积环境过渡。在二段沉积序列中，自下往上，“二元结构”完整，组成以下部中-细粒砂岩，上部细粒-粉砂质砂岩、泥质粉砂岩的完整序列；在下部沉积单元中可见冲洗交错层理、爬升波痕层理、小型楔状交错层理及平行层理［见图 3－5（c）～（f）］，显示其沉积环境为曲流河沉积相特征。

（a）一段底部杂乱、块状砾石；（b）一段上部砾石叠瓦状排列，下伏冲刷接触；（c）二段下部冲洗交错层理；（d）二段下部爬升波痕层理；（e）二段下部小型楔状交错层理；（f）二段下部平行层理

**图 3－5　克孜勒苏组沉积构造特征**

在早白垩世早期，受燕山期陆内造山、改造作用，四岔雪峰山体抬升，北部盆地消失，南部沉积盆地也大大缩小，并向北迁移，仅在双伍山—小石山一带形成一个东西向的狭长盆地。其盆地边缘严格受双伍山断裂和刀锋山断裂的控制，是一个典型的前陆或山间盆地。在山前地带，常爆发山洪，故而形成了克孜勒苏组底部的山前冲积扇扇根沉积，为一套混杂堆积的砾石层。早白垩世中-晚期，山洪减弱，山前盆地中发育了曲流河，从而沉积了克孜勒苏组上部单元，以中粗粒岩屑砂岩向中细粒石英砂岩、粉砂岩、泥质粉砂岩过渡的沉积序列，在石英砂岩岩性段中冲洗交错层理、爬升波痕层理、小型楔状交错层理及平行层理发育。

此外，沉积岩性组合、沉积构造特征也指示，克孜勒苏组一段下部→克孜勒苏组一段上部→克孜勒苏组二段分别代表冲积扇扇根、扇中沉积环境→冲积扇向河流相过渡环境→曲流河沉积环境的沉积特征。

### 3.2.3 巴颜喀拉构造分区

巴颜喀拉地体（巴颜喀拉前陆盆地）主要为古特提斯洋闭合后南昆仑地体与巴颜喀拉地体碰撞作用阶段在前陆盆地（弧后盆地）沉积的一套地层：中-下二叠统黄羊岭组（$P_{1\text{-}2}h$）、下-中侏罗统叶尔羌群二岩组（$J_{1\text{-}2}Y^2$）、上侏罗统库孜贡苏组（$J_3k$）。

1. 黄羊岭组（$P_{1\text{-}2}h$）

黄羊岭组（$P_{1\text{-}2}h$）位于巴颜喀拉地体内，阿克苏库勒俯冲增生杂岩带南侧，出露于利剑山南，属中生代弧后盆地沉积；下伏与刀锋山组呈断层接触，上覆与下-中侏罗统叶尔羌群呈角度不整合接触。主要沉积一套浅海陆棚相碎屑岩沉积，经工作解体为两段：一段总体表现为粗-细的旋回层序，为灰绿色中薄层变质中粗粒岩屑砂岩与弱紫红色中薄层变质中细粒岩屑砂岩互层；二段为灰绿色薄层变质岩屑砂岩夹灰绿色泥质板岩的组合，变质岩屑砂岩发育纸片状水平层理。研究区黄羊岭组基本层序如图 3－6 所示。

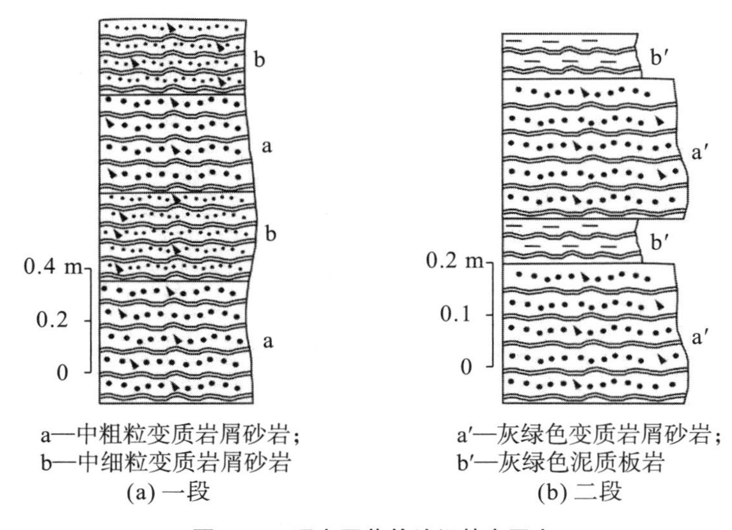


**图 3－6　研究区黄羊岭组基本层序**

在早中二叠世时期，受古特提斯洋北向俯冲的影响，该地区即转换为弧后盆地，在靠近南昆仑地体边缘的浅海盆地区域有陆源碎屑的供应，从而沉积黄羊岭组的细粒陆源碎屑岩。分析黄羊岭组一段碎屑岩成因分类 Q-F-L 判别图（见图 3－7）和黄羊岭组一段碎屑岩碎屑物含量表（见表 3－2）可知，14 个样品中有 6 个样点落入未切割岛弧区，7 个样点落入过渡岛弧区，1 个样点落入再旋回造山带，说明该组的沉积物大部分来自岛弧，很少一部分来源于再旋回造山带；总体显示其成因为岩浆岛弧构造属性，指示其物源来自早中二叠世（$P_{1-2}$）时期古特提斯洋北向俯冲形成的岩浆岛弧。

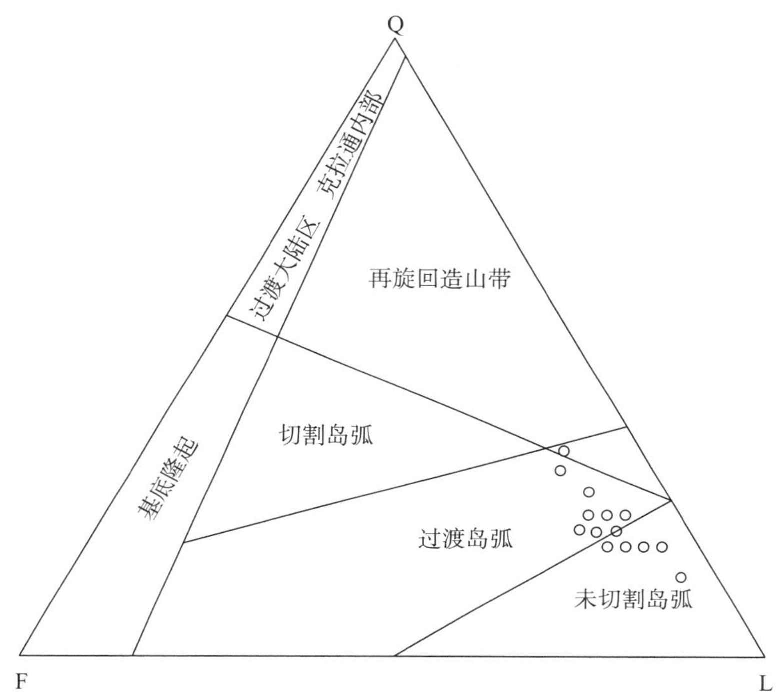


**图 3－7　黄羊岭组一段碎屑岩成因分类 Q-F-L 判别图**

注：Q—石英，F—单晶长石，L—不稳定岩屑，○—投点样品。

**表 3－2　黄羊岭组一段碎屑岩碎屑物含量表**

| 样品编号 | 岩石名称 | 不稳定岩屑（%） | 石英（%） | 单晶长石（%） |
|---|---|---|---|---|
| P15-1(2)b1 | 弱蚀变含中砂粉砂质细粒岩屑砂岩 | 82.5 | 12.5 | 5.0 |
| P15-1(4)b1 | 碎裂含粉砂中粗粒岩屑砂岩 | 75.0 | 17.5 | 7.5 |
| P15-1(7)b1 | 弱蚀变白云质含中砂粉砂质细粒岩屑砂岩 | 70.0 | 20.0 | 10.0 |
| P15-1(10)b1 | 弱蚀变粉砂质细粒岩屑砂岩 | 77.5 | 17.5 | 5.0 |
| P15-1(12)b1 | 弱蚀变不等粒岩屑砂岩 | 65.0 | 25.0 | 10.0 |
| P15-1(24)b1 | 弱蚀变中细粒岩屑砂岩 | 57.5 | 32.5 | 10.0 |
| P15-1(36)b1 | 弱蚀变钙质粉砂质细粒岩屑砂岩 | 72.5 | 17.5 | 10.0 |

续表

| 样品编号 | 岩石名称 | 不稳定岩屑（%） | 石英（%） | 单晶长石（%） |
|---|---|---|---|---|
| P15-1(42)b1 | 弱蚀变粉砂质中细粒岩屑砂岩 | 70.0 | 22.5 | 7.5 |
| P15-1(94)b1 | 含粗砂细中粒岩屑砂岩 | 57.5 | 30.0 | 12.5 |
| P15-1(109)b1 | 弱蚀变含中砂粉砂质细粒岩屑砂岩 | 70.0 | 17.5 | 12.5 |
| P15-1(123)b1 | 弱蚀变含粉砂细中粒岩屑砂岩 | 65.0 | 22.5 | 12.5 |
| P15-1(134)b1 | 弱蚀变粉砂质细粒岩屑砂岩 | 67.5 | 22.5 | 10.0 |
| P15-1(155)b1 | 弱蚀变含中砂粉砂质细粒岩屑砂岩 | 67.5 | 20.0 | 12.5 |
| P15-1(164)b1 | 弱蚀变含中砂粉砂质细粒岩屑砂岩 | 65.0 | 20.0 | 15.0 |

2. 叶尔羌群（$J_{1-2}Y$）

叶尔羌群（$J_{1-2}Y$）位于巴颜喀拉地体内，主要出露在研究区南部西长沟以南，零星散布，断续沉积，大部分受断层破坏、断失，或者被第四系所覆盖，底与中下二叠统黄羊岭组（$P_{1-2}h$）呈不整合接触，顶与上侏罗统库孜贡苏组（$J_3k$）呈断层接触。在研究区内，叶尔羌群仅出露上部地层，主要岩性表现为：下部自下而上由紫红色块状砾岩、紫红、灰绿色中厚层岩屑细粉砂岩夹薄层粉砂质泥岩组成，上部由灰、灰绿色薄-中层为主的含钙质细粒岩屑砂岩、岩屑石英粉砂岩组成。经过野外调查工作，进一步将叶尔羌群划分为四个岩性段。

贵州省地质调查院（2002）在该岩组采获了双壳及孢粉化石，双壳类常见分子显示为早侏罗世，孢粉组合显示为早-中侏罗世。本次研究工作在该套地层底部采集到2块孢粉化石，根据孢粉组合，将该套地层底部地质时代定为中侏罗世早期为宜。结合研究区内该套地层出露特征——仅出露叶尔羌群上部地层，叶尔羌群上部地层的底部地质时代为中侏罗世早期，下部层位地质时代比中侏罗世早期稍晚，推测为早侏罗世，故而将研究区内出露的叶尔羌群地质时代暂定为早-中侏罗世。

在早-中侏罗世时期，研究区结束了海相沉积，并上升成陆。以四岔雪峰为界，在南侧形成了巨大的前陆盆地，在西长沟以南一带形成了一个东西向展布的浅水湖泊，在湖泊中主要沉积了一套底部为砾岩，往上沉积含砾砂岩、中细粒砂岩、粉砂岩、粉砂质泥岩，局部地区见煤线旋回式互层的沉积序列。从岩性组合及沉积构造分析：一岩段主要为紫红色块状砾岩，砾石成分杂，磨圆分选较好，往上沉积以砂岩为主，反映炎热气候下的滨湖沉积环境；二岩段主要为紫红色含砾砂岩、中粗粒砂岩与灰绿色粉砂岩不等厚互层，反映了炎热气候向湿润气候过渡、滨湖环境向浅湖环境过渡；三岩段主要为灰绿色细粒砂岩、粉砂岩、粉砂质泥岩旋回式互层，偶见黑色灰岩、煤线，反映了湿润气候下的浅湖-深湖（局部沼泽）环境；四岩段主要为灰绿色中细粒砂岩，反映了湿润气候下的滨湖沉积环境。综上所述，其反映了炎热气候下的滨湖沉积环境→炎热气候向湿润气候过渡、滨湖向浅湖过渡环境→湿润气候下的浅湖-深湖（局部沼泽）环境→滨湖沉积环境的旋回序列。

3. 库孜贡苏组（$J_3k$）

库孜贡苏组（$J_3k$）位于巴颜喀拉地体内，位于研究区东南边缘，与叶尔羌群呈断层接触，未见顶底。岩石组合为灰绿色、紫红色含粉砂细粒岩屑砂岩夹砂砾岩、不等粒岩屑砂岩。区域上该地层岩石组合以紫红夹少量灰绿色的厚层块状含砾粗-细粒岩屑砂岩、粉-细粒岩屑石英砂岩为主，夹厚层状砾岩及少量薄-中层状黏土岩和石膏。

由于出露面积、厚度均比较小，无法统计其岩石组合、沉积构造、生物化石、沉积序列等特征，故而不再详述。

## 3.3　岩浆岩

研究区内岩浆活动较为强烈，出露的侵入岩主要为长英质岩浆岩类，次为镁铁质岩浆岩，岩石类型较为齐全，从钙碱性到低钾拉斑系列，从基性到酸性岩，均有出露，中酸性占主导，基性岩也有不同程度的发育。

研究区火山岩出露较为发育，主要发育于中-下二叠统马尔争组地层中，岩性为酸性火山岩及中基性火山岩（见图 3−1～图 3−2）。

### 3.3.1　火山岩

研究区出露的火山岩主要为基性、中基性、中酸性、酸性，分布于研究区北侧断边山断裂一带，主体为中-下二叠统马尔争组地层中的一套间歇性火山活动形成的沉积夹层，其长轴方向与区域断边山断裂构造方向基本一致，多呈近东西向展布。火山岩岩性以安山岩、玄武安山岩为主，流纹岩、英安岩次之，主要呈夹层、透镜状、带状或似层状夹持于马尔争组复理石沉积中（见图 3−8）。总体层序上，基性、中基性火山岩沉积于下部，以厚层状、块状为主，酸性、中酸性火山岩沉积于上部，以脉状、顺层状产出，层厚 0.5～4 m，断续出露长度 10～5000 m。由于马尔争组地层受古特提斯洋俯冲造山及后期多期构造旋回叠加改造作用，整体变形较强，蚀变明显，局部韧性剪切带发育，个别岩石具糜棱岩化。在后期构造置换影响下，玄武岩、玄武安山岩等刚性块体沿断边山断裂呈断夹块产出。

另外，在布青山—阿尼玛卿构造混杂岩带内部，残留零星散布的玄武岩残块，被晚中生代-新生代山间盆地河湖相碎屑岩、第四系冲洪积掩盖。

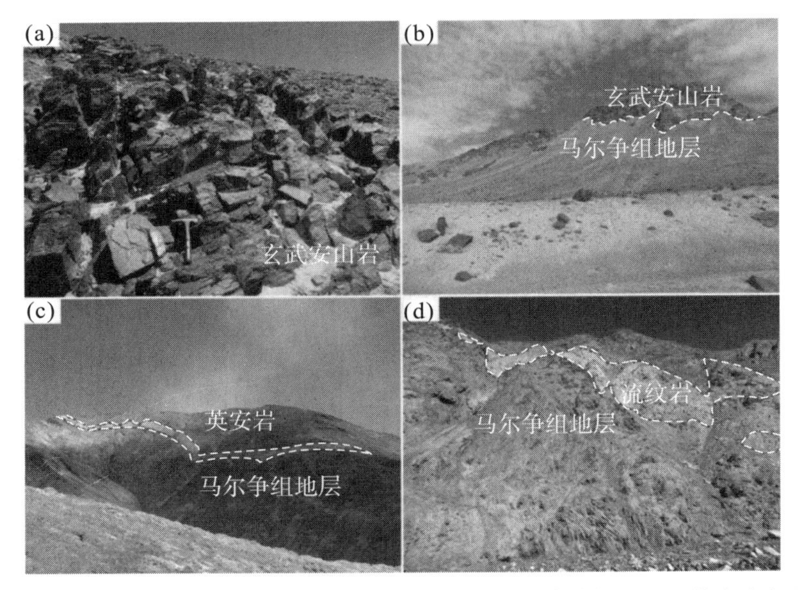


(a) 玄武安山岩出露点；(b) 玄武安山岩与马尔争组地层整合接触；(c) 英安岩与马尔争组地层整合接触；(d) 流纹岩与马尔争组地层整合接触

**图 3－8　火山岩与马尔争组野外地质关系图**

## 3.3.2　侵入岩

各侵入岩的侵位时代为华里西晚期-燕山早期，出露规模较大。根据研究区侵入岩空间分布及构造活动特征，划分出一个集中的构造岩浆岩带，为四岔雪峰中生代岩浆弧带，岩浆活动沿四岔雪峰呈带状侵位，研究区内侵入岩大部分位于该构造岩浆岩带（东昆南构造带）内。另外，在巴颜喀拉地体见少量的脉状中基性侵入岩，空间分布如图 3－1～图 3－2 所示。

由于研究区工作程度极低，尚未见相关的研究报道。结合本次野外实际调查和室内研究，根据不同的岩体空间分布、岩石类型及不同岩石类型之间的穿插关系，对岩体进行梳理划分，梳理后暂采用阿拉伯数字对岩体进行编号，并根据国际地质科学联合会（International Union of Geological Sciences）于 1972 年推荐的岩浆岩划分方案，运用岩石化学计算的花岗岩 CIPW 标准矿物数值，在 Q-A-P 分类图解上确定其岩石名称。

1．四岔雪峰岩基

四岔雪峰岩基为复杂的复合岩体，各岩基、岩株、岩脉分布杂乱。本次研究工作将四岔雪峰岩基进一步解体，共查明大小不等的 5 个岩体。其中，②号、③号、④号岩体呈岩株、岩脉出露；①号、⑤号岩体呈岩基出露，分布于常年积雪覆盖区（昆仑山主峰）一带，为一复合岩体。根据野外接触关系，共划分出 2 个侵位序次（$T_3$、$J_1$），以三叠纪分布最为广泛，与东昆仑造山带晚古生代-中生代旋回的岩浆活动较为一致。

构造演化过程中主要岩浆活动期次一致。岩体既有单一岩性构成的岩体，也有不同岩性构成的复合岩体，主要岩石类型为细中粒二长花岗岩、细粒二长花岗岩、斑状二长花岗岩、斑状花岗岩、碱长花岗岩、富石英碱长花岗岩、中细粒花岗闪长岩。相互接触关系如下：

①号、⑤号岩体呈不规则条带状侵入中-下二叠统马尔争组地层中，在围岩外接触带形成角岩带、矽卡岩带，在矽卡岩带可见较为富集的钨矿化、孔雀石化矿化现象。在空间上呈近东西向展布，岩体长轴方向与刀锋山断裂构造线方向一致，呈北东东向。①号岩体位于羽毛沟一带，岩石类型为细中粒二长花岗岩、细粒二长花岗岩、中细粒花岗闪长岩。⑤号岩体位于昆仑山脉，海拔均高于5200 m，出露于四岔雪峰周边的昆仑山主峰一带，常年积雪覆盖，不利于通行，因此，在解体时仍保留原复合岩基特征。岩石类型为细中粒二长花岗岩、细粒二长花岗岩、中细粒花岗闪长岩。①号、⑤号岩体未见明显接触关系，在岩体内部，各岩性之间可见涌动过渡变化关系（见图3-9）。

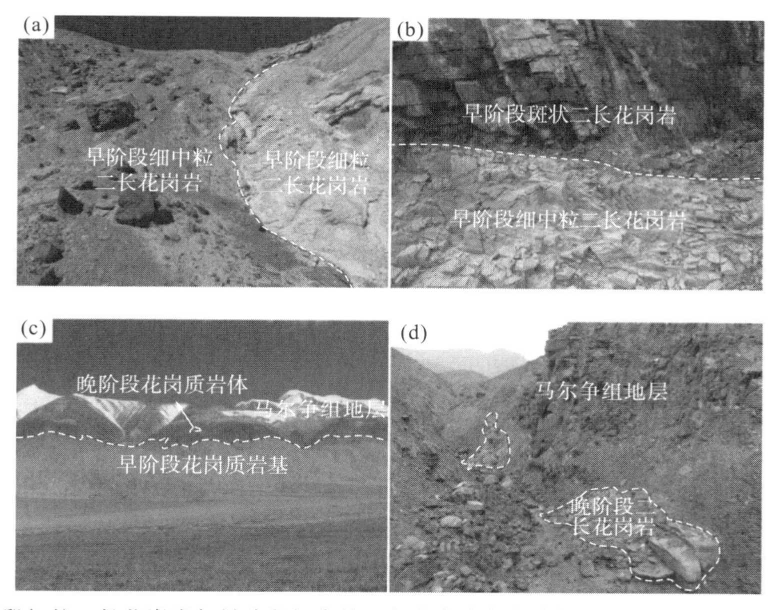


(a) 早阶段细粒二长花岗岩与早阶段细中粒二长花岗岩渐变接触关系；(b) 早阶段斑状二长花岗岩与早阶段细中粒二长花岗岩接触关系；(c) 早阶段花岗质岩基、晚阶段花岗质岩体与马尔争组地层侵入接触关系；(d) 晚阶段二长花岗岩与马尔争组地层侵入接触关系

**图3-9 不同期次花岗质岩石野外地质关系图**

②号、③号、④号岩体侵入①号、⑤号岩体，接触关系较为明显，形成时间较晚，在接触面可见较为明显的烘烤边（见图3-9）。各岩体呈不规则条带状、小岩株侵入中-下二叠统马尔争组地层中，在围岩外接触带形成角岩带。②号岩体位于羽毛沟北侧，呈岩脉状，侵位于中-下二叠统马尔争组岩石，出露面积为0.04 $km^2$（见图3-10），长轴方向呈北东东向展布，岩石类型为碱长花岗岩、富石英碱长花岗岩，整个小岩脉可见全岩矿化的浸染状孔雀石化、钼矿化。③号岩体位于②号岩体西侧，呈岩株状，侵位于中-下二叠统马尔争组岩石中，出露面积为2.3 $km^2$，与①号岩体呈脉动接触关系，岩石类型为二长花岗岩，可见局部的浸染状孔雀石化。④号岩体位于③号岩体西侧，呈岩株状，侵位于中-下二叠统马尔争组岩石，呈现出犬牙交错状关系（见图3-10），出露面积为19 $km^2$，岩石类型为细中粒二长花岗岩、细粒二长花岗岩，在围岩接触地段角岩化明显，局部地段可见较为富集的孔雀石化。

图 3－10　辉绿岩与玄武安山岩侵入接触关系图

2. 其他岩脉

研究区其他岩脉以基性、中性浅成侵入岩为主，由于受多期次构造活动的影响，基本均呈岩片状产出，并受区域构造-刀锋山断裂、断边山断裂控制，沿其分支断裂出露。

岩性主要为辉绿岩脉、闪长玢岩脉。辉绿岩脉分布于东昆南构造带南边缘及布青山—阿尼玛卿构造混杂岩带内部，沿断边山断裂及其分支断裂、双伍山断裂及其分支断裂、刀锋山断裂及其分支断裂两侧出露，分别呈小岩脉侵位于中-下二叠统马尔争组玄武岩、玄武安山岩，下石炭统托库孜达坂组碎屑岩、上泥盆统刀锋山组碎屑岩在北侧与马尔争组火山岩侵入接触关系明显，其余地段被第四系冲洪积掩盖，接触关系不明（见图 3－10）。闪长玢岩脉分布于巴颜喀拉地体内部，呈北东向侵位于中-下二叠统黄羊岭组碎屑岩，围岩角岩化、硅化蚀变明显，可见褐铁矿化等蚀变。

## 3.4　构造

研究区以刀锋山断裂、断边山断裂为界纵跨 3 个Ⅲ级构造单元：东昆南构造带（四岔雪峰中生代岩浆弧带）（Ⅲ-4-1）、布青山—阿尼玛卿构造混杂岩带（阿克苏库勒俯冲增生杂岩带）（Ⅲ-4-2）、巴颜喀拉地体（巴颜喀拉前陆盆地）（Ⅳ-1-1）（见表3－1）。

### 3.4.1　构造单元特征

1. 四岔雪峰中生代岩浆弧带

四岔雪峰中生代岩浆弧带为东昆南构造带的西延部分，北以东昆中蛇绿混杂岩带为界，研究区内未见北界；南以布青山—阿尼玛卿构造混杂岩带（阿克苏库勒俯冲增生杂岩带）为界，由于晚古生代-中生代的构造改造作用，南界线极不规则，基本体现为以断边山深大断裂及其两侧分支断裂夹持断块、韧性剪切带等构造行迹为特征，整体呈北北东向展布。

由于古特提斯洋的俯冲、闭合造山作用，研究区四岔雪峰一带形成大面积的中生代岩浆弧带，并侵位于中-下二叠统马尔争组地层。整个带内岩浆活动表现与构造演化过程期次基本一致，主要表现为 2 个侵位序次（$T_3$、$J_1$），以三叠纪分布最为广泛。岩体既有单一岩性构成的岩体，也有不同岩性构成的复合岩体，主要岩石类型为细中粒二长花岗岩、细粒二长花岗岩、斑状二长花岗岩、斑状花岗岩、碱长花岗岩、富石英碱长花岗岩、中细粒花岗闪长岩。整个带宽 20～30 km，形成近东西向条带，由断边山大断裂及若干次级断层组成，将整个单元内部的地层分割成规模悬殊的若干夹块。

2. 阿克苏库勒俯冲增生杂岩带

阿克苏库勒俯冲增生杂岩带为布青山—阿尼玛卿构造混杂岩带（昆南缝合带）的西延部分，在研究区内北以断边山断裂为界、南以刀锋山断裂为界，北与四岔雪峰中生代岩浆弧带相邻、南与巴颜喀拉构造带相邻，近东西向展布。研究区记录了较为完整的古生代-早中生代长期演化的证据：从晚古生代洋盆扩张、洋壳俯冲再到碰撞造山、陆内改造等过程，均记录了相应的沉积、岩浆活动。构造混杂岩带内主要由基质岩系与混杂岩块组成，混杂岩块与基质岩系呈断层接触。混杂岩块组成较为复杂、大小悬殊、构造变形强烈，充分体现了造山带强烈而复杂的构造混杂作用。研究区内由北往南，分布着构造残片、细粒沉积物基质、岛弧玄武岩及裂谷边缘浅水沉积等地质体，代表一套板块结合带的增生楔，是较为典型的扩张洋脊、裂谷带沉积、俯冲岛弧等复杂环境下的沉积建造，反映了板块俯冲闭合动力环境。研究区外围，据报道可见零星出露的蛇绿岩，且在带中的山间盆地相（白垩系、古近系、第四系）掩盖下有相当多处蛇绿岩断续分布，向东与阿尼玛卿蛇绿混杂岩相接（杨经绥等，2004，2005；刘战庆等，2011；李瑞保，2012；马强，2019；许鑫，2020）。结合区域特征分析，进一步推测，研究区的阿克苏库勒俯冲增生杂岩带应属于布青山—阿尼玛卿构造混杂岩带（昆南缝合带）的一部分，是在继承了早期缝合带的基础上发展演化形成的。

组成该带的地层有刀锋山组（$D_3d$）、托库孜达坂组（$C_1t$）、马尔争组（$P_{1\text{-}2}m$）、克孜勒苏组（$K_1kz$）、古-始新统路乐河组（$E_{1\text{-}2}l$）及第四系等。刀锋山组（$D_3d$）、托库孜达坂组（$C_1t$）、马尔争组（$P_{1\text{-}2}m$）为一套次深海-浅海相沉积，已轻微变质；克孜勒苏组（$K_1kz$）、古-始新统路乐河组（$E_{1\text{-}2}l$）及第四系为山间盆地沉积，岩层轻微变形，岩层产状普遍略显舒缓。特别突出的是第四系及古近系覆盖之下的白垩系地层厚达2400 余米，分布于被双伍山断裂及刀锋山断裂及其间的北东向断层控制的一楔状盆地内。一方面说明了上述两条主干断裂在后期陆内改造造山作用过程中的控盆作用；另一方面，也证实了该带一直活动、多期次运动的复杂进程。

另外，在阿克苏库勒俯冲增生杂岩带中可见两条韧性剪切带：一条为陡坎沟韧性剪切带，发育于研究区陡坎沟附近断边山断裂两侧的岩石；另一条为四岔雪峰南韧性剪切带，发育于四岔雪峰南断边山断裂两侧。其间发育明显的剪切带运动学标志，它的成因与逆冲推覆构造有关，也可间接代表研究区内古特提斯洋的闭合，陆陆碰撞的造山事件（胡旭莉、陈文，2010）。

（1）陡坎沟韧性剪切带。

该韧性剪切带宽 100～240 m，发育于中-下二叠统马尔争组变质砂岩夹变质硅质岩，走向为近东西向，西端延伸交于断边山主断层，倾向北，倾角为 30°～60°，为一强塑性变形带，发育多米诺碎斑构造、鞘褶皱、强劈理透镜体、肠状褶皱、无根褶皱，如图 3－11（a）～（e）所示。

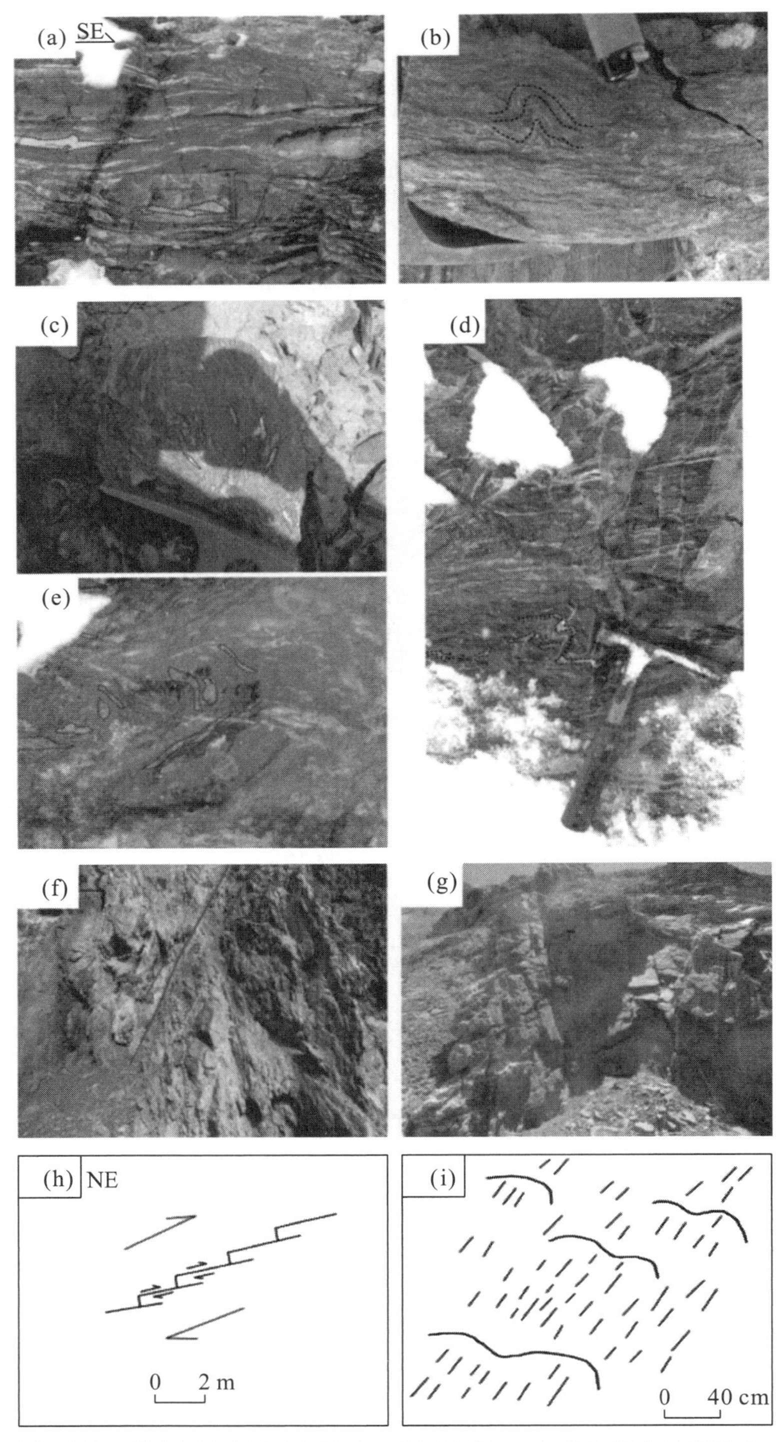


(a) 陡坎沟韧性剪切带内部多米诺碎斑构造；(b) 陡坎沟韧性剪切带内部鞘褶皱；(c) 陡坎沟韧性剪切带内部强劈理透镜体；(d) 陡坎沟韧性剪切带内部肠状褶皱；(e) 陡坎沟韧性剪切带内部无根褶皱；(f) 四岔雪峰南韧性剪切带内部剪切透镜体；(g) 四岔雪峰南韧性剪切带内部共轭剪节理石英脉充填；(h) 四岔雪峰南韧性剪切带内部韧性剪切带内部的羽列；(i) 四岔雪峰南韧性剪切带内部羽列表面的擦痕

**图 3－11　构造带内部野外照片及素描图**

从多米诺碎斑构造、剪切透镜体特征可以确定该剪切带具备右行剪切的特征。该条韧性剪切带的出现也证实了断边山大断层的作用明显：因为一条向下深切的大断层，不论是挤压形成的逆断层还是拉伸形成的正断层，在盖层中均表现为脆性断层，在进入基底时一般逐渐转变为韧性断层（朱志澄，2003）。

（2）四岔雪峰南韧性剪切带。

四岔雪峰南韧性剪切带位于研究区西侧四岔雪峰南，表现为一强劈理化带。带宽约 700 m，延伸长约 9.7 km，主要发育于中-下二叠统马尔争组变质砂岩内，带内发育剪切劈理，剪切透镜体；其中变质砂岩呈挤压透镜体，具有定向排列和挤压性质的特征，其排列特征显示有北盘向南逆冲性质；而剪切带内部发育的共轭剪节理、擦痕及羽列[见图 3－11（g）～（i）]，图 3－11（h）显示了锯齿状开口，并沿滑动面形成了一系列的张裂隙，为反阶步，结合擦痕图 3－11（i）指示上盘沿滑动面斜向上的运动学指示，显示右行走滑兼逆冲的运动学特征。

3. 巴颜喀拉前陆盆地

巴颜喀拉前陆盆地北以刀锋山断裂为界，为西藏—三江造山系（Ⅳ）三级构造单元。研究区内出露的主要地层为二叠系黄羊岭组，其次为侏罗系叶尔羌群、库孜贡苏组，零星分布古近系路乐河组及第四系冲洪积、湖泊沉积；在邻区也出露大面积的三叠系巴颜喀拉山群、西长沟组地层。研究区内侏罗系地层部分变质，三叠系地层变质明显，达低绿片岩相。区内构造变形的突出特点是北东向左行平移断层极为发育，紧闭褶皱发育，尤其走向断层延伸规模巨大、构造气势磅礴的褶皱带。

根据研究区及邻区各套沉积地层沉积环境分析：中-下二叠统黄羊岭组及其上覆三叠系巴颜喀拉群的中-下部为被动陆缘相的陆缘斜坡亚相，向上逐渐过渡为浅海陆棚-滨海潮坪-海陆交互相沼泽沉积，为周缘前陆盆地相的前渊盆地亚相，反映此时已受到南部歇武三叠纪小洋盆闭合的影响。

中-晚侏罗世叶尔羌群为湖相碎屑岩，不整合于巴颜喀拉山群之上，与上覆的晚侏罗世采石岭组红色粗碎屑岩整合接触；白垩纪犬牙沟组为河湖相碎屑岩及薄层灰岩，角度不整合于侏罗纪之上，属后造山断陷盆地相产物（马强，2019）。

### 3.4.2　主断裂特征

研究区主体构造线呈北北东向，主断裂自北向南依次为断边山断裂、双伍山断裂和刀锋山断裂。

1. 断边山断裂（$F_1$）

断边山断裂（$F_1$）是区域上东昆南构造带与布青山—阿尼玛卿构造混杂岩带的分界断裂。该断裂是一条多期活动的深大断裂，分支断层在陡坎沟一带较为发育，断层面倾向北西，倾角为 60°～70°。区内沿断裂带第四系覆盖较重，大部分地段难以直接见到断层的构造标志，局部地区构造变形明显，可见强劈理化带、次级断层的碎裂岩带及断层角砾岩带。在研究区可见北东东向陡倾复杂褶皱，轴面与此断层呈锐角斜交，轴面北倾，间接指示 $F_1$ 断层兼具右行走滑性质。$F_1$ 北侧为高陡的昆仑山脉，南侧为宽平的第四系（山间盆地），地势分界截然，显示本断层在新构造期具备继承性的差异活动（北升、南降)，古-始新统路乐河组不整合覆盖于中-下二叠统马尔争组之上，局部地区 $F_1$ 的分支断层又切割路乐河组地层，说明 $F_1$ 具有多期活动性。在 $F_1$ 强烈的逆冲推覆构造作用下，在四岔雪峰南及陡坎沟一带，断层两侧发育韧性剪切带，在邻区布喀达坂峰地区昆南断裂之韧性剪切带千枚岩、千糜岩中的绢云母获得 (237.22±0.73)Ma～(234.5±0.42)Ma 的 $^{40}Ar$-$^{36}Ar$ 同位素年龄，代表了古特提斯洋闭合、板块碰撞的效应产物（胡旭莉、陈文，2010)。

2. 双伍山断裂（$F_2$）

双伍山断裂（$F_2$）呈近东西向，经双伍山北麓、双山湖等地横贯研究区，长度大于 23 km，主要倾向南，倾角为 45°～62°。$F_2$ 为一明显的控盆断层，在早白垩世早期，受燕山期陆内造山、改造作用，四岔雪峰山体抬升，在南侧形成一东西向的狭长盆地；在山前地带，常爆发山洪，故而形成了白垩系克孜勒苏组底部的山前冲积扇扇根沉积，为一套混杂堆积的砾石层。在后期（燕山期）陆内造山作用下，$F_2$ 继续发挥其控盆作用，南侧沉积地层沿 $F_2$ 及其次级断层呈现南盘不断上升、北盘上升缓慢的叠瓦式构造。如此地貌现象也说明 $F_2$ 具有多期活动性。

3. 刀锋山断裂（$F_3$）

刀锋山断裂（$F_3$）是区域上布青山—阿尼玛卿构造混杂岩带与巴颜喀拉前陆盆地的分界断裂，呈近东西走向，经石头沟北、利剑山、刀锋山横穿研究区，长超过 21 km。$F_3$ 的分支断层极为发育，在利剑山一带，上泥盆统刀锋山组生屑灰岩、大理岩、大理岩化灰岩、变质砂岩、变粒岩，下石炭统托库孜达坂组变质砂岩等被 $F_3$ 及其分支断层夹持。在利剑山以北断面北倾，倾角为 50°～60°，利剑山以南，断面南倾，倾角为 70°。在分支断层中，可见断层透镜体、上盘牵引褶皱等断层运动证据，指示分支断层为逆断层。

刀锋山主断裂由于山间盆地相的第四系及古-始新统沉积覆盖严重，其断层性质难以判定。根据 $F_3$ 两侧地质景观截然不同，海相中-下二叠统黄羊岭组只见于断裂以南地区，且黄羊岭组已经区域变质，其内发育陡倾紧密雁行排列的褶皱，轴面与刀锋山断裂锐角相交。较为合理的解释是，$F_3$ 是一条巨大的兼有逆冲的左行走滑断层，主要活动期可能在早中二叠世，黄羊岭组变质与它的活动相关。在局部零星区域，可见 $F_3$ 为一活动断层，并一直持续至今：①黄羊岭组仅现于断裂南侧，指示 $F_3$ 为巴颜喀拉前陆盆地的控盆断层；②黄羊岭组发育一系列陡倾的紧密雁行排列褶皱，轴面与 $F_3$ 锐角相交，指示在早二叠世以后，$F_3$ 兼具左行走滑特征；③在断层北盘的上覆地层古-始新统路乐河组中出现大量的宽缓褶皱、变形，沿断层附近见活动泉水，指示断层活动一直持续至今。

# 第 4 章　岩石学特征

本章对东昆仑造山带西段刀锋山地区晚古生代-早中生代出露的沉积-火山岩地层及其发育的侵入体进行了较为系统的岩相学特征研究，代表性样品的主要岩相学特征见表 4－1。

本章对研究区内晚古生代-早中生代出露的沉积-火山岩地层进行了较为细致的地质剖面测量，其岩石类型主要为砂质亮晶灰岩、粉砂岩、石英砂岩、阳起石片岩、透辉石岩等变质沉积岩，以及玄武岩、安山岩、英安岩、流纹岩等火山岩。

## 4.1　沉积岩

（变质）含黑云母石英砂岩：产于刀锋山组，半自形中-粗粒变晶结构，岩石中的矿物主要为石英，占到了 85%以上［见图 4－1（a）］。石英颗粒粒度多大于 1 mm，少数石英颗粒粒度小于 1 mm，自形程度一般，为半自形，颗粒粒度不同，具有不等粒结构。由于绝大多数矿物均为石英，因此不分斑晶和基质。石英在单偏光下多为无色透明，偶尔泛黄，在正交偏光下干涉色由Ⅰ级灰白至Ⅰ级黄。多数石英颗粒表面在外力作用下产生了大量不规则密布的裂纹，少数石英颗粒出现波状消光；石英颗粒边部可能是变质重结晶或者自生加大边的产物，同一个石英颗粒内部出现了不同的光性特征，并且石英颗粒的大小差距较大，为遭受后期变质作用的产物。不透明矿物含量少。岩石中的云母多为黑云母，含量约为 15%，极少数可能为绢云母、白云母，在单偏光下多色性明显，具有黄色-绿色-黄褐色的多色性，在正交偏光下其干涉色最高可达Ⅱ级绿，分布于石英颗粒间，多数自形程度差，依稀可见片状晶形，粒度多小于 0.1 mm×0.1 mm。部分黑云母可见到一组完全解理。岩石中还存在少量副矿物，未能识别，一矿物单偏光下呈黄色长柱状，多色性不明显，具一定吸收性，在正交偏光下仍显示为黄色；另一矿物呈正方形片状，在单偏光下呈浅绿色，吸收性较弱，未见多色性，在正交偏光下干涉色为高级别绿色。

砂质亮晶灰岩：位于马尔争组下部，碎裂结构，碎斑多为方解石和石英［见图 4－1（b）］，自形程度良好，但已破碎成多个部分，相邻的部分之间仍具有相似的光性特征和近乎接合的颗粒形态。方解石碎斑颗粒粒度多为 0.5 mm×0.5 mm，含量在 35%左右。方解石颗粒的自形程度良好，但多与石英或其他方解石胶结在一起，形成更大的方解石斑晶，其大小甚至能占据整个视域。方解石颗粒的孔隙和裂隙常常被石英充填，其在单偏光下多呈白色至棕色，可见两组发育的双晶，夹角接近 90°，在正交偏光下呈现高级白干涉色。石英碎斑含量较少，约为 15%，并且粒度较小，分布于方解石颗粒内部的裂隙及其边部或者基质中。在方解石颗粒内部所充填的石英粒度约为0.1 mm×0.2 mm，虽自形程度差，但表面较为干净，且矿物颗粒无破碎现象。而在方解石颗粒周围以及基质中以较大斑晶存在的石英，粒度相对较大，为0.2 mm×0.2 mm～0.4 mm×0.5 mm，且其表面往往很脏，颗粒多存在破碎的裂纹。石英在单偏光下呈无色透明，在正交偏光下石英呈Ⅰ级灰白干涉色，具有波状消光。基质多为亮晶颗粒，与斑晶成分类似。

钙泥质粉砂岩：位于马尔争组下部，为粗粉砂质结构-细粉砂质结构-泥状结构，矿物主要由中-粗粉砂粒级的石英、白云母、不透明矿物和泥级的钙质亮晶矿物和泥基所组成［见图4-1（c)］。石英含量为30%～35%，在单偏光下无色透明，在正交偏光下呈Ⅰ级灰白至Ⅰ级黄干涉色；其表面较干净，磨圆度较好。石英多呈次圆状-圆状，分选好。白云母含量较少，约为15%。白云母多呈片状、针状，其干涉色等级可达Ⅱ级紫红。不透明矿物可能为褐铁矿，含量在10%左右。基质多为钙质亮晶矿物和泥基，胶结了其他较大的矿物，其中钙质亮晶矿物可能为碳酸盐化产物，在单偏光下呈土黄色，在正交偏光下呈高级白干涉色；泥基含量较少，分布在矿物颗粒粒间，在正交偏光下消光。岩石支撑类型为颗粒支撑，杂基含量少，不仅颗粒与颗粒之间的磨圆度、分选性较好，而且矿物成分的成熟度较高，表明是一定距离搬运的产物。对于上述两个钙泥质粉砂岩样品，由于其地球化学数据较为接近，均为富钙质的岩石类型，且采样位置接近，因此后文将这两件样品列为一组讨论。

含岩屑长石石英砂岩：位于马尔争组上部，岩石发生了一定程度的塑性变形，但仍达不到初糜棱岩程度；碎斑颗粒部分呈眼球状、卵圆状分布，部分呈长条状、柱状分布；在碎斑颗粒边部，基质物质呈流状、条带状绕过碎斑，碎斑颗粒的含量超过70%，表明岩石所受到的应力有限。碎斑颗粒多数为石英，少数为长石，此外还存在一定含量的岩屑［见图4-1（d)］。长石含量约为20%，自形程度较好，长石颗粒双晶不发育或者偶有发育，表面斑驳不一，颗粒粒度为0.2 mm×0.3 mm，多呈板状、柱状，少数长石可见到聚片双晶。长石在单偏光下呈无色透明，表面斑驳，在正交偏光下呈Ⅰ级灰白干涉色。石英含量约为40%，其矿物形态多样，既有呈卵圆状的石英颗粒，也有呈长条状、板条状的石英颗粒，自形程度较差。石英颗粒粒度为0.1 mm×0.2 mm～0.2 mm×0.4 mm，磨圆度较差，部分颗粒棱角分明，分选一般。部分石英颗粒表面斑驳，部分石英颗粒表面较为干净，在单偏光下为无色透明，在正交偏光下为Ⅰ级灰白干涉色；部分石英颗粒具有波状消光的特点。另外，碎斑还有少量黑云母以及部分的岩屑颗粒；黑云母的晶型破碎，可见解理，多色性不明显；岩屑颗粒的磨圆度一般，呈正方形至长方形，未识别出岩屑成分。基质矿物多呈条带状，具有流动构造，多为绢云母，矿物粒度极小，多呈矿物集合体形式，在正交偏光下呈黄色，集合体中有些许颗粒可见到紫红、粉红干涉色。其原岩类型应为含岩屑长石石英砂岩。

黑云母粉砂岩：位于马尔争组下部，为变余粒状结构，矿物颗粒在应力作用下呈定向排列，矿物主要为黑云母和石英［见图4-1（e)］。黑云母含量约为40%，呈片状、针状，在单偏光下具有明显的多色性，为淡黄-黄褐色，颗粒粒度约为0.01 mm×0.1 mm，呈细长拉伸状，在正交偏光下呈黄褐色，部分内部出现Ⅱ级蓝异常干涉色。

石英颗粒含量约为40%，多为粉砂级，少数为细砂级，颗粒粒度小于0.02 mm，在0.02 mm×0.02 mm～0.05 mm×0.03 mm之间。其分选好，磨圆度较好，大体上具有相似的特征。部分石英颗粒表面呈现斑驳的痕迹，在单偏光下为无色透明，在正交偏光下呈Ⅰ级灰白干涉色。在黑云母的周围还析出了许多不透明矿物，推测为黑云母析出的铁质矿物，含量约为20%。

斜长阳起石片岩：位于马尔争组中部，为变余粒状结构、片状构造，岩石主要由斜长石、阳起石、石英、普通角闪石组成［见图4－1（f)］。斜长石含量约为35%，粒径为0.10～0.30 mm，为他形粒状，在单偏光下为无色透明，在正交偏光下呈Ⅰ级灰白，部分绢云母化。阳起石含量约为40%，粒径为0.10～0.40 mm，呈他形柱状、柱粒状，在单偏光下呈弱多色性，淡绿-绿色，在正交偏光下呈Ⅰ级红至Ⅱ级蓝，斜消光，消光角为10°～15°。角闪石含量约为15%，粒度为（0.20～0.50)mm×1.6 mm，呈他形、柱状、短柱状，在单偏光下多色性明显，呈绿色-棕色，在正交偏光下干涉色为Ⅱ级蓝绿，大部分被蚀变为阳起石，残留角闪石较脏。石英含量约为5%，粒径为0.10～0.30 mm，为他形粒状，在单偏光下为无色透明，在正交偏光下干涉色为Ⅰ级灰白，可见波状消光。

含石英透辉石岩：位于马尔争组中上部，为不等粒结构，岩石主要由石英、透辉石、少量钛铁矿等组成［见图4－1（g)］。透辉石含量约为80%，大部分呈颗粒状，粒径为0.03～0.06 mm；少量呈柱状，粒度为（0.1～0.5)mm×1.5 mm，为他形粒状，具有不等粒结构；在单偏光下为无色、淡蓝色，在正交偏光下干涉色为Ⅱ级蓝绿色、橙黄色，正高突起，可见一组完全解理、斜消光，消光角为40°。石英含量约为10%，粒径为0.10～0.30 mm，为他形粒状，在单偏光下为无色透明，在正交偏光下为Ⅰ级灰白干涉色，可见波状消光。

（碳酸盐化）含长石石英砂岩：位于库孜贡苏组，岩石为中-细粒半自形结构，主要矿物成分为少量粗砂（10%），以及中砂（30%）、细砂（25%）和少量长石（10%）、方解石（10%）及绢云母（10%）［见图4－1（h)］，并且存在少量副矿物和不透明矿物。其中石英颗粒的粒径从粗砂至细砂、粉砂不等，但多为中-细砂，自形程度极差，形态各异，磨圆度一般，在单偏光下为无色透明，在正交偏光下为Ⅰ级黄～Ⅰ级灰白干涉色，表面斑驳，存在少量包裹体；部分石英有波状消光特征。长石含量很少，约为3%，形态多为板片状、长柱状，大小不一，粒度在0.1 mm×0.2 mm～0.3 mm×0.4 mm之间，在单偏光下呈浅黄色至无色；由于蚀变严重，表面斑驳不一；在正交偏光下呈Ⅰ级灰白干涉色，发育有聚片双晶和复合双晶。白云母含量较少，约为3%，多呈针状、长条状，在单偏光下具有粉-绿多色性，在正交偏光下可达Ⅲ级干涉色，颗粒粒度约为0.1 mm×0.4 mm。岩石中穿插有多条方解石脉和石英脉，发生了绢云母化和碳酸盐化，方解石主要产自方解石脉，含量约为10%，在单偏光下呈黄褐色，在正交偏光下高级白干涉色不明显，具有明显的双晶，晶型为菱形至半长方柱形，自形程度较好。石英脉中的石英颗粒自形程度较好，且颗粒粒度较大，与矿物中所含的石英具有明显区别。绢云母多分布在基质中，呈细小的点状集合体产物，作为杂基存在，少部分绢云母是长石变质形成，含量约为10%。不透明矿物含量约为5%。岩石的支撑类型为颗粒支撑，分选程度总体较差，磨圆度一般。

表 4-1 刀锋山地区代表性样品岩相学特征

| 样品编号 | 岩石类型 | 岩石单元 | 结构 | 主要矿物组成 |
|---|---|---|---|---|
| P03(10) | 砂质亮晶灰岩 | 马尔争组 | 碎裂结构 | 斑晶：方解石（60%）、石英（25%）<br>基质：亮晶颗粒（15%） |
| P03(12) | 钙泥质粉砂岩 | 马尔争组 | 粉砂结构-泥状结构 | 石英（35%）、白云母（15%）、钙质胶结物和钙质亮晶（30%）、泥质杂基（10%）、不透明矿物（10%） |
| P03(15) | 钙泥质粉砂岩 | 马尔争组 | 粉砂结构 | 石英（30%）、白云母（15%）、钙质胶结物和钙质亮晶（30%）、泥质杂基（15%）、不透明矿物（10%） |
| P04(33) | 含岩屑长石石英砂岩 | 马尔争组 | 糜棱结构、流动构造 | 石英（40%）、斜长石（20%）、绢云母（30%）、不透明矿物（5%）、岩屑（5%） |
| P08(95) | 黑云母粉砂岩 | 马尔争组 | 片状构造、变余粒状结构 | 石英（40%）、黑云母（40%）、不透明矿物（20%） |
| P08(106)-2 | 黑云母粉砂岩 | 马尔争组 | 片状构造、变余粒状结构 | 石英（40%）、黑云母（40%）、不透明矿物（20%） |
| P08(101) | 斜长阳起石片岩 | 马尔争组 | 变余粒状结构 | 斜长石（35%）、阳起石（40%）、角闪石（15%）、石英（5%）、不透明矿物（5%） |
| D1755 | 含石英透辉石岩 | 马尔争组 | 不等粒结构 | 石英（10%）、透辉石（80%）、不透明矿物（10%） |
| P04(25) | 玄武岩 | 马尔争组 | 斑状结构、间粒间隐结构 | 斑晶：斜长石（8%）<br>基质：斜长石（20%）、单斜辉石（15%）、隐晶质（50%）、不透明矿物（2%）、石英（5%） |
| P08(89) | 玄武岩 | 马尔争组 | 交织结构 | 单斜辉石（45%）、斜长石（40%）、不透明矿物（10%）、石英（5%） |
| P08(92) | 玄武安山岩 | 马尔争组 | 斑状结构、间粒结构 | 斑晶：斜长石（8%）<br>基质：单斜辉石（40%）、斜长石（30%）、不透明矿物（15%）、石英（7%） |
| P09(29) | 玄武岩 | 马尔争组 | 斑状结构、间粒结构 | 斑晶：斜长石（15%）<br>基质：单斜辉石（40%）、斜长石（30%）、不透明矿物（13%）、石英（2%） |

续表

| 样品编号 | 岩石类型 | 岩石单元 | 结构 | 主要矿物组成 |
| --- | --- | --- | --- | --- |
| P09(38) | 玄武安山岩 | 马尔争组 | 斑状结构、间粒结构 | 斑晶：单斜辉石（5%）<br>基质：斜长石（45%）、单斜辉石（40%）、不透明矿物（5%）、石英（5%） |
| P09(39) | 玄武安山岩 | 马尔争组 | 斑状结构、间粒结构 | 斑晶：单斜辉石（8%）、斜长石（5%）<br>基质：单斜辉石（35%）、斜长石（35%）、不透明矿物（12%）、石英（5%） |
| D1738 | 玄武安山岩 | 马尔争组 | 斑状结构、间粒结构 | 斑晶：斜长石（8%）<br>基质：斜长石（45%）、单斜辉石（40%）、不透明矿物（5%）、石英（2%） |
| D1800-2 | 玄武安山岩 | 马尔争组 | 斑状结构、间粒间隐结构 | 斑晶：斜长石（10%）<br>基质：斜长石（22.5%）、单斜辉石（22.5%）、隐晶质（35%）、不透明矿物（8%）、石英（2%） |
| P03(23) | 英安岩 | 马尔争组 | 斑状结构 | 斑晶：斜长石（30%）、黑云母（10%）、石英（3%）<br>基质：长英质矿物（42%）、赤铁矿（15%） |
| P03(25) | 英安岩 | 马尔争组 | 斑状结构 | 斑晶：斜长石（25%）、黑云母（5%）、石英（3%）<br>基质：长英质矿物（57%）、赤铁矿（10%） |
| P03(29) | 流纹岩 | 马尔争组 | 斑状结构 | 斑晶：石英（10%）、碱性长石（9%）<br>基质：石英（27%）、碱性长石（28%）、白云母（10%）、不透明矿物（16%） |
| P03(43) | 流纹岩 | 马尔争组 | 斑状结构 | 斑晶：石英（9%）、碱性长石（10%）<br>基质：石英（30%）、碱性长石（25%）、白云母（12%）、不透明矿物（14%） |
| P03(110) | 流纹岩 | 马尔争组 | 斑状结构 | 斑晶：石英（10%）、碱性长石（8%）<br>基质：石英（35%）、碱性长石（20%）、白云母（15%）、不透明矿物（12%） |
| P03(127) | 流纹岩 | 马尔争组 | 斑状结构 | 斑晶：碱性长石（10%）<br>基质：石英（40%）、碱性长石（25%）、白云母（10%）、不透明矿物（15%） |
| D275 | 流纹岩 | 马尔争组 | 斑状结构 | 斑晶：碱性长石（10%）、石英（8%）、黑云母（5%）<br>基质：石英（30%）、碱性长石（20%）、白云母（15%）、黑云母（8%）、不透明矿物（4%） |

续表

| 样品编号 | 岩石类型 | 岩石单元 | 结构 | 主要矿物组成 |
|---|---|---|---|---|
| D286 | 流纹岩 | 马尔争组 | 斑状结构 | 斑晶：碱性长石（10%）<br>基质：石英（40%）、碱性长石（25%）、白云母（15%）、不透明矿物（10%） |
| D1768 | 流纹岩 | 马尔争组 | 斑状结构 | 斑晶：石英（10%）、碱性长石（12%）<br>基质：石英（25%）、碱性长石（20%）、白云母（10%）、不透明矿物（23%） |
| D1800-1 | 辉绿岩 | 侵入至马尔争组 | 辉绿结构 | 斜长石（65%）、单斜辉石（25%）、不透明矿物（9%）、石英（1%） |
| D1801 | 辉绿岩 | 侵入至马尔争组 | 辉绿结构 | 斜长石（55%）、单斜辉石（35%）、不透明矿物（8%）、石英（2%） |
| D1737 | 辉绿岩 | 侵入至马尔争组 | 辉绿结构 | 斜长石（50%）、单斜辉石（40%）、不透明矿物（8%）、石英（2%） |
| P07(10) | 二长花岗岩 | 侵入至马尔争组 | 细粒半自形结构 | 石英（45%）、斜长石（25%）、微斜长石（20%）、黑云母（2%）、白云母（5%）、不透明矿物（3%） |
| P07(15) | 二长花岗岩 | 侵入至马尔争组 | 细粒半自形结构 | 石英（35%）、微斜长石（30%）、斜长石（25%）、白云母（5%）、不透明矿物（5%） |
| P07(19) | 二长花岗岩 | 侵入至马尔争组 | 中细粒半自形结构 | 石英（40%）、微斜长石（30%）、斜长石（20%）、黑云母（10%） |
| P07(35) | 二长花岗岩 | 侵入至马尔争组 | 中细粒半自形结构 | 石英（30%）、条纹长石和微斜长石（30%）、斜长石（20%）、黑云母（15%）、白云母（2%）、不透明矿物（3%） |
| P07(39) | 二长花岗岩 | 侵入至马尔争组 | 细粒半自形结构 | 石英（40%）、微斜长石（25%）、斜长石（20%）、白云母（5%）、黑云母（5%）、不透明矿物（5%） |
| P07(40) | 二长花岗岩 | 侵入至马尔争组 | 中细粒半自形结构 | 石英（25%）、条纹长石和微斜长石（35%）、斜长石（20%）、黑云母（15%）、白云母（2%）、不透明矿物（3%） |
| D266 | 二长花岗岩 | 侵入至马尔争组 | 中细粒半自形结构 | 石英（43%）、微斜长石（30%）、斜长石（20%）、黑云母（5%）、白云母（2%） |

续表

| 样品编号 | 岩石类型 | 岩石单元 | 结构 | 主要矿物组成 |
| --- | --- | --- | --- | --- |
| D267-1 | 二长花岗岩 | 侵入至马尔争组 | 中细粒半自形结构 | 石英（35%）、微斜长石（30%）、斜长石（30%）、白云母（2%）、黑云母（3%） |
| D267-2 | 二长花岗岩 | 侵入至马尔争组 | 中细粒半自形结构 | 石英（45%）、微斜长石（20%）、斜长石（20%）、白云母（5%）、黑云母（2%）、不透明矿物（8%） |
| D271-1 | 斑状二长花岗岩 | 侵入至马尔争组 | 似斑状结构 | 斑晶：石英（5%）、碱性长石（3%）<br>基质：石英（30%）、碱性长石（40%）、白云母（5%）、不透明矿物（15%，主要为赤铁矿） |
| D271-2 | 斑状花岗岩 | 侵入至马尔争组 | 似斑状结构 | 斑晶：碱性长石（25%）、石英（8%）<br>基质：石英（25%）、微斜长石（20%）、斜长石（15%）、白云母（5%）、黑云母（2%） |
| D288-1 | 二长花岗岩 | 侵入至马尔争组 | 中细粒半自形结构 | 石英（40%）、微斜长石（25%）、斜长石（20%）、黑云母（8%）、白云母（2%）、不透明矿物（5%） |
| D288-2 | 斑状二长花岗岩 | 侵入至马尔争组 | 似斑状结构 | 斑晶：碱性长石（5%）<br>基质：石英（30%）、微斜长石（25%）、斜长石（25%）、白云母（10%）、黑云母（2%）、不透明矿物（3%） |
| D232 | 碱长花岗岩 | 侵入至马尔争组和花岗质大岩基 | 细粒半自形结构 | 石英（45%）、微斜长石（30%）、白云母（25%） |
| D233 | 富石英碱长花岗岩 |  | 细粒半自形结构 | 石英（55%）、微斜长石（25%）、白云母（20%） |
| D234 | 富石英碱长花岗岩 |  | 细粒半自形结构 | 石英（75%）、微斜长石（5%）、白云母（20%） |
| D300 | 二长花岗岩 |  | 细粒半自形结构 | 石英（45%）、微斜长石（10%）、斜长石（40%）、白云母（5%） |
| P07(38) | 二长花岗岩 |  | 中细粒半自形结构 | 石英（40%）、条纹长石和微斜长石（30%）、钾长石（5%）、斜长石（20%）、白云母（5%） |

续表

| 样品编号 | 岩石类型 | 岩石单元 | 结构 | 主要矿物组成 |
|---|---|---|---|---|
| D1732 | 含长石石英砂岩 | 库孜贡苏组 | 中细粒半自形结构 | 石英（70%）、斜长石（5%）、白云母（3%）、方解石（12%）、绢云母（10%） |
| D1596 | 闪长玢岩 | 侵入至黄羊岭组 | 斑状结构 | 斑晶：角闪石（20%）、斜长石（5%）<br>基质：斜长石（35%）、角闪石（30%）、碳酸盐矿物（7%）、石英（3%） |
| P16(37) | 含黑云母石英砂岩 | 刀锋山组 | 中-粗粒半自形变晶结构 | 石英（89%）、黑云母（10%）、不透明矿物（1%） |
| P16(38) | 含黑云母石英砂岩 | 刀锋山组 | 中-粗粒半自形变晶结构 | 石英（87%）、黑云母（12%）、不透明矿物（1%） |
| P17(9) | 含黑云母石英砂岩 | 刀锋山组 | 中-粗粒半自形变晶结构 | 石英（85%）、黑云母（14%）、不透明矿物（1%） |

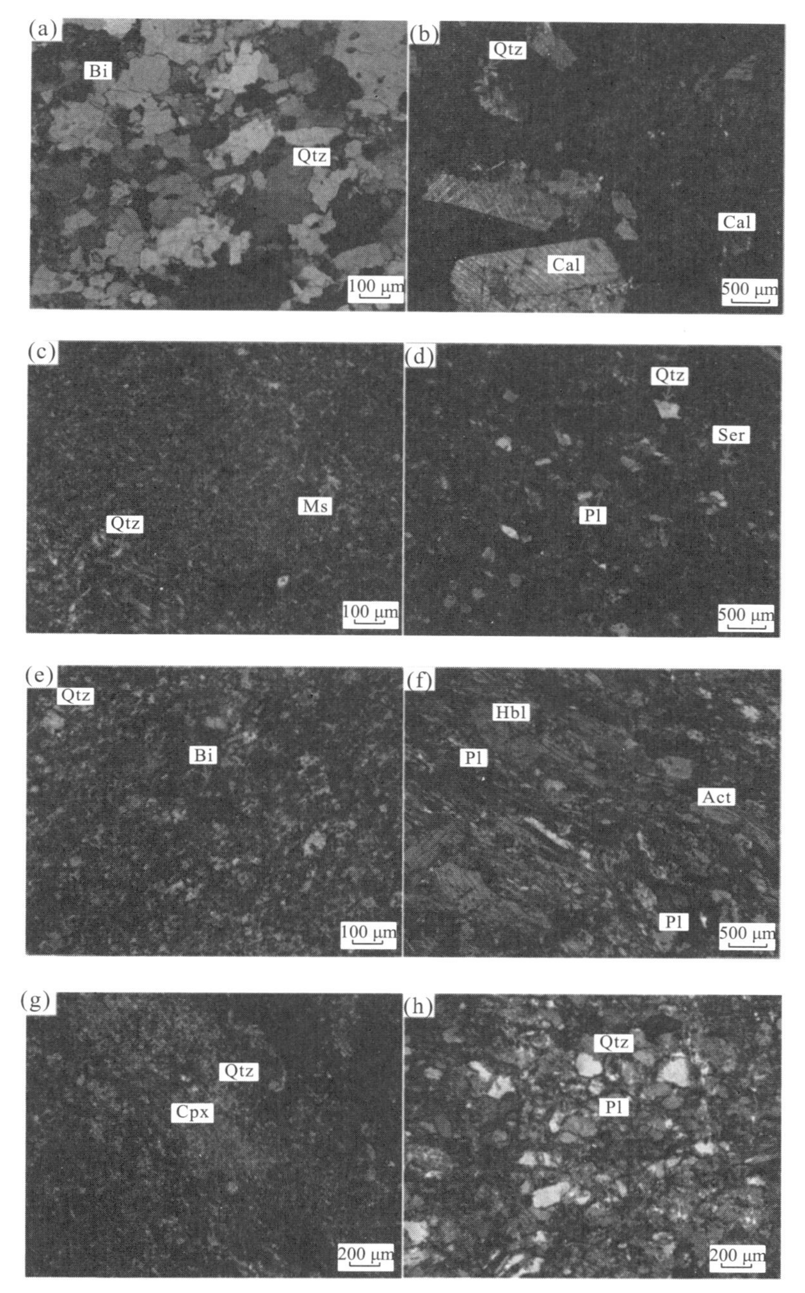


(a)（变质）含黑云母石英砂岩（正交偏光）；(b) 砂质亮晶灰岩（正交偏光）；(c) 钙泥质粉砂岩（正交偏光）；(d) 含岩屑长石石英砂岩（正交偏光）；(e) 黑云母粉砂岩（正交偏光）；(f) 斜长阳起石片岩（正交偏光）；(g) 含石英透辉石岩（正交偏光）；(h)（碳酸盐化）含长石石英砂岩（正交偏光）

**图 4−1　马尔争组沉积岩显微照片**

注：Qtz—石英，Bi—黑云母，Cal—方解石，Ms—白云母，Pl—斜长石，Ser—绢云母，Hbl—角闪石，Act—阳起石，Cpx—透辉石

## 4.2 火山岩

马尔争组中-基性喷出岩位于其中-下部，岩石风化面为灰色、新鲜面为灰黑色，厚层状，块状构造，主要为斑状结构，少量样品为交织结构，基质结构主要为间粒结构、间隐结构与间粒间隐结构。本书在手标本观察和显微岩性鉴定的基础上，结合 TAS 元素分类图解限定其岩石类型主要为玄武岩和玄武安山岩［见图 4－2（a）、（b）］。

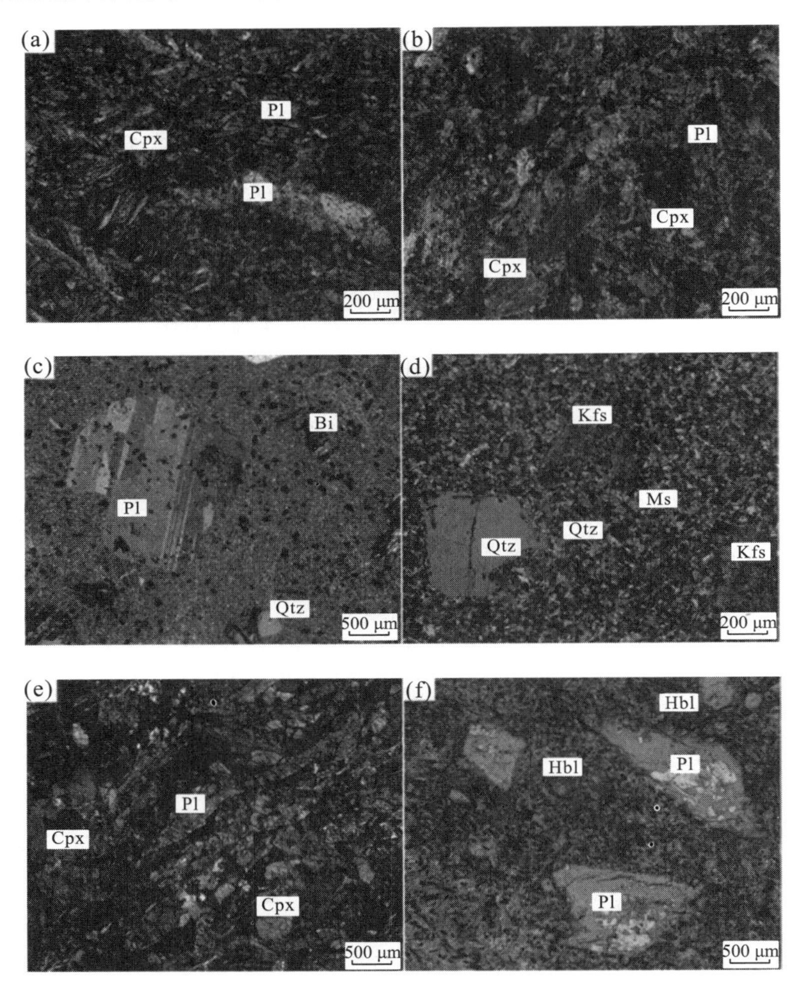


（a）玄武岩（正交偏光）；（b）玄武安山岩（正交偏光）；（c）英安岩（正交偏光）；（d）流纹岩（正交偏光）；（e）辉绿岩（正交偏光）；（f）闪长玢岩（单偏光）

**图 4－2　刀锋山地区中－基性岩石显微照片**

注：Cpx—透辉石，Pl—斜长石，Bi—黑云母，Qtz—石英，Ms—白云母，Kfs—钾化石。

依据结构类型，火山岩的岩相学特征如下：

（1）斑状结构的岩石样品中，斑晶主要由斜长石与单斜辉石组成。斜长石含量为 5%～15%，呈自形板状，在单偏光下为无色透明，在正交偏光下干涉色为Ⅰ级灰白，基本不可见解理与双晶，粒度为 0.3 mm×0.1 mm～2.2 mm×1.4 mm。斜长石斑晶普遍发育泥化，部分斜长石斑晶可见波状消光，可能反映了后期经历过挤压或者韧性剪切构造活动。单斜辉石含量为 5%～8%，呈自形-半自形柱状，多数发生纤闪石化，在单偏光下见浅黄-浅绿多色性，在正交偏光下干涉色为Ⅱ级蓝，粒度为 0.2 mm×1 mm～0.16 mm×0.4 mm。基质主要由斜长石、辉石、黑云母、磁铁矿等不透明矿物、石英及隐晶质矿物组成，其中斜长石含量为 20%～40%，呈自形板状，在单偏光下为无色透明，在正交偏光下干涉色为Ⅰ级灰白，基本不可见解理与双晶，粒度为 0.03 mm×0.01 mm～0.5 mm×0.08 mm，普遍发育泥化。单斜辉石含量为 15%～45%，呈他形粒状，在单偏光下为无色透明，在正交偏光下最高干涉色为Ⅱ级蓝色，基本不可见解理，发生强烈纤闪石化与轻微绿泥石化，且可见弯曲、扭曲等后期动力变质作用特征。不透明矿物含量为 5%～15%，呈他形粒状，粒径为 0.005～0.3 mm。石英含量为 2%～5%，呈他形粒状，在单偏光下为无色透明，在正交偏光下为Ⅰ级灰白，可见波状消光，表面较为新鲜，粒径为 0.01～0.2 mm。

（2）交织结构的样品主要由单斜辉石、斜长石、磁铁矿等不透明矿物以及石英组成，光性特点与上述斑状结构岩石中的矿物相似。其中，单斜辉石含量约为 45%，呈他形粒状，粒径为 0.02～0.4 mm，蚀变程度较斑晶中辉石更为强烈；斜长石含量约为 40%，呈自形板状，粒度为 0.05 mm×0.1 mm～0.1 mm×0.5 mm；石英含量约为 5%，呈他形粒状，粒径为 0.02～0.4 mm；不透明矿物含量约为 5%，呈他形粒状，粒径为 0.01～0.2 mm。上述岩石可见少量杏仁体，杏仁体形状为不规则的近椭圆形，边界圆滑，充填隐晶质矿物，直径为 0.8～1.5 mm。部分岩石中可见赤铁矿交代现象。

马尔争组酸性喷出岩主要为英安岩与流纹岩，位于马尔争组上部，呈条带状顺层产于断边山断裂两侧的阿克苏库勒俯冲增生杂岩带。其中英安岩风化面呈灰白色，新鲜面呈灰色，块状构造，斑状结构。斑晶主要为斜长石、石英和黑云母［见图 4－2（c）］，其中斜长石含量为 20%～25%，呈自形板状，在单偏光下为无色透明，在正交偏光下最高干涉色为Ⅰ级灰白，可见聚片双晶，表面斑驳，多由泥化导致。斜长石矿物颗粒中可见绢云母小颗粒，粒度为 0.05 mm×0.03 mm～3.6 mm×2 mm。黑云母含量为 5%～10%，呈半自形-他形片状，在单偏光下为紫红色-浅绿色，具有弱的多色性，在正交偏光下显示异常Ⅱ级蓝干涉色，可见大量铁质从黑云母中析出，可能是铁质的析出造成了单偏光下的异常颜色以及正交偏光下的异常干涉色，粒度为 0.4 mm×0.3 mm～1.2 mm×1 mm。石英含量约为 3%，呈半自形-自形粒状，在单偏光下为无色透明，在正交偏光下最高干涉色为Ⅰ级灰白，粒径为 0.2～0.6 mm。基质主要为长英质微晶与不透明矿物，其中长英质微晶含量为 45%～50%，主要由石英与斜长石组成，粒径为 0.01～0.1 mm，可见零星绢云母微晶；不透明矿物主要为赤铁矿，含量为 10%～15%，呈他形粒状，粒径为 0.03～0.2 mm。岩石整体绢云母化与赤铁矿化发育。虽然在 TAS 图解中上述岩石投入流纹岩区域，但是我们依据其斑晶主要为斜长石认为该岩石应当属于英安岩。

流纹岩风化面为灰黑色，新鲜面为灰色，块状构造，结构主要为斑状结构。斑晶主要为碱性长石、石英以及黑云母［见图 4－2（d）］。斜长石含量为 8%～10%，呈自形-半自形板状，在单偏光下为无色透明，在正交偏光下最高干涉色为Ⅰ级灰白，不可见解理与双晶，矿物蚀变较为严重，可见泥化与绢云母化，矿物颗粒粒度为 0.3 mm×0.6 mm～0.8 mm×1.6 mm。石英含量为 8%～10%，呈半自形粒状，在单偏光下为无色透明，在正交偏光下最高干涉色为Ⅰ级灰白，可见波状消光，矿物颗粒较为新鲜，粒径为 0.4～1.2 mm。黑云母含量约为 2%，呈自形片状，在单偏光下接近无色透明，在正交偏光下最高干涉色为Ⅱ级紫红；造成颜色异常的原因可能是大量铁质从黑云母中析出，粒度为 0.2 mm×0.1 mm～0.2 mm×0.3 mm。基质主要由细小的石英、长石微晶、白云母、黑云母及不透明矿物组成，含量分别为 30%、20%、15%、8%及 8%，粒径为 0.01～0.05 mm，长石部分发育绢云母化。岩石整体发生赤铁矿化、绢云母化以及轻微碳酸盐化。

## 4.3 侵入岩

辉绿岩呈脉状产出，主要侵入至马尔争组中基性火山岩中，风化面为灰色，新鲜面为灰黑色-灰绿色；为块状构造，辉绿结构，主要组成矿物为斜长石、单斜辉石、磁铁矿等不透明矿物，以及少量石英［见图 4−2（e)］。其中斜长石含量为 50%～55%，呈自形板状，在单偏光下为无色透明，在正交偏光下呈Ⅰ级灰白，不可见解理，部分可见聚片双晶，普遍发育泥化，粒度为 0.1 mm×0.03 mm～1.6 mm×0.2 mm；部分斜长石可见波状消光，反映了后期可能经历过挤压或韧性剪切等构造活动。单斜辉石含量为 35%～40%，呈他形粒状，在单偏光下可见淡绿-淡黄多色性，在正交偏光下最高干涉色可达Ⅱ级橙，基本不可见解理，粒径为 0.05～1.2 mm，部分发生纤闪石化。不透明矿物含量约为 8%，呈他形粒状，粒径为 0.03～0.2 mm。石英含量约为 2%，在单偏光下为无色透明，在正交偏光下为Ⅰ级灰白，可见波状消光，粒径为 0.02～0.2 mm。部分岩石可见赤铁矿化。

闪长玢岩呈脉状，侵入至巴颜喀拉地块黄羊岭组中，为块状构造，斑状结构，斑晶主要为蚀变角闪石、斜长石，基质主要为角闪石、斜长石、方解石，以及少量石英［见图 4−2（f)］。斑晶中蚀变角闪石含量约为 20%，呈半自形柱状，在单偏光下为淡绿色，多色性极弱，基本完全被绿泥石、石英与方解石取代，仅保留角闪石晶形，在正交偏光下不显干涉色，总体呈现棕褐色，粒度为 0.3 mm×0.7 mm～2 mm×1.2 mm。斜长石含量约为 5%，呈自形-半自形板状，在单偏光下矿物表面较为粗糙，在正交偏光下为Ⅰ级灰白，多数不可见解理，双晶，发育较强的泥化与碳酸盐化，粒度为 0.8 mm×0.3 mm～1.2 mm×0.4 mm。基质中斜长石含量约为 35%，呈半自形板状，在单偏光下为无色透明，在正交偏光下最高干涉色为Ⅰ级灰白，部分发生泥化，粒度为 0.05 mm×0.03 mm～0.6 mm×0.3 mm。角闪石含量约为 30%，呈自形-半自形柱状、针状，在单偏光下为棕褐色，具有浅棕褐色-深棕褐色的弱多色性，在正交偏光下不显干涉色，粒度为 0.03 mm×0.02 mm～1 mm×0.1 mm。方解石含量约为 7%，呈他形粒状，在单偏光下为无色透明，在正交偏光下干涉色为高级白，不可见解理，粒径为 0.02～0.4 mm。石英含量约为 3%，呈他形粒状，在单偏光下为无色透明，在正交偏光下最高干涉色为Ⅰ级灰白，可见波状消光，粒径为 0.01～0.15 mm。

花岗质岩石主要呈两种产状产出，第一种为不规则条带状侵入上-中二叠统马尔争组地层中的二长花岗岩大岩基，在围岩外接触带形成角岩带，空间上呈近东西向展布，岩体长轴方向为北东东向，与刀锋山断裂构造线方向一致。手标本为灰白色，呈块状构造，结构主要为细粒、中细粒半自形结构与似斑状结构。细粒、中细粒半自形结构岩石主要组成矿物为石英、微斜长石、条纹长石、斜长石、黑云母、白云母与不透明矿物[见图4-3（a）、(b)]。其中石英含量为25%～45%，呈他形粒状，在单偏光下为无色透明，在正交偏光下最高干涉色为Ⅰ级灰白，可见波状消光，矿物颗粒较为新鲜，粒径为0.1～3 mm；微斜长石含量为20%～35%，呈自形-半自形板状，在单偏光下为无色透明，在正交偏光下为Ⅰ级灰白，可见格子双晶，普遍发育泥化，部分可见裂隙、绢云母化，粒度为0.1 mm×0.2 mm～3.5 mm×2 mm。部分岩石中可见条纹长石，条纹长石主晶可能为微斜长石，客晶难以识别（客晶多呈细脉状与树枝状）；斜长石含量为20%～25%，呈半自形板状，在单偏光下为无色透明，在正交偏光下最高干涉色为Ⅰ级灰白，可见聚片双晶，部分发生泥化，粒度为0.1 mm×0.2 mm～1.2 mm×2 mm；黑云母呈含量为2%～15%，呈自形-半自形片状，在单偏光下为棕褐色-浅褐色，可见明显多色性，一组极完全解理，在正交偏光下基本不可见其最高干涉色，多不具备完整晶形，矿物颗粒破碎，部分可见铁质析出，粒度为0.1 mm×0.1 mm～1.4 mm×1 mm；白云母含量为2%～8%，呈半自形-他形片状，多不具备完整晶形，在单偏光下显淡绿-淡黄-淡粉多色性，在正交偏光下最高干涉色可达Ⅲ级，部分矿物颗粒可见一组极完全解理，粒度为0.1 mm×0.05 mm～0.6 mm×0.2 mm。不透明矿物含量为2%～5%，呈他形粒状，多为赤铁矿，粒径为0.1 mm～0.5 mm。而似斑状结构岩石斑晶主要组成矿物为碱性长石与石英，碱性长石含量为3%～25%，呈自形板状，多为微斜长石与微斜长石作主晶的条纹长石，粒度为1.5 mm×0.8 mm～7.2 mm×2 mm。石英含量为5%～8%，呈他形粒状，粒径为1.5～4 mm。基质主要组成矿物为石英、碱性长石、斜长石、白云母、黑云母与不透明矿物，其中石英含量为25%～30%，呈他形粒状，粒径为0.05～0.8 mm；碱性长石含量为20%～30%，呈半自形板状，多为微斜长石，粒度为0.1 mm×0.2 mm～0.8 mm×1 mm；斜长石含量为15%～20%，呈半自形板状，粒度为0.08 mm×0.1 mm～0.2 mm×0.4 mm；黑云母含量约为2%，呈自形-半自形片状，粒度为0.1 mm×0.2 mm～0.3 mm×0.5 mm；白云母含量为5%～10%，呈半自形-他形片状，粒度为0.05 mm×0.1 mm～0.2 mm×0.4 mm。不透明矿物含量为5%～15%，呈他形粒状，粒径为0.03～0.3mm。整体来说，似斑状结构的岩石赤铁矿化较细粒、中细粒结构的岩石赤铁矿程度更高。此外，部分岩石标本由于碱性长石含量偏高，定名为花岗岩。为方便讨论，将该类花岗质岩石命名为早阶段花岗岩。

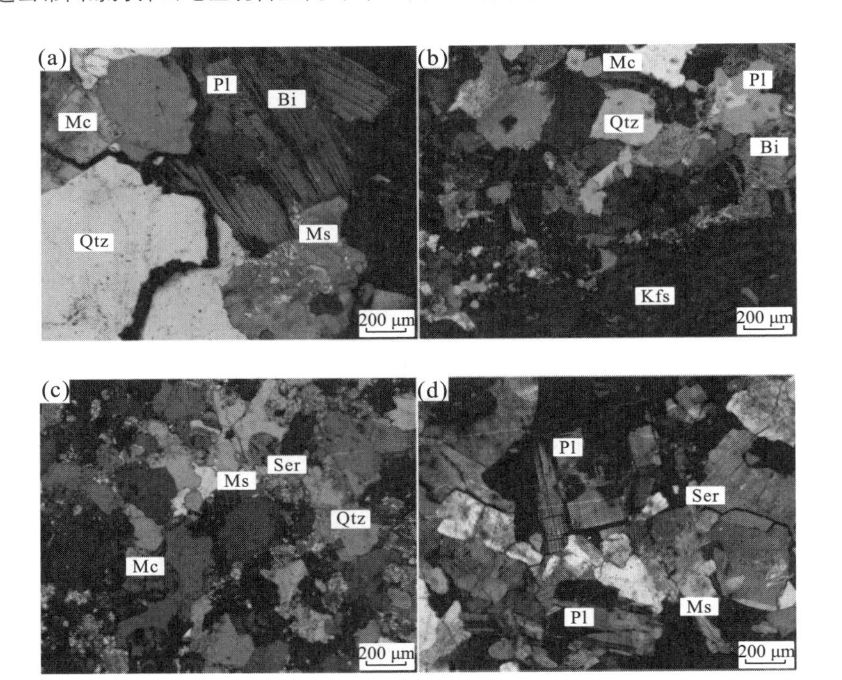


(a)、(b) 早阶段二长花岗岩大岩基（正交偏光）；(c) 晚阶段碱长花岗岩（正交偏光）；(d) 二长花岗岩（正交偏光）

**图 4—3　刀锋山地区花岗质岩石显微照片**

*注：Mc—微斜长石，Pl—斜长石，Bi—黑云母，Qtz—石英，Ms—白云母，Kfs—钾长石，Ser—绢云母。*

第二种花岗质岩石为侵位至中-下二叠统马尔争组与上述二长花岗岩大岩基中的岩脉、岩株，岩体出露面积较小，围岩外接触带形成角岩带，空间上呈近东西向展布，岩体长轴方向与刀锋山断裂构造线方向一致，为北东东向，与二长花岗岩大岩基呈突变接触关系。该期花岗质岩石手标本为灰白色，其岩性主要为碱长花岗岩［见图 4—3 (c)］和二长花岗岩［见图 4—3 (d)］。

碱长花岗岩为块状构造、细粒半自形结构，主要组成矿物为石英、微斜长石及白云母。其中石英含量为 45%～75%，呈他形粒状，在单偏光下为无色透明，在正交偏光下最高干涉色为Ⅰ级，可见波状消光，粒径为 0.2～2 mm；微斜长石含量为 5%～30%，呈自形-半自形板状，在单偏光下为无色透明，在正交偏光下最高干涉色为Ⅰ级灰白，可见格子双晶，粒度为 0.2 mm×0.1 mm～1.5 mm×2 mm；白云母含量为 20%～25%，呈半自形-自形片状，在单偏光下显淡绿-淡黄-淡粉多色性，在正交偏光下最高干涉色可达Ⅲ级，部分矿物颗粒可见一组极完全解理，可见绢云母化，典型过铝质矿物白云母的出现可能暗示碱长花岗岩为 S 型花岗岩，粒度为 0.1 mm×0.1 mm～0.2 mm×1 mm。

二长花岗岩为块状构造，呈细粒-中细粒半自形结构，主要组成矿物为石英、微斜长石、斜长石、钾长石及白云母。其中石英含量为 40%～45%，呈他形粒状，粒径为 0.15～1.2 mm；微斜长石含量为 10%～30%，呈自形-半自形板状，粒度为 0.2 mm×0.1 mm～2 mm×3 mm，部分岩石中可见条纹长石，其主晶为微斜长石，客晶难以辨别，多呈水滴状与树枝状；斜长石含量为 20%～40%，呈半自形板状，粒度为

0.2 mm×0.1 mm～1.2 mm×0.8 mm；钾长石含量约为5%，呈自形-半自形板状，在单偏光下为无色透明，在正交偏光下最高干涉色为Ⅰ级灰白，部分可见卡式双晶，粒度为0.3 mm×0.2 mm～0.8 mm×0.4 mm；白云母呈自形-半自形片状，粒度为0.1 mm×0.1 mm～1.6 mm×0.4 mm，普遍绢云母化，典型过铝质矿物白云母的出现可能暗示着该二长花岗岩为S型花岗岩。与二长花岗岩大岩基相比，此类花岗岩白云母含量更高，基本不含黑云母，不透明矿物含量很低，总体蚀变发育较强，普遍发育绢云母化，部分见碳酸盐化。为方便讨论，将该类花岗质岩石命名为晚阶段花岗岩。

# 第5章 刀锋山地区岩石年代学特征

## 5.1 采样位置和分析方法

本书用于地质年代学的研究样品主要采自新疆东昆仑造山带西段刀锋山地区，采样位置及分布如图 3－1 所示。其中，（变质）沉积岩样品 P03(10) 采自四岔雪峰西南、断边山断裂以北的二叠系马尔争组底部，D1732 采自双伍山断裂北侧库孜贡苏组的长石石英砂岩，P16(38) 采自刀锋山断裂北侧的刀锋山组碎屑岩。玄武安山岩样品（D1800）主要采自四岔雪峰以南、断边山断裂两侧的阿克苏库勒俯冲增生杂岩带，玄武安山岩岩石呈层状产出于二叠系马尔争组变质碎屑岩地层。英安岩和流纹岩测年样品［P03(110) 与 P03(127)］主要采自断边山断裂北部的阿克苏库勒俯冲增生杂岩带，多顺层产出于二叠系马尔争组变质碎屑岩。辉绿岩样品（D1800 与 D1801）主要采自阿克苏库勒俯冲增生杂岩带北部，紧挨四岔雪峰，主要侵位于中-下二叠统马尔争组变质碎屑岩。闪长玢岩样品（D1596）采自刀锋山断裂南部的巴颜喀拉地块，侵位于黄羊岭组地层。P07(10) 采自羽毛沟一带与海拔 5200 m 以上的四岔雪峰周边的昆仑山主峰附近的花岗质大岩基。该岩基侵位于二叠系马尔争组，代表早阶段花岗质岩石。D232 与 D233 采自羽毛沟北部，主要侵位于二叠系马尔争组和花岗质大岩基中，代表晚阶段花岗质岩石。

样品首先经手标本和显微镜观察，选择无蚀变或蚀变甚弱的样品进行锆石单矿物挑选。用于锆石 U-Pb 同位素测年的样品，先破碎再浮选和密度分选，然后淘洗，最后在双目镜下挑纯。锆石的单矿物分选在河北省地质测绘院岩矿实验测试中心完成。先将待测样品锆石颗粒置于环氧树脂制靶，然后研磨抛光直至有足够的新鲜锆石截面使锆石内部结构暴露。对靶上锆石进行显微镜下透射光、反射光照相后，进行阴极发光成像。锆石阴极发光（CL）图像在南京宏创地质勘查技术服务有限公司 Tescan MIRA3 场发射扫描电镜上完成。锆石 U-Pb 同位素测年在中国科学院青藏高原研究所大陆碰撞与高原隆升重点实验室激光剥蚀电感耦合等离子体质谱仪（LA-ICP-MS）上完成。LA-ICP-MS 激光剥蚀系统为美国 Newwave 公司生产的 UP193FX 型 193 nm ArF 准分子系统，激光器来自德国 ATL 公司，ICP-MS 为 Agilent 7500a。激光器波长为 193 nm，脉冲宽度$<$4 ns。本书研究所用斑束直径为 25 $\mu$m。激光剥蚀采样过程以氦气作为载气，氦气携带样品气溶胶，在进入 ICP 之前通过一个 T 型三通接头与氩气（载气、等离子体气和补偿气）混合。通过调节氦气和氩气气流大小，获得 NIST SRM 612（美国国家标准技术研究院研制的人工合成硅酸盐玻璃标准参考物质）的最佳信号，并实现测试系统最

优化，优化条件主要满足信号灵敏度最高、氧化物产率最低、双电荷干扰最小、气体空白最低、信号强度最稳定。测试未知样品时，采样方式为单点剥蚀、跳峰采集；单点采集时间模式为15～20 s气体空白+40 s样品剥蚀+45～55 s冲洗；每6个未知样品点插入一组标样（锆石标样和成分标样）。本次样品分析过程中，Plesovice标样作为未知样品，分析结果为（337.3±1.3）Ma（2σ），对应的年龄推荐值为（337.13±0.37）Ma（2σ）（Slá Ma et al.，2008），两者在误差范围内完全一致。采用NIST SRM 612作为标准参考物，以$^{29}Si$作为内标元素，样品的同位素比值及元素含量计算采用GLITTER _ ver 4.0程序来完成，普通铅校正采用Andersen提出的ComPbCorr#3.17校正程序（Andersen，2002），U-Pb谐和图、年龄分布频率图绘制和年龄权重平均计算采用Isoplot/Ex _ ver 3（Ludwing，2003）程序来完成。

## 5.2　锆石U-Pb同位素定年

关于研究区地层以及侵入岩主要岩石类型中锆石U-Pb同位素年龄测试结果参考附表1。

样品P03(10）采自四岔雪峰西南、断边山断裂以北的二叠系马尔争组底部砂质亮晶灰岩，在CL图像中可以看到，锆石呈短柱状或椭圆状，环带较为清晰，粒径约为120 μm，长宽比约为1.5∶1［见图5−1（a)］。对其30颗锆石30个测点的统计分析显示，U、Th、Pb的含量变化为35.12～505.71 ppm、98.79～744.51 ppm、62.6～1185.4 ppm，Th/U比值变化范围为0.18～1.31，变化范围较大。该样品26个谐和测年结果显示其具有多峰分布特征，包括～302 Ma、～552 Ma和～905 Ma三个峰值［见图5−2（e)（f)］，最大沉积谐和年龄为（305.8±3.5)Ma（$n$=6，$MSWD$=0.78)［见图5−2（g)（h)］。

样品D1800-2采自马尔争组下部的玄武安山岩，在CL图像中可以看到锆石呈短柱状，有清晰的结晶环带，粒径为150～200 μm，长宽比为1.5∶1～2∶1［见图5−1（b)］。其中Th、U含量分别为95.22～690.38 ppm、205.70～1174.66 ppm，Th/U比值变化范围为0.25～0.92，显示其是岩浆成因锆石。所有的测点在误差范围内有一致的U-Pb年龄，得到谐和年龄为（272.5±1.4)Ma（$MSWD$=19)［见图5−3（a)］。这个年龄值与（273.1±1.1)Ma（$MSWD$=0.24)［见图5−3（b)］的加权平均$^{206}Pb/^{238}U$表面年龄值一致，故该年龄可以代表该样品D1800-2的结晶年龄。

样品P03(110）与P03(127）采自马尔争组上部流纹岩地层，CL图像中两样品震荡环带清晰，有2～3颗锆石阴极发光照片偏黑［见图5−1（c)（d)］，显示有较高的Th/U比值。除此之外，其他测点显示二者Th/U比值在误差范围内有较好的一致性，分别为0.29～0.99与0.27～1.07。U-Pb谐和年龄二者接近，分别为（266.6±2.7)Ma（$MSWD$=0.17)［见图5−3（c)］、(264.8±2.3)Ma（$MSWD$=5.8)［见图5−3（d)］。对上述两件流纹岩样品测年结果进行汇总，得出其总体加权平均年龄为（266.1±1.6)Ma（$MSWD$=0.24)［见图5−3（e)］，显示其形成时代为中二叠世，这与前人对马尔争组上部的地层年代划分具有一致性。

样品 D1596 闪长玢岩侵位于黄羊岭组地层中，其锆石颗粒为自形的短柱状或近圆状，大小为 80～160 μm，少数大于 200 μm。在 CL 图像中，锆石颗粒具有显著发育且界限清楚的扇形分带和震荡环带［见图 5－1（e）］，显示为岩浆成因。对该样品挑选出的 18 颗锆石进行 U-Pb 分析，结果显示有较为一致的 Th/U 比值（在 0.23～0.64 之间）。数据分析结果显示，$^{206}Pb/^{238}U$ 表面年龄变化范围较小，即 258 Ma 左右（见附表 1）。在锆石 U-Pb 谐和图解中，18 个测点的 U-Pb 谐和年龄为（258.2±1.9)Ma（*MSWD*＝0.7）［见图 5－3（g)］。这与该样品加权平均年龄（258.2±2.0)Ma（*MSWD*＝0.24）［见图 5－3（h)］一致。综合锆石的形态、阴极发光图像特征和 Th/U 比值，该谐和年龄可以代表该样品成岩年龄。另外，该样品中存在～440 Ma 的锆石群，与东昆仑造山带早志留世岩浆事件密切相关。

样品 D1732 采自库孜贡苏组地层中的长石石英砂岩，在 CL 图像中可以看到锆石呈短柱状，部分有一定磨圆，环带清晰，粒径为 100～150 μm，长宽比约为 1.5∶1［见图 5－1（f)］。对其 24 颗锆石的 24 个测点进行统计分析，U、Th、Pb 含量的变化为 69.56～1043.70 ppm、116.52～821.25 ppm、22.8～1054.5 ppm，Th/U 比值变化范围为 0.19～1.21，变化范围较宽。对该样品 15 个谐和测点进行统计发现，其主要包括～246 Ma 和～446 Ma 两大峰值［见图 5－4（a)（b)］，并且最大沉积谐和年龄为（244.3±2.8)Ma（*MSWD*＝3.5)［见图 5－4（c)（d)］。

样品 P16(38) 为采自研究区刀锋山断裂北侧的刀锋山组黑云母石英砂岩，锆石形态主要呈圆形或椭圆形，显示其磨圆度较好。通过对其 30 颗锆石 30 个测点的统计分析，U、Th、Pb 的含量变化为 50.1～813 ppm、14.6～518 ppm、26.9～1081 ppm，Th/U 比值变化范围为 0.03～1.94，大体属于岩浆成因锆石变化范围。该样品中碎屑锆石年龄变化范围为 2813～555 Ma，主要包括～576 Ma、～657 Ma 和～998 Ma 三个峰值［图 5－2（a)（b)］，其中最年轻一组锆石的加权平均年龄为（578.1±3.4)Ma（$n$＝9，*MSWD*＝0.025)［图 5－2（c)（d)］，可以作为该样品的最大沉积谐和年龄。结合对比区域地质情况，该最大沉积年龄并不能代表其沉积形成时间（可能是该样品锆石测试数量有限，未能对其最年轻一组碎屑锆石进行测定或者其本身可代表最大沉积年龄的碎屑锆石偏少所致）。

样品 D1800-1 与 D1801 是侵入马尔争组地层中的辉绿岩，它们中的锆石颗粒为自形-半自形或者粒状，长 120 μm 左右，长宽比为 1∶1～1.5∶1，大多数为无色透明。在 CL 图像中，大多数锆石显示了清晰的震荡或者线状环带［见图 5－5（a)（b)］，表明其为岩浆成因。两者 Th/U 比值变化范围分别为 0.23～1.22 和 0.20～1.37，显示其锆石为岩浆成因。对两件样品的测年结果显示，均存在较多的古老锆石年龄，暗示其应为捕获锆石。两件样品的$^{206}Pb/^{238}U$ 谐和年龄分别为（210±12)Ma（*MSWD*＝7）［见图 5－6（a)］和（226.8±5.9)Ma（*MSWD*＝6.2）［见图 5－6（c)］，对应的加权平均年龄分别为（206.5±4.9)Ma（*MSWD*＝7.6）［见图 5－6（b)］、（226.5±2.9)Ma（*MSWD*＝0.06）［见图 5－6（d)］。此外，测年结果显示存在少数异常年轻的锆石，可能是受到后期地质事件影响所致。总的来看，两件样品的测年结果在误差范围内基本一致，与野外相似的产出特征相吻合。但考虑到样品 D1801 中结晶锆石数量偏少（只获得了三个有效年龄），本书认为区内辉绿岩的形成时代为晚三叠世（～210 Ma），明显晚于其侵位地层（马尔争组）的形成时间。

P07(10）是侵入马尔争组地层中的二长花岗岩（呈岩基产出）。在CL图中可以看到，锆石颗粒为自形程度较好，颗粒较大，长为150～200 μm，长宽比约为2∶1，其中有很明显的震荡环带［见图5－5（c)］，表明其为岩浆成因。U-Pb测年结果表明，锆石颗粒具有较高的Th/U比值（0.31～1.12)，$^{206}$Pb/$^{238}$U谐和年龄为（209.7±1.5)Ma（*MSWD*＝2.9)［见图5－6（e)］，加权平均年龄为（209.5±1.5)Ma（*MSWD* ＝0.07)［见图5－6（f)］。该样品与D1800-1、D1801产出时代基本一致，均为晚三叠世。

样品D232与D233是侵入马尔争组地层与上述花岗质大岩基中的碱长花岗岩和二长花岗岩。该两件样品中的锆石颗粒自形程度较好，颗粒较大，长为120～200 μm，长宽比为2∶1～3∶1，大多数为无色透明。在CL图像中，锆石显示了明显的震荡或者线状环带［见图5－5（d)（e)］。两者锆石的Th/U比值变化范围相似，分别为0.33～0.77和0.39～0.96，表明为岩浆成因。测年结果显示，两件样品中存在古老年龄的锆石，显示其应为捕获锆石。通过对相对集中的锆石年龄值进行计算，得出两件样品的$^{206}$Pb/$^{238}$U谐和年龄分别为（186.1±1.6)Ma（*MSWD*＝0.003）［见图5－6（g)］和（186.4±1.0)Ma（*MSWD*＝0.28）［见图5－6（i)］，对应的加权平均年龄分别为（186.1±1.8)Ma（*MSWD*＝0.17）［见图5－6（h)］和（186.6±2.5)Ma（*MSWD*＝0.12)［见图5－6（j)］。综合来说，两件样品的测年结果在误差范围内基本一致，与野外相似的产出特征相吻合，表明其形成时代为早侏罗世，明显晚于区域辉绿岩和花岗质岩基的形成时间。

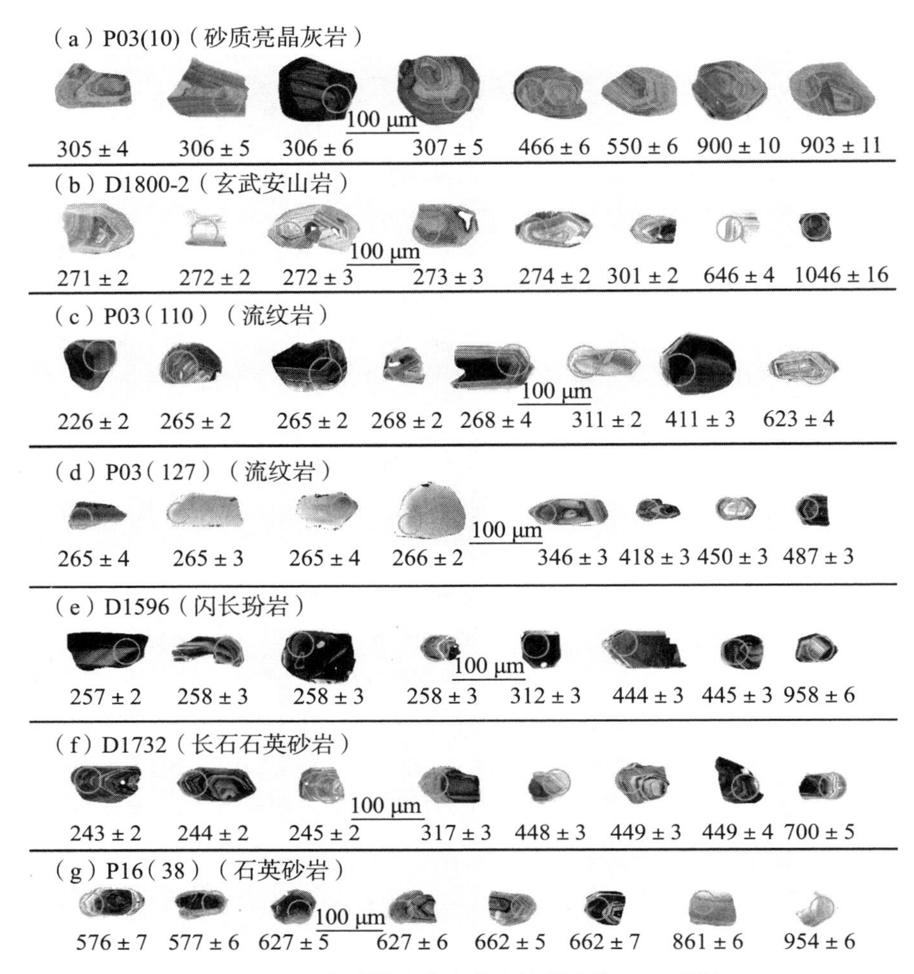


**图 5—1 沉积岩及岩浆岩代表性样品锆石 CL 图像**

注：圆圈代表 LA-ICP-MS 测试位置，下部数字为该测点所得出的 U-Pb 年龄。

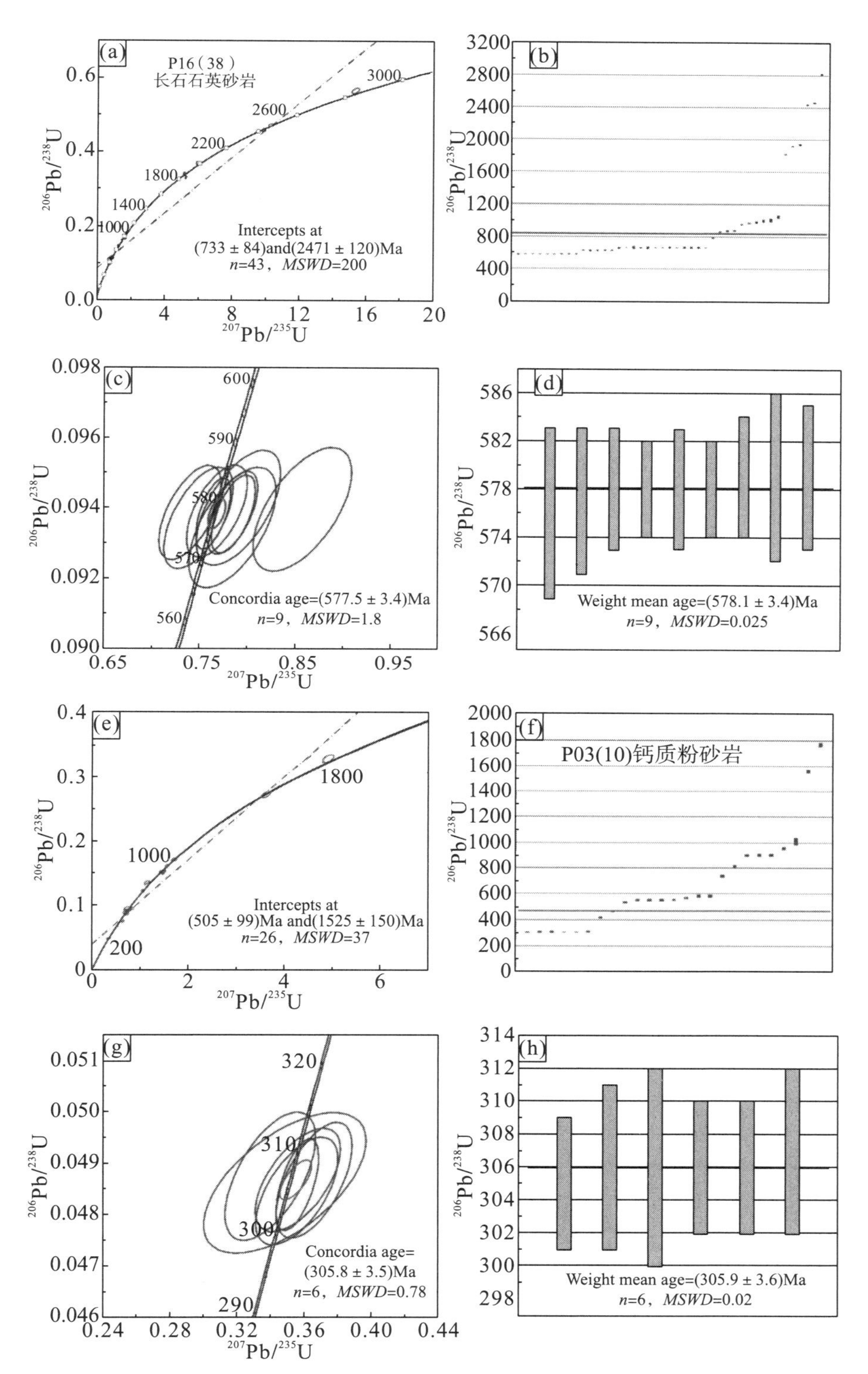


(a) P16(38) 所有测点的截点年龄；(b) P16(38) 所有测点的加权平均年龄；(c) P16(38) 最大沉积谐和年龄；(d) P16(38) 最大沉积加权平均年龄；(e) P03(10) 样品 26 个相对谐和测点的截点年龄；(f) P03(10) 所有测点的加权平均年龄；(g) P03(10) 最大沉积谐和年龄；(h) P03(10) 最大沉积加权平均年龄

**图 5－2　P16(38) 和 P03(10) 锆石 U-Pb 图解**

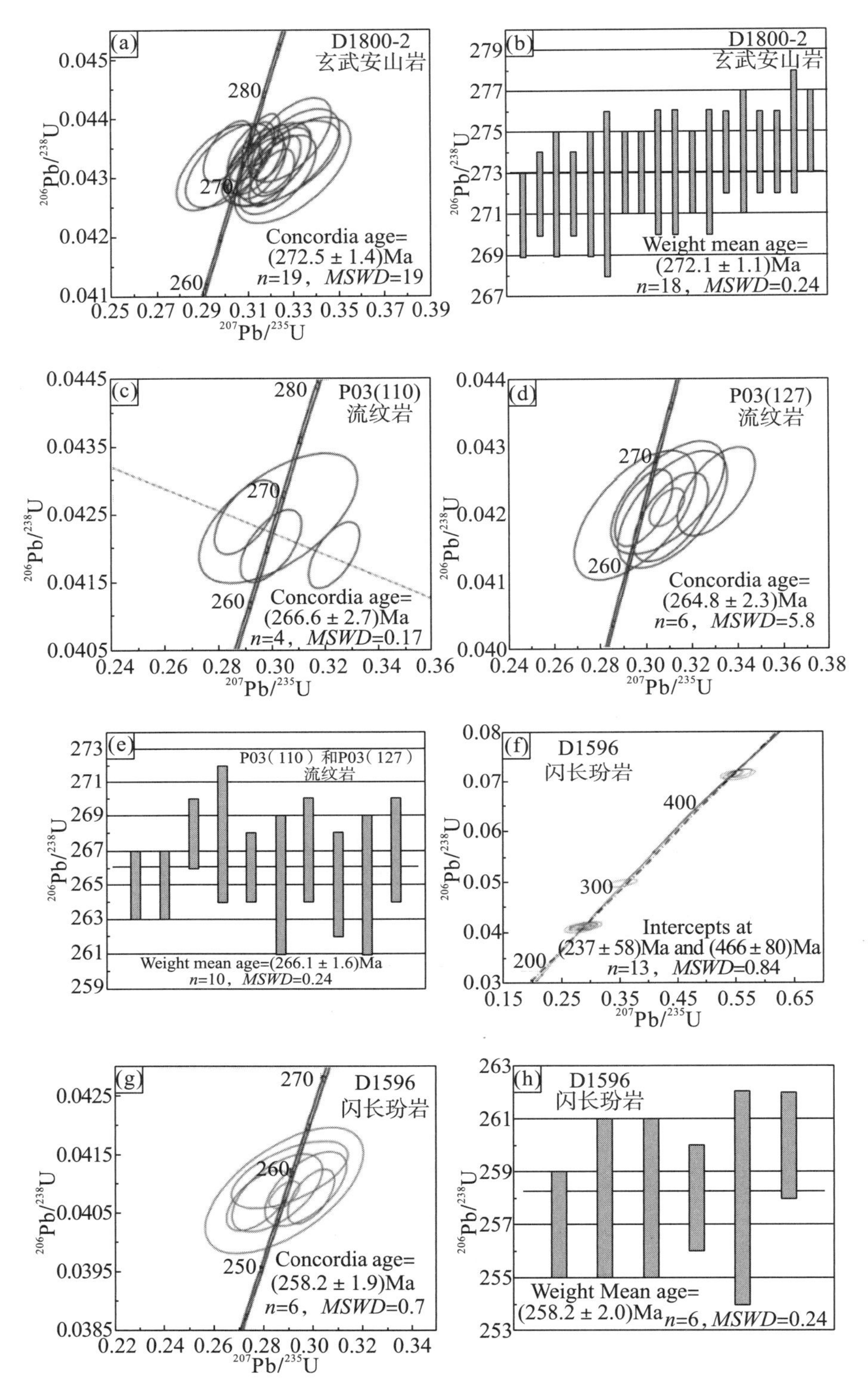


(a) D1800-2 测点谐和年龄；(b) D1800-2 测点加权平均年龄；(c) P03(110) 测点谐和年龄；(d) P03(127) 测点谐和年龄；(e) P03(110) 和 P03(127) 测点加权平均年龄；(f) D1596 所有测点的截点年龄；(g) D1596 测点谐和年龄；(h) D1596 测点加权平均年龄

**图 5—3　研究区火山岩和侵入岩代表性样品锆石 U-Pb 图解**

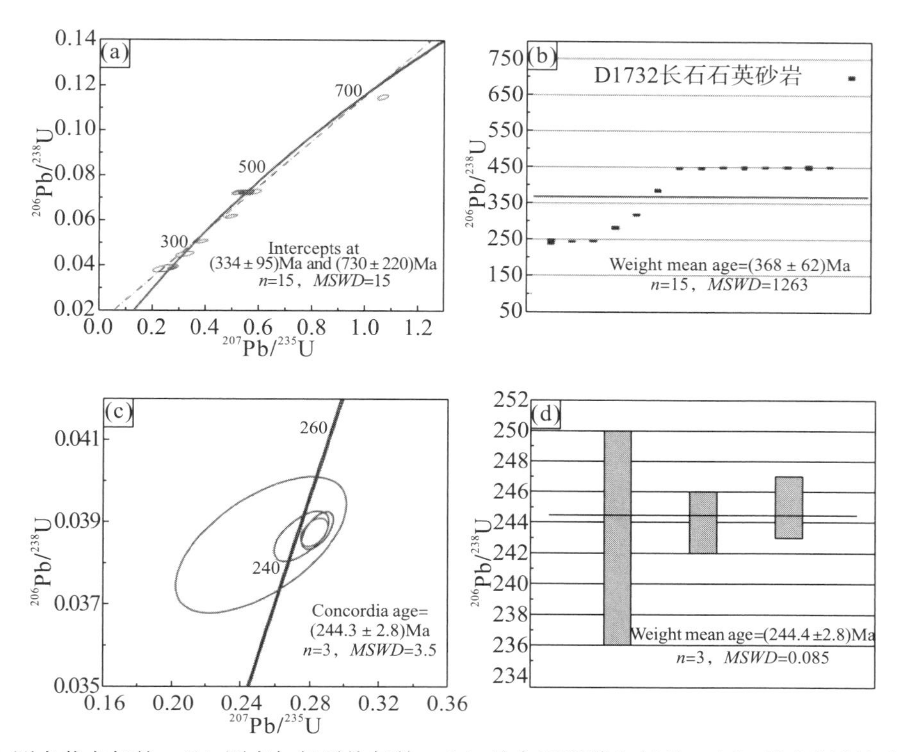


（a）测点截点年龄；（b）测点加权平均年龄；（c）最大沉积谐和年龄；（d）最大沉积加权平均年龄

**图 5-4　长石石英砂岩（样品编号 D1732）锆石 U-Pb 图解**

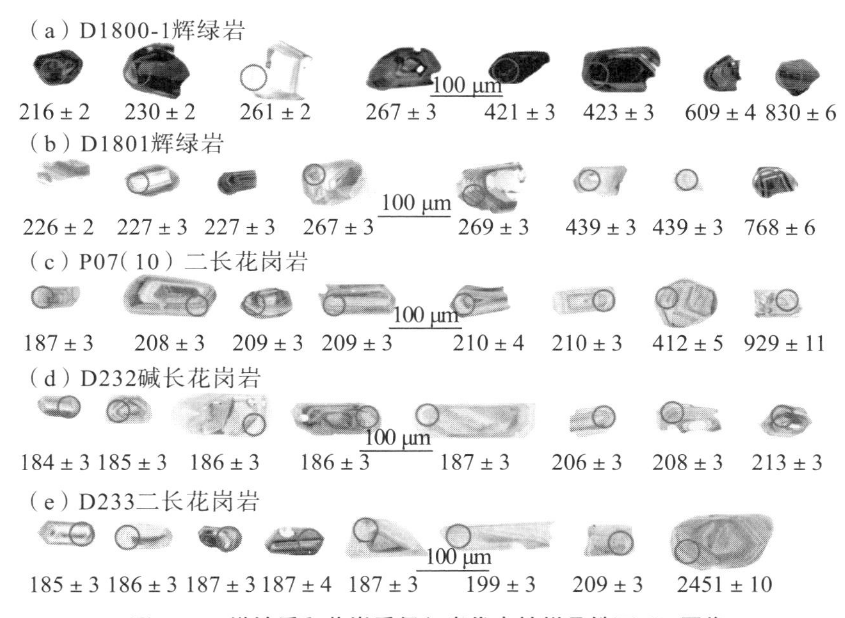


**图 5-5　镁铁质和花岗质侵入岩代表性样品锆石 CL 图像**

注：圆圈代表 LA-ICP-MS 测试位置，下部数字为该测点所得出的 U-Pb 年龄。

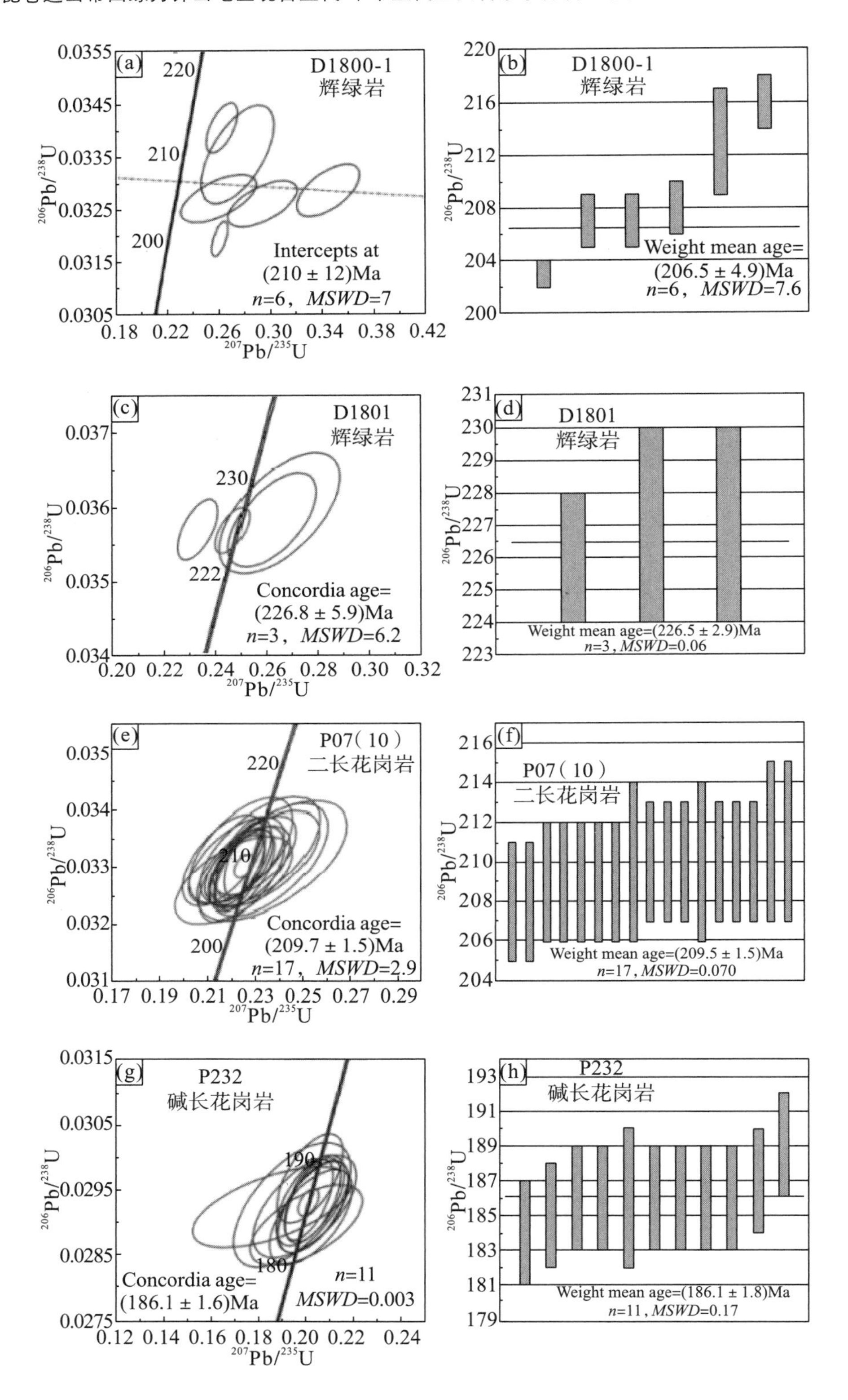
(a)
D1800-1
辉绿岩
220
210
200
Intercepts at
(210 ± 12)Ma
n=6，MSWD=7
(b)
D1800-1
辉绿岩
Weight mean age=
(206.5 ± 4.9)Ma
n=6，MSWD=7.6
(c)
D1801
辉绿岩
230
222
Concordia age=
(226.8 ± 5.9)Ma
n=3，MSWD=6.2
(d)
D1801
辉绿岩
Weight mean age=(226.5 ± 2.9)Ma
n=3，MSWD=0.06
(e)
P07(10)
二长花岗岩
220
210
200
Concordia age=
(209.7 ± 1.5)Ma
n=17，MSWD=2.9
(f)
P07(10)
二长花岗岩
Weight mean age=(209.5 ± 1.5)Ma
n=17，MSWD=0.070
(g)
P232
碱长花岗岩
190
180
Concordia age=
(186.1 ± 1.6)Ma
n=11
MSWD=0.003
(h)
P232
碱长花岗岩
Weight mean age=(186.1 ± 1.8)Ma
n=11，MSWD=0.17
206Pb/238U
207Pb/235U

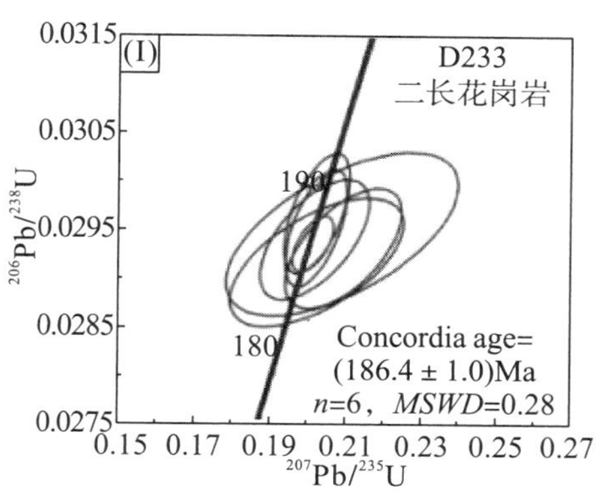


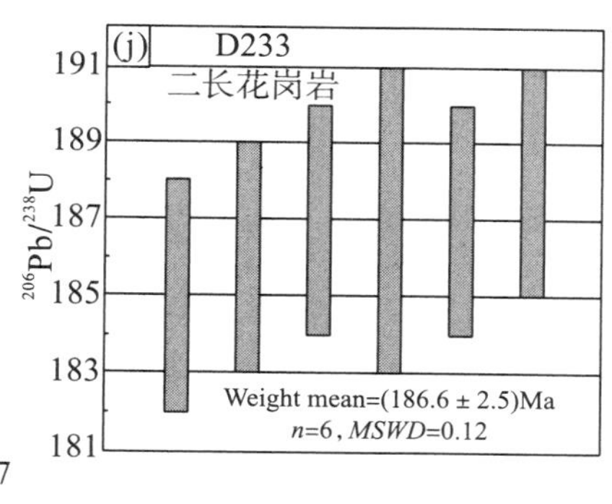


(a) D1800-1 测点谐和年龄；(b) D1800-1 测点加权平均年龄；(c) D1801 测点谐和年龄；(d) D1801 测点加权平均年龄；(e) P07(10) 测点谐和年龄；(f) P07(10) 测点加权平均年龄；(g) P232 测点谐和年龄；(h) P232 测点加权平均年龄；(i) D233 测点谐和年龄；(j) D233 测点加权平均年龄

**图 5－6 镁铁质和花岗质侵入岩代表性样品锆石 U-Pb 图解**

## 5.3 岩浆活动时限和期次划分

对研究区进行细致的野外地质调查以及样品锆石 U-Pb 同位素定年可知，研究区马尔争组地层共分为上、下两部分，年代为早-中二叠世，这与野外所产出的化石相对应。同时岩浆活动明显，产出的侵入岩岩性丰富，既有基性的辉绿岩，也有中性酸性的闪长玢岩与碱长花岗岩，时代从早二叠世-早侏罗世均有分布。结合区域大地构造演化，本书调查与室内测试，参考沉积岩年代学数据，我们将岩浆岩分为三个成岩期次：

第一期次为晚石炭世-早三叠世（见图 5－2～图 5－4）：沉积岩方面，表现在马尔争组和黄羊岭组中的长石石英砂岩与砂质亮晶灰岩年轻峰值加权时代分别为（305.8±3.5)Ma 和（244.3±2.8)Ma；同时，该时期形成了侵位时间基本一致的基性喷出岩（玄武安山岩）与酸性喷出岩（流纹岩），二者形成时代分别为（272.5±1.4)Ma 和（266.1±1.6)Ma。此外，该阶段还存在一期稍年轻的浅成中性岩侵位，其形成时代为（258.2±1.9)Ma。

第二期次为晚三叠世（见图 5－6）：该时期主要有两组岩浆活动，一组为基性岩浆（辉绿岩），其形成时代分别为（210±12)Ma 和（226.8±5.9)Ma；另一组为酸性岩浆（二长花岗岩），其形成时代为（209.7±1.5)Ma。

第三期次为早侏罗世（见图 5－6）：该时期的岩浆岩主要为两同时代的花岗质岩石，它们都侵入马尔争组以及晚三叠世花岗质大岩基中，岩性为碱长花岗岩与二长花岗岩，形成时代分别为（186.1±1.6)Ma 和（186.4±1.0)Ma。

总体来看，研究区岩浆活动主要分为三个较为连续的阶段（见图 5－7），即从晚石炭世持续到早侏罗世，能够较好地对研究区晚古生代-早中生代构造体制转换进行约束。

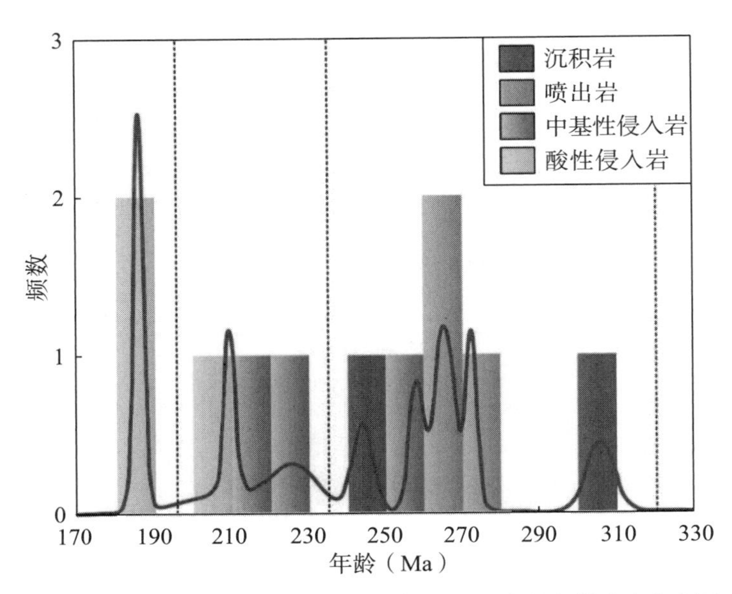


**图 5—7　研究区不同岩石类型样品锆石 U-Pb 年龄频数分布直方图**

# 第6章 晚石炭世-早侏罗世岩石地球化学特征

## 6.1 采样位置和分析方法

本书用于元素地球化学和锆石 Lu-Hf 同位素研究的样品主要采自新疆东昆仑造山带西缘刀锋山地区。其中变质沉积岩样品主要采自马尔争组和库孜贡苏组、刀锋山组，玄武岩与玄武安山岩样品主要采自四岔雪峰以南、断边山断裂两侧的阿克苏库勒俯冲增生杂岩带北侧中-下二叠统马尔争组。英安岩与流纹岩样品主要采自断边山断裂北部的阿克苏库勒俯冲增生杂岩带北侧，多顺层产出于中-下二叠统马尔争组变质碎屑岩中。辉绿岩样品主要采自阿克苏库勒俯冲增生杂岩带北部，紧挨四岔雪峰，主要侵位于中-下二叠统马尔争组中基性火山岩中。闪长玢岩样品采自研究区南部，即刀锋山断裂南部，侵位于黄羊岭组地层中。早阶段花岗岩样品主要采自羽毛沟一带与海拔 5200 m 以上的四岔雪峰周边的昆仑山主峰，主要侵位于中-下二叠统马尔争组。晚阶段花岗岩样品主要采自沿东西走向羽毛沟北部系统，主要侵位于中-下二叠统马尔争组与早阶段花岗质岩基中。

全岩主微量元素测试在新疆维吾尔自治区地质矿产勘查开发局第三地质大队实验室完成。主量元素分析所使用的测试仪器为 Axios 型 X-射线荧光光谱仪（XRF）。在进行详细的岩相学观察后，选取较为新鲜、基本无蚀变的样品粉碎至 200 目，称取 0.5000 g 样品放入恒重小瓷坩埚中，在 1000℃恒温下加热 60 min。随后将样品置于干燥器中冷却至室温，计算其烧失量（LOI），常量精密度为 0.1%～1%；其中 FeO 用湿化学法测定。微量元素分析使用的实验方法为 ICP-MS，以 GRS1、GRS2 和 GRS3 为监控样，In 为内标来校正数据，测试精度为 5%～10%。Qi 等（2000）曾对该实验的具体操作方法与流程进行过详细阐述。

锆石的 Hf 同位素分析在中国地质调查局天津地质调查中心同位素实验室进行，测试仪器为美国 Thermo Fisher 公司生产的 NEPTUNE 型多接收器，共有 13 个接收器：9 个法拉第杯、4 个离子计数器。首先，将待测锆石样品排列放置于载玻片的双面胶上，放上 PVC 环；其次，将环氧树脂与固化剂完全混合后注入 PVC 环，待其完全固化后剥离、取出、抛光，随后拍照；再次，拍摄阴极发光、反射光、透射光三种照片，从中选择合适的位置，利用 193 nm 氟化氩准分子激光器（NEWWAVE 193nm FX）对锆石进行剥蚀；最后，剥蚀物质以纯度极高的 He 为载气送入仪器进行测试。有研究人员曾对具体测试仪器、测试步骤、分析方法、校正方法进行过详细阐述（吴福元等，2007；耿建珍等，2011）。

## 6.2 全岩元素地球化学

本书尽量选取在手标本和室内显微镜下均未观察到明显热液蚀变特征的较为新鲜的样品进行全岩主微量元素分析测试，相关数据见附表 2。

马尔争组中砂质亮晶灰岩和钙泥质粉砂岩的 $SiO_2$ 含量为 29.58wt%～34.07wt%，$TiO_2$ 含量为 0.09wt%～0.16wt%，$Al_2O_3$ 含量为 1.81wt%～3.20wt%，TFeO 含量为 1.44wt%～1.80wt%，MnO 含量为 0.08 wt%～0.12wt%，MgO 含量和 CaO 含量分别为 0.36wt%～0.54wt% 和 31.87wt%～34.82wt%；$K_2O$ 含量和 $Na_2O$ 含量分别为 0.39wt%～0.83wt%和 0.57wt%～0.58wt%。$SiO_2$ 含量和 $Al_2O_3$ 含量、$K_2O$ 含量具有一定的正相关性，表明岩石中部分 $SiO_2$ 是以黏土矿物的形式存在的；$SiO_2$ 含量和 MgO 含量、CaO 含量呈负相关性，表明岩石中的碳酸盐碎屑和碳酸盐基质主要是原生的而非次生的；TFeO 含量、MnO 含量、$Na_2O$ 含量与 $SiO_2$ 含量相关性不显著。岩石的 LOI 值偏大，为 26.57wt%～28.93wt%，与 $SiO_2$ 含量呈负相关性，与 CaO 含量呈正相关性，表明岩石的主要成分为钙质矿物。

马尔争组黑云母粉砂岩的 $SiO_2$ 含量为 57.22wt%～61.67wt%，$TiO_2$ 含量为 0.79wt% ～ 0.99wt%，$Al_2O_3$ 含量为 13.71wt% ～ 15.44wt%，TFeO 含量为 7.31wt%～8.72wt%，MnO 含量为 0.12wt%～0.14wt%，MgO 含量和 CaO 含量分别为 2.67wt% ～ 3.73wt% 和 5.63wt% ～ 6.98wt%，$K_2O$ 含量和 $Na_2O$ 含量分别为 1.43wt%～2.55wt%和 2.68wt%～2.94wt%。$Al_2O_3$ 含量、$TiO_2$ 含量、TFeO 含量、MnO 含量、MgO 含量和 CaO 含量与 $SiO_2$ 含量具有弱的负相关关系，而 $K_2O$ 含量和 $Na_2O$ 含量则与 $SiO_2$ 含量有一定的正相关性；但结合镜下观察，P08(106-2) 号样品有两条石英脉穿插，可能导致岩石 $SiO_2$ 含量上升，因此随着 MgO 含量和 FeO 含量减小，$K_2O$ 含量相应的增加可能代表黑云母含量的减少，以及长石的形成。

马尔争组斜长阳起石片岩的 $SiO_2$ 含量为 50.40wt%，MgO 含量、FeO 含量、CaO 含量分别为 7.87wt%、4.08wt%、7.65wt%，钙镁的含量大致相当，且铁质含量不低；同时岩石的 $Al_2O_3$ 含量为 16.67wt%，结合镜下观察，岩石中存在的闪石不完全是阳起石，而应当存在一定量的普通闪石；$Na_2O$ 含量为 2.87wt%，远大于 $K_2O$ 的含量 0.63wt%，表明岩石中的长石多为斜长石；$TiO_2$ 含量为 0.99wt%，可能存在钛铁矿。

马尔争组石英透辉石岩的 $SiO_2$ 含量为 47.03wt%；$Al_2O_3$ 含量和 TFeO 含量较高，分别为 10.98wt%和 11.62wt%；并且其 CaO 含量很高，为 20.88wt%；$K_2O$ 含量和 $Na_2O$ 含量较低，分别为 1.22wt%和 0.69wt%。同时，其 LOI 值较低，为 1.69wt%，这表明岩石中的含钙矿物不是碳酸盐矿物，而是主要以钙为阳离子的硅酸盐矿物，与镜下鉴定的大量透辉石的存在吻合，硅质含量较低和较低的石英含量相对应。$K_2O$ 含量和 $Na_2O$ 含量较低，表明难以形成长石矿物。

马尔争组［样品编号为 P04(33)］和库孜贡苏组（样品编号为 D1732）中长石石英砂岩的主量元素存在一定的差异性，其 $SiO_2$ 含量分别为 61.90wt%和 62.75wt%，P04(33) 号样品的 $TiO_2$ 含量、$Al_2O_3$ 含量、TFeO 含量、MgO 含量、$Na_2O$ 含量、

$K_2O$ 含量分别为 0.61wt%、10.53wt%、6.97wt%、2.22wt%、3.58wt%、2.30wt%，均大于 D1732 号样品的对应值（后者分别为 0.25wt%、6.48wt%、4.06wt%、2.07wt%、1.38wt%、1.72wt%），前者仅 CaO 含量（4.95wt%）远小于后者（8.14wt%），这与其岩相学特征相吻合（D1732 号样品在显微镜下可见几条方解石脉穿插而过），导致 D1732 号样品元素含量与 P04(33) 号样品元素含量存在差异性，后者的 LOI 值（12.28wt%）也远大于前者的 LOI 值（5.16wt%）。

由于在变质作用过程中沉积岩中的微量元素（含稀土元素）受变质作用的影响是有限的，因此对上述遭受一定变质作用的样品采用 NASC（北美页岩）标准化其微量元素和稀土元素，并分别使用蛛网图和配分曲线表示，如图 6－1 所示。由图 6－1（a）可以看出，沉积岩样品总体上相对富集大离子亲石元素，而高场强元素的含量呈现出一个较为平坦的曲线，P03 组的三件样品出现了明显的 Th、U 正异常和极高的 Sr 正异常，以及相对的 K、Ti 负异常。而 P04(33) 号样品和 P08 组以及 D1755 号样品的蛛网图曲线较为接近，存在极高的 Th、Sr 异常，以及一定程度的 Ta 正异常，但相对于 P03 组样品而言，其 U 值不算高，也具有一定程度的 K 负异常，同时也出现了微弱的 Sm、Nd 负异常。这五件样品与 P03 组的最大差异在于它们出现了微弱的 Ti 正异常，而 P03 组是出现了 Ti 负异常。D1732 号样品的特征与前面的两组样品均存在一定的差异性，与前者三件样品相比，其微量元素蛛网图与后者的五件样品值反而更接近，但与后者相比，却出现了与 P03 组样品接近的 Ti 负异常，表明源岩经历了含 Ti 矿物如榍石的分离结晶作用。

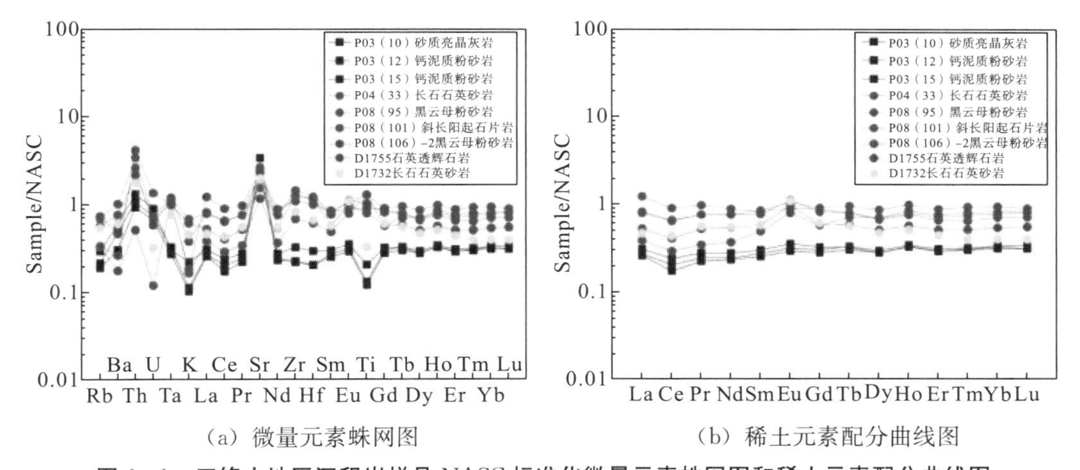


（a）微量元素蛛网图　　（b）稀土元素配分曲线图

**图 6－1　刀锋山地区沉积岩样品 NASC 标准化微量元素蛛网图和稀土元素配分曲线图**

由图 6－1（b）可以看出，P03 组三件样品的稀土配分曲线较为接近，因此将这三件样品归为一类考虑，其 $(La/Yb)_N$ 为 0.81～1.0，轻稀土内部存在微弱分异，$(Gd/Yb)_N$ 比值为 0.87～1.04；重稀土内部也存在微弱分异，但是其 $(La/Sm)_N$ 为 0.98～1.03，基本不存在分异，显示为一条较为平坦的稀土配分曲线。同时，$\delta$Eu 值为 1.10～1.14，基本不存在 Eu 的负异常，$\delta$Ce 值为 0.72～0.82，存在微弱的 Ce 负异常。P04 组、P08 组和 D1755 号一共五件样品的稀土配分曲线较为接近，列为一组考虑，其 $(La/Yb)_N$ 为 0.48～1.75。其中 P08(101) 号和 D1755 号样品的轻稀土内部分异程度较大，$(La/Yb)_N$ 分别为 0.48 和 1.75，其余三件样品轻稀土内部无明显分异；$(Gd/Yb)_N$ 为 0.71～1.53；P08(101) 号和 D1755 号样品的重稀土内部分异程度较大，$(Gd/Yb)_N$ 分别为 0.71 和 1.24，其余三件样品重稀土内部无明显分异，其 $(La/Sm)_N$ 为 0.79～1.50；D1755 号样品的轻重稀土分异较明显，$(La/Sm)_N$ 为 1.50，在配分曲线上显示为一条右倾的曲线，其余四件样品的轻重稀土分异不明显。同时，它们的$\delta$Eu 值为 1.06～1.66，存在明显的 Eu 正异常；$\delta$Ce 值为 0.78～0.83，存在微弱的 Ce 负异常。

D1732 号样品采于库孜贡苏组，且碎屑锆石年龄与其他样品不一致，单独分为一组，其 $(La/Yb)_N$ 为 1.18，存在微弱的轻稀土内部分异；$(Gd/Yb)_N$ 为 1.53，重稀土内部的分异较为明显；$(La/Sm)_N$ 为 0.81，略微富集重稀土，呈现轻微的左倾稀土曲线。其$\delta$Eu 值为 1.85，具有极为明显的 Eu 负异常；$\delta$Ce 值为 0.85，具有微弱的 Ce 负异常。其稀土元素特征与其余的几件样品均存在明显的差异性。同时，这些沉积岩样品的稀土总量存在明显差异性，P03 组样品的稀土总量为 37～45，而 P04(33) 号和 P08(101) 号样品的稀土总量分别为 80 和 64，其余样品稀土总量为 119～156，远远大于钙质沉积岩的稀土总量。

马尔争组玄武岩、玄武安山岩样品的 $SiO_2$ 含量与 MgO 含量分别为 46.43wt%～56.30wt%和 4.71wt%～11.45wt%，TFeO 含量为 8.05wt%～11.19wt%，$Mg^{\#}$ 为 0.61～0.79，其中 MgO 含量与 $SiO_2$ 含量基本呈负相关，TFeO 含量与 $SiO_2$ 含量的负相关关系不显著（见图 6－2）。玄武岩、玄武安山岩样品的 $Al_2O_3$ 含量与 $TiO_2$ 含量分别为 12.80wt%～15.65wt%和 1.00wt%～1.58wt%，CaO 含量、$Na_2O$ 含量、$K_2O$ 含量分别为 6.01wt%～8.57wt%、2.56wt%～3.69wt%、0.53wt%～1.14wt%，三者与 $SiO_2$ 含量均没有显著相关关系，只有 $Na_2O$ 含量与 $SiO_2$ 含量存在微弱的正相关关系。由 TAS 元素分类图解可以看出，马尔争组玄武岩、玄武安山岩属于亚碱性系列岩石（见图 6－3）。由微量元素蛛网图（见图 6－4）可知，样品具有 Ba、Nb、Ta、P、Ti 负异常，其中 P 负异常可能反映了其岩浆源区残留相存在磷灰石；Ti 负异常较为微弱，可能反映了部分熔融程度较低，源区存在富钛矿物残余，或者岩石形成过程中存在壳源物质的加入。通过典型的“TNT”负异常我们可以推断，岩石形成于弧环境。样品具备 Th、U、Zr、Hf 正异常，其中 Zr、Hf 正异常可能反映了岩浆源区基本不存在锆石残余或者经历了较强的地壳混染。样品呈现右倾的相对富集轻稀土元素的稀土配分模式[见图 6－4，$(La/Yb)_N$ 为 4.59～12.21]，轻稀土元素之间分馏明显而重稀土元素之间基本无分馏［$(La/Sm)_N$ 为 3.38～6.95，$(Gd/Yb)_N$ 为 1.07～1.38］，表明玄武岩与玄武安山岩岩浆源区残留相基本不存在石榴子石。Eu 呈现轻微负异常至基本无异常（$\delta$Eu 为 0.75～1.03），反映了岩浆源区残留相并不存在大量斜长石，且后期没有经历过斜长石的分离结晶。

英安岩与流纹岩样品的 $SiO_2$ 含量、$TiO_2$ 含量分别为 70.52wt%～73.52wt%、0.18wt%～0.20wt%和 71.20wt%～75.75wt%、0.01wt%～0.07wt%。英安岩与流纹岩样品的 MgO 含量分别为 0.42wt%～0.71wt%和 0.01wt%～0.53wt%，$Mg^{\#}$ 分别为 0.36～0.41 和 0.01～0.46，$Al_2O_3$ 含量分别为 11.52wt%～12.76wt%和 13.07wt%～14.42wt%。英安岩样品的 CaO 含量、$Na_2O$ 含量、$K_2O$ 含量分别为 0.28wt%～

2.51wt%、2.31wt%～4.74wt%、1.91wt%～1.97wt%，流纹岩样品的 CaO 含量、$Na_2O$ 含量、$K_2O$ 含量分别为 0.24wt% ～ 2.22wt%、2.56wt% ～ 4.47wt%、2.02wt%～3.73wt%，总体来看，英安岩属于钙碱性系列岩石，流纹岩属于钙碱性-高钾钙碱性系列岩石（见图 6—5）。英安岩与流纹岩样品的微量元素蛛网图具有相似的特征（见图 6—4），亏损 Nb、Ta、Ti、P，富集 Zr、Hf，其典型的"TNT"负异常可能反映了研究区内中酸性喷出岩可能形成于弧环境，Ti 的强烈负异常可能反映了该岩石主要起源于壳源，基本没有幔源物质的加入，与较低的 MgO 含量相符。英安岩与流纹岩样品的稀土元素配分曲线图（见图 6—4）具有较大差异，英安岩样品呈现轻稀土元素富集的右倾稀土配分模式 [$(La/Yb)_N$ 为 9.63～16.52]，其中轻稀土元素配分曲线较为陡峭 [$(La/Sm)_N$ 为 3.57～5.29]，重稀土元素配分曲线较为平坦 [$(Gd/Yb)_N$ 为 1.90～2.27]；流纹岩样品强烈亏损重稀土元素 [$(La/Yb)_N$ 为 19.77～257.33]，其中轻稀土元素配分曲线相对平坦，$(La/Sm)_N$ 主要集中在 1.43～2.68，有两件样品达到了 5.23 与 11.79，重稀土元素分馏较为明显，$(Gd/Yb)_N$ 为 3.74～16.18，可能反映了源区的石榴子石残余。英安岩样品的 $\delta Eu$ 值为 0.78～0.87，显示 Eu 弱负异常，反映了岩浆源区存在少量斜长石或后期经历过小规模的斜长石分离结晶；流纹岩样品的 $\delta Eu$ 值主要为 0.96～1.56，只有一件样品为 0.61，可能是测试过程中污染所致，总体反映了 Eu 弱负异常至正异常，反映了其形成于富斜长石岩浆源区的部分熔融。

辉绿岩样品的 $SiO_2$ 含量、MgO 含量分别为 51.64wt%～53.77wt%、5.05wt%～5.74wt%，$Mg^{\#}$ 为 0.57～0.67，$TiO_2$ 含量、$Al_2O_3$ 含量分别为 1.46wt%～1.67wt%、13.76wt%～15.76wt%，CaO 含量、$Na_2O$ 含量、$K_2O$ 含量分别为 5.92wt% ～ 8.06wt%、2.30wt%～3.32wt%、0.88wt%～1.17wt%。由微量元素蛛网图（见图 6—4）可知，辉绿岩样品强烈亏损 Ba、Nb、P，轻微亏损 Ta、Ti、Y，相对富集 Zr、Hf、Th、U，可能反映了辉绿岩产于弧环境。由稀土元素配分曲线图（见图 6—4）可知，样品相对富集重稀土元素 [$(La/Yb)_N$ 为 4.58～6.01]，轻稀土元素之间分馏相对较强 [$(La/Sm)_N$ 为 3.15～4.57]，重稀土元素之间分馏相对较弱 [$(Gd/Yb)_N$ 为 1.08～1.15]，反映了岩浆源区基本不含石榴子石。样品具有 Eu 轻微负异常，$\delta Eu$ 值为 0.78～0.88，反映了岩浆源区存在少量斜长石残余或者后期经历了小规模斜长石分离结晶。

闪长玢岩样品的 $SiO_2$ 含量、MgO 含量分别为 53.32wt%、6.87wt%，$Mg^{\#}$ 为 0.74，$TiO_2$ 含量、$Al_2O_3$ 含量分别为 0.83wt%、14.45wt%，CaO 含量、$Na_2O$ 含量、$K_2O$ 含量分别为 5.54wt%、5.05wt%、0.36wt%，属于拉斑系列岩石。闪长玢岩样品富集 Ba、Sr、Th、U、Zr、Hf，亏损 Nb、P、Ti，轻微亏损 Ta、Y（见图 6—4），同样反映了一种弧环境的地球化学特征。样品稀土元素呈现相对富集轻稀土元素的右倾配分模式 [见图 6—4，$(La/Yb)_N=8.36$]，轻稀土元素之间分馏明显 [$(La/Sm)_N=3.94$]，重稀土元素之间分馏较弱 [$(Gd/Yb)_N=1.53$]，反映了岩浆源区基本不含石榴子石。样品具有 Eu 正异常，$\delta Eu$ 值为 1.14，可能反映了闪长玢岩起源于富斜长石源区的部分熔融。

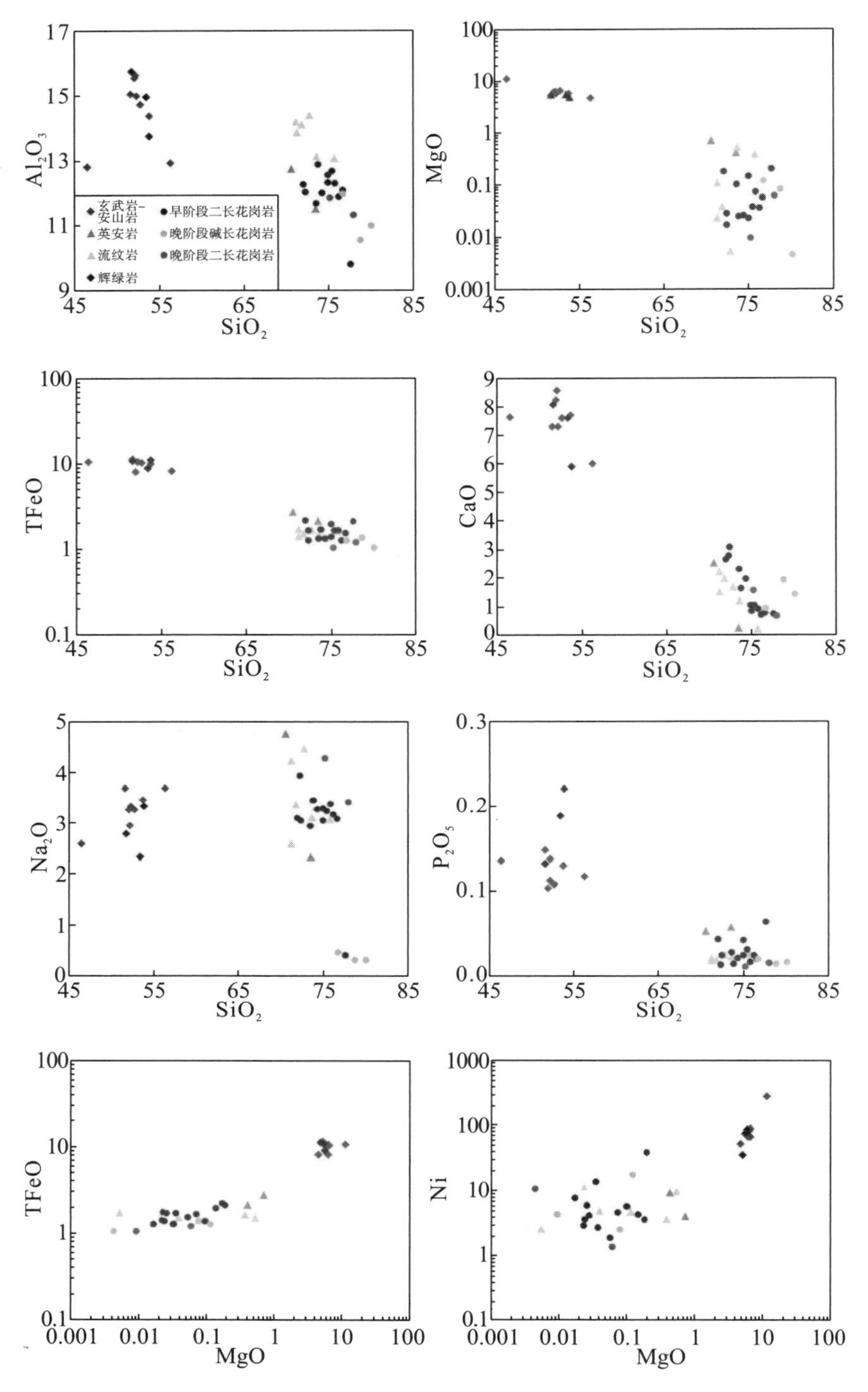


图 6—2　研究区岩浆岩样品 Harker 图解

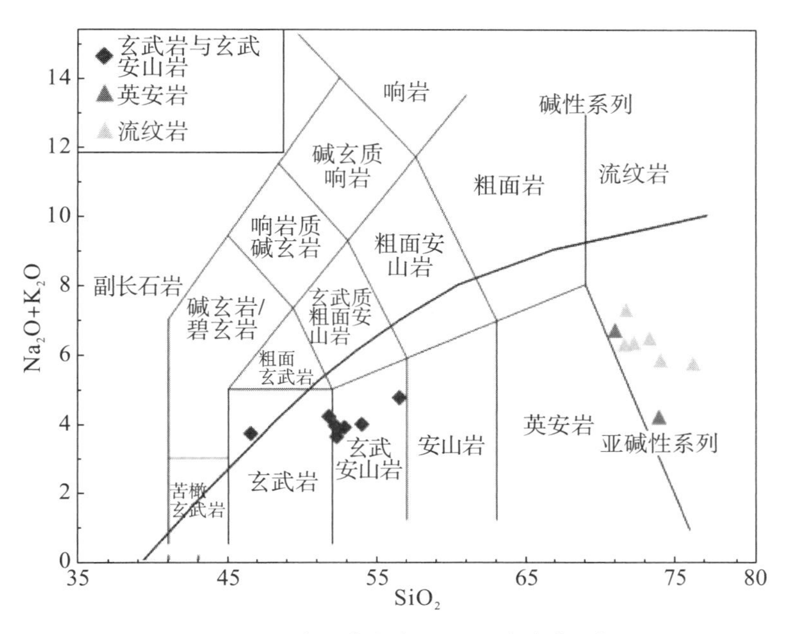


图 6−3　研究区火山岩 TAS 元素分类图解

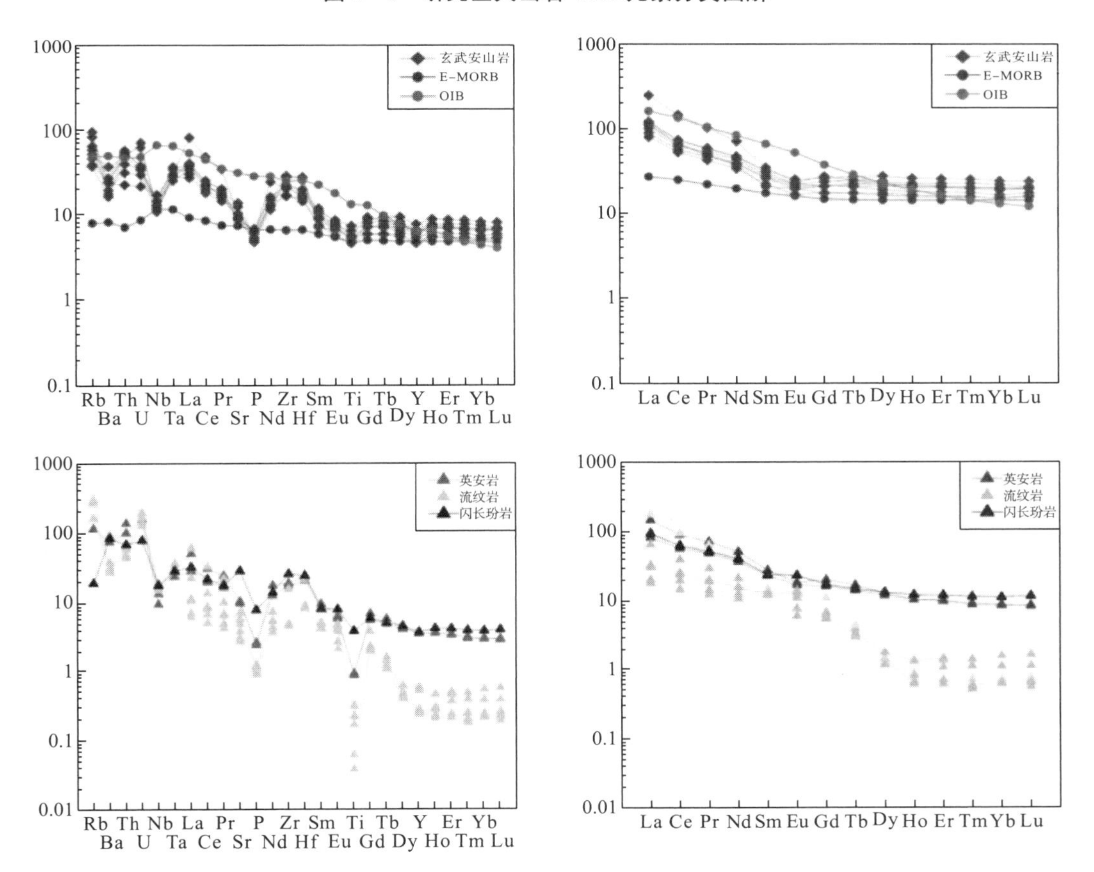

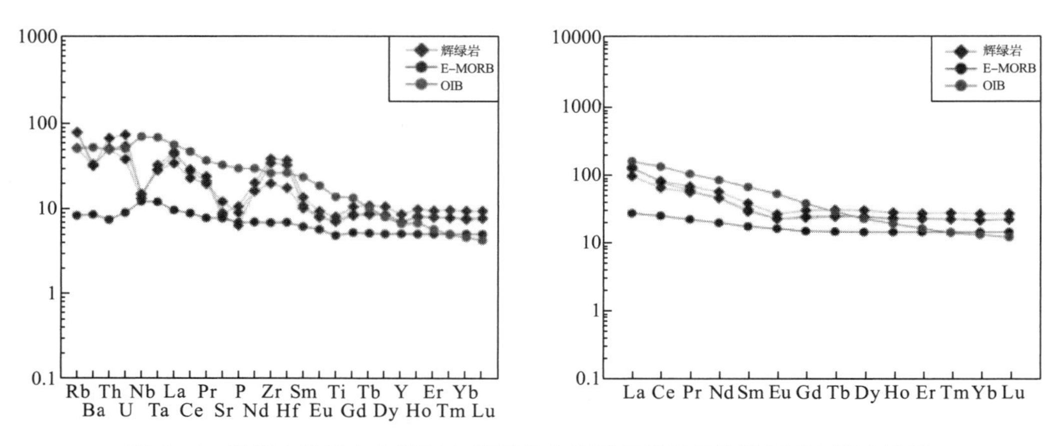


**图 6－4　刀锋山地区火山岩和中-基性侵入岩样品微量元素蛛网图与稀土元素配分曲线图（标准化值据 Sun、McDonough，1989）**

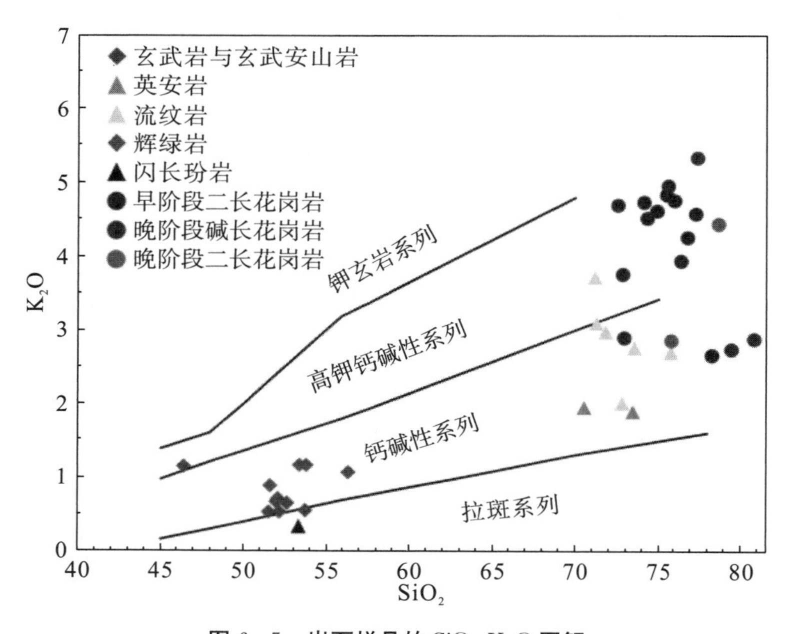


**图 6－5　岩石样品的 $SiO_2$-$K_2O$ 图解**

早阶段花岗质岩石样品具有较高且集中的 $SiO_2$ 含量（72.04wt%～77.69wt%），MgO 含量、$Al_2O_3$ 含量分别为 0.02wt%～0.20wt%、9.79wt%～12.87wt%，其中 MgO 含量与 $SiO_2$ 含量相关关系不显著，$Mg^{\#}$ 为 0.05～0.25。CaO 含量、$Na_2O$ 含量、$K_2O$ 含量分别为 0.72wt%～3.06wt%、0.40wt%～3.91wt%、2.63wt%～4.93wt%，样品多数属于高钾钙碱性系列（见图 6－5），仅有两个样品落入钙碱性系列区域，且这两个异常样品具有较高的烧失量，可能反映了其经历了相对强烈的后期蚀变，导致 K 元素迁移。样品的 A/CNK 值主要集中在 0.77～1.08，A/NK 值主要集中在 1.14～1.37，属于准铝质-弱过铝质（见图 6－6），但是图解显示有一件样品落入强过铝质区域，其A/CNK 值与 A/NK 值达到 2.02 和 2.80，该样品烧失量较高，CaO、$Na_2O$、$K_2O$ 含量相对较低，反映了这些易于迁移的元素的含量在后期的地质作用中发生了改变。早阶段花岗岩样品强烈亏损 Ba、Nb、Sr、P、Eu、Ti，略微亏损 Zr，富集 Th、U、Ta（见图 6－7），样品稀土元素呈现典型的“海鸥式”配分模式，轻重稀土之间基本无分馏［$(La/Yb)_N$ 为 0.77～2.51］，轻稀土元素之间与重稀土元素之间同样基本无分馏［$(La/Sm)_N$ 为0.79～2.19，$(Gd/Yb)_N$ 为 0.26～0.94］。样品强烈亏损 Eu，δEu 值为 0.02～0.37，可能反映了岩浆源区残留相中含有大量斜长石或是经历过高程度的分异，存在大量斜长石分离结晶。

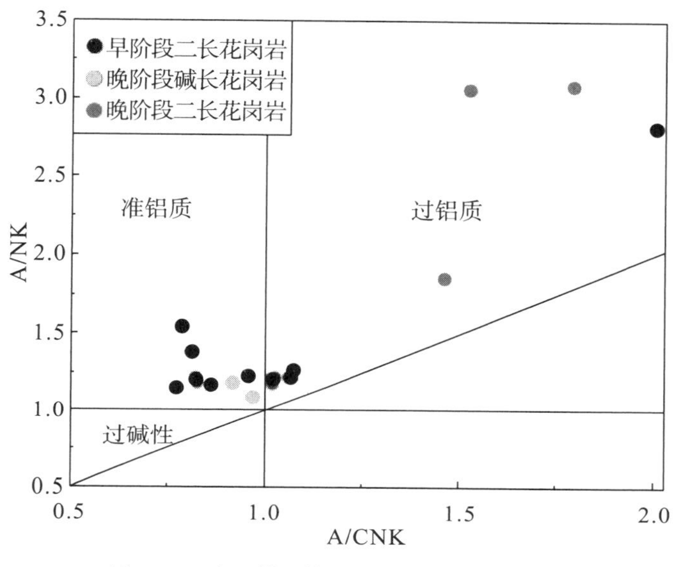


**图 6－6　岩石样品的 A/CNK 与 A/NK 图解**

晚阶段花岗质岩石样品具有极高的 $SiO_2$ 含量，为 75.27wt%～80.16wt%，MgO 含量与 $Al_2O_3$ 含量分别为 0.01wt%～0.12wt%、10.54wt%～11.96wt%。该阶段碱长花岗岩样品的 CaO 含量、Na2O 含量、$K_2O$ 含量分别为 0.92wt%～1.90wt%、0.30wt%～0.46wt%、2.72wt%～5.31wt%，二长花岗岩样品的 CaO 含量、$Na_2O$ 含量、$K_2O$ 含量分别为 0.68wt%～1.56wt%、3.40wt%～4.22wt%、2.83wt%～4.42wt%。由岩石样品的 $SiO_2$-$K_2O$ 图解可知，其属于钙碱性-高钾钙碱性系列（见图 6－5）。样品的 A/CNK 值主要集中在 0.92～1.79，A/NK 值主要集中在 1.09～3.07，同样属于准铝质-过铝质（见图 6－6）。

晚阶段碱长花岗岩样品与二长花岗岩样品在微量元素蛛网图中表现出相同的地球化学特征，强烈亏损 Ba、Nb、Sr、P、Eu、Ti，略微亏损 Zr，富集 Th、U、Ta（见图 6－7），样品稀土元素呈现典型的“海鸥式”配分模式，轻重稀土元素之间基本无分［$(La/Yb)_N$ 为 0.61～2.04］，轻稀土元素之间与重稀土元素之间同样基本无分馏［$(La/Sm)_N$ 为0.89～2.71；$(Gd/Yb)_N$ 为 0.21～0.71］；样品具有 Eu 的强烈亏损，δEu 值为 0.02～0.04，可能反映了岩浆源区存在大量斜长石残余或是经历过高程度的分异，存在大量斜长石分离结晶。晚阶段花岗质岩石样品与早阶段花岗质岩石样品具有相似的元素地球化学特征，可能反映了二者来源于相同的岩浆源区。

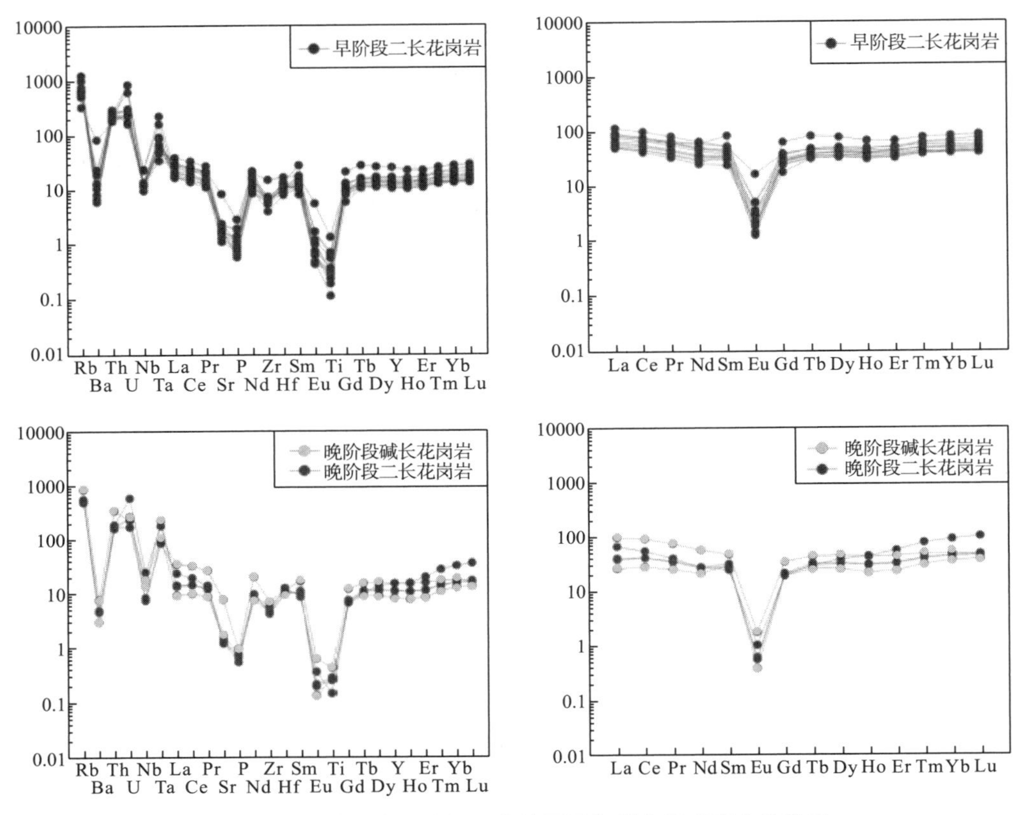


**图 6—7 花岗质岩石微量元素蛛网图与稀土元素配分曲线图**

**（标准化值据** Sun、McDonough，1989）

## 6.3 锆石 Lu-Hf 同位素

研究区岩石样品锆石 Lu-Hf 同位素测试数据见附表 3 和图 6—8。

泥盆系刀锋山组黑云母石英砂岩样品中所测试的碎屑锆石，根据其 U-Pb 年龄，大致可分为以下几组：(579±5)Ma～(555±4)Ma、(663±9)Ma～(627±7)Ma、(783±6)Ma、(879±6)Ma～(861±6)Ma、(1046±15)Ma～(954±6)Ma、(2114±5)Ma～(1819±7)Ma、(2813±8)Ma～(2439±6)Ma。其中 U-Pb 年龄为 (579±5)Ma～(555±4)Ma 的锆石共有 10 颗，其$\varepsilon_{Hf}(t)$ 为−12.89～−5.05，$T_{DM}$为 1682～1382 Ma；U-Pb 年龄为 (663±9)Ma～(627±7)Ma 的锆石共有 18 颗，其$\varepsilon_{Hf}(t)$ 主要集中在−5.39～4.28 和−20.78～−14.59，$T_{DM}$集中在 1470～1067 Ma 和 2904～2517 Ma，可能反映了其岩浆源区具有多源性；U-Pb 年龄为 (783±6)Ma 的锆石只有 1 颗，其$\varepsilon_{Hf}(t)$ 为−13.05，$T_{DM}$为1859 Ma；U-Pb 年龄为 (879±6)Ma～(861±6)Ma 的锆石共有 3 颗，其$\varepsilon_{Hf}(t)$ 为−5.98～4.72，$T_{DM}$为 1655～1232 Ma；U-Pb 年龄为 (1046±15)Ma～(954±6)Ma 的锆石共有 8 颗，其$\varepsilon_{Hf}(t)$ 集中在−5.19～−0.94 和−19.32～−11.85，$T_{DM}$集中在 1770～ 1557 Ma 与 2293～1950 Ma；U-Pb 年龄为 (2114±5)Ma～(1819±7)Ma 的锆石共 5 颗，其$\varepsilon_{Hf}(t)$ 为−17.98～−11.45，$T_{DM}$为 2925～2816 Ma；U-Pb 年

龄为（2813±8）Ma～（2439±6）Ma 的锆石共 3 颗，其$\varepsilon_{Hf}(t)$为－10.44～－9.98，$T_{DM}$为 3471～3157 Ma。

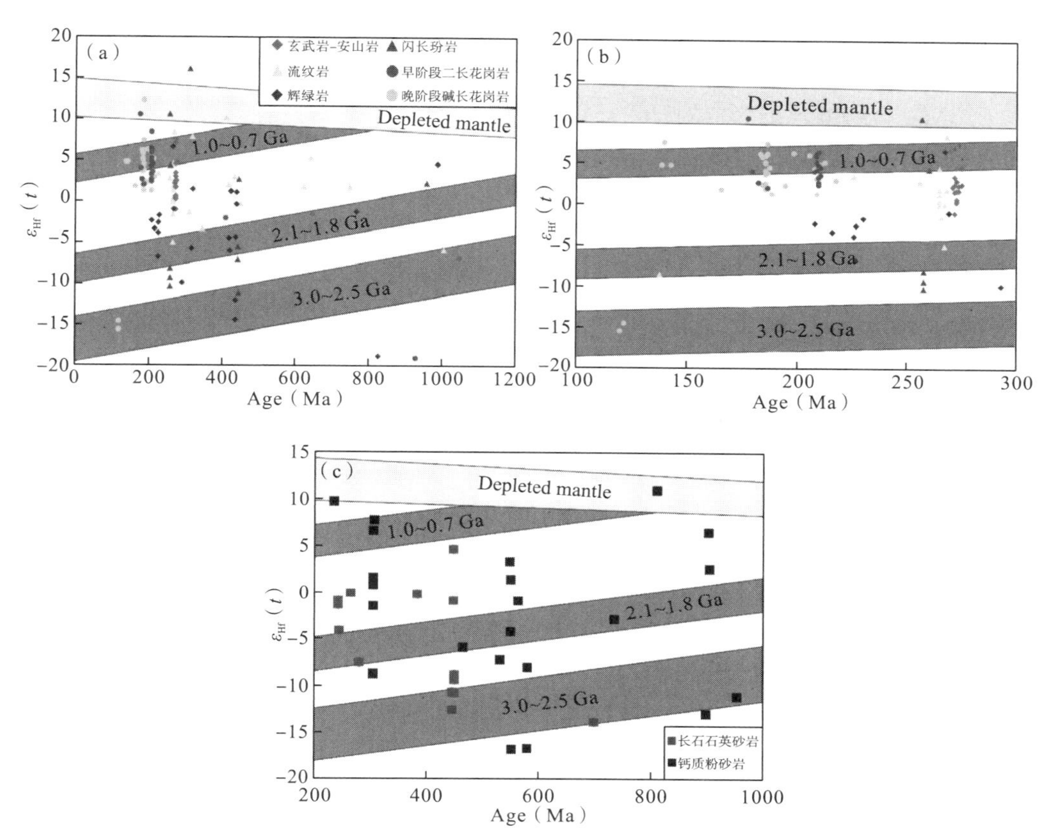


（a）研究区内岩浆岩所有测点的 Age-$\varepsilon_{Hf}(t)$ 图解；（b）研究区内岩浆岩 300～100 Ma 测点的 Age-$\varepsilon_{Hf}(t)$ 图解；（c）研究区内沉积岩的 Age-$\varepsilon_{Hf}(t)$ 图解

**图 6－8　研究区岩石样品 Age-$\varepsilon_{Hf}(t)$ 图解**

马尔争组钙质粉砂岩样品中所测试的碎屑锆石，根据其 U-Pb 年龄，大致可分为以下几组：（235±3）Ma、（307±5）Ma～（305±4）Ma、（582±9）Ma～（466±6）Ma、（1012±28）Ma～（735±9）Ma 以及（1770±14）Ma～（1560±15）Ma。U-Pb 年龄为（235±3）Ma 的锆石只有 1 颗，其较年轻的 U-Pb 年龄可能为后期地质作用所致；U-Pb 年龄在（307±5）Ma～（305±4）Ma 的锆石共有 6 颗，代表了其最大沉积年龄，其$\varepsilon_{Hf}(t)$主要集中在－8.84、－1.56～1.51 以及 6.48～7.61，$T_{DM}$主要集中在 1315 Ma、1004～879 Ma 以及 684～635 Ma，可能反映了该阶段岩浆源区物质具有多样性；U-Pb 年龄为（582±9）Ma～（466±6）Ma 的锆石共有 9 颗，其$\varepsilon_{Hf}(t)$主要集中在－16.95～－16.79、－8.15～－4.39 以及－0.94～1.36，$T_{DM}$主要集中在 1201～1020 Ma、1493～1316 Ma 以及 1825～1799 Ma，$T_{2DM}$主要集中在 1573～1299 Ma、2040～1780 Ma 以及 2580～2569 Ma，同样反映了该阶段岩浆源区物质具有多样性；U-Pb 年龄为（1012±28）Ma～（735±9）Ma 的锆石共有 7 颗，其$\varepsilon_{Hf}(t)$主要集中在－13.04～－11.15、－4.35～－2.95、2.49～10.89，其 $T_{DM}$与 $T_{2DM}$分别为 1954～942 Ma 与 2585～1016 Ma；U-Pb

年龄为（1770±14）Ma～（1560±15）Ma 的锆石共有 2 颗，$\varepsilon_{Hf}(t)$ 为－5.38～－4.48，$T_{DM}$与 $T_{2DM}$分别为 2393～2197 Ma 与 2769～2553 Ma。

库孜贡苏组长石石英砂岩样品中所测试的碎屑锆石，根据其 U-Pb 年龄，可分为以下四组：（245±2）Ma～（243±7）Ma、（282±5）Ma、（451±3）Ma～（385±4）Ma 以及（700±5）Ma。U-Pb 年龄为（245±2）Ma～（243±7）Ma 的锆石共有 3 颗，该阶段碎屑锆石代表了该岩石最大沉积年龄，$\varepsilon_{Hf}(t)$ 为－4.25～－1.00，$T_{DM}$与 $T_{2DM}$分别为 1054～923 Ma、1540～1334 Ma，反映了该阶段物源较为单一；U-Pb 年龄为（282±5）Ma 的锆石只有 1 颗，$\varepsilon_{Hf}(t)$ 为－7.60，$T_{DM}$与 $T_{2DM}$分别为 1218 Ma、1779 Ma；U-Pb 年龄为（451±3）Ma～（385±4）Ma 的锆石共有 8 颗，$\varepsilon_{Hf}(t)$ 主要集中在－12.64～－8.94、－0.92～－0.26 与 4.50，$T_{DM}$主要集中在 880 Ma、1096～1023 Ma 与 1557～1419 Ma，$T_{2DM}$主要集中在 1141 Ma、1484～1394 Ma 与 2221～1991 Ma，反映了该阶段沉积源区具有多样性，且以古老基底为主；U-Pb 年龄为（700±5）Ma 的锆石只有 1 颗，$\varepsilon_{Hf}(t)$ 为－13.95，$T_{DM}$与 $T_{2DM}$分别为 1825 Ma、2491 Ma，反映了该阶段沉积源区以古老基底为主。

玄武安山岩样品中所测试的锆石，根据其对应的 U-Pb 年龄，可分为两组：第一组为代表岩石形成的结晶锆石，其 U-Pb 年龄为（275±3）Ma～（271±2）Ma，$\varepsilon_{Hf}(t)$ 值为－1.11～7.40，主要集中在－1.11～4.49，显示 Hf 同位素略微亏损，$T_{DM}$与 $T_{2DM}$分别为 960～623 Ma、1362～822 Ma；第二组为继承性锆石，其 U-Pb 年龄分别为（646±4）Ma、1046 Ma，$\varepsilon_{Hf}(t)$ 值分别为－1.60 与－6.96，$T_{DM}$与 $T_{2DM}$分别为 1845～1287 Ma、2316～1677 Ma，两颗继承性锆石均具有富集的 Hf 同位素组成、较为古老的 Hf 模式年龄，可能是岩浆上升过程中捕获的古老锆石。

流纹岩样品中所测试的锆石，根据其对应的 U-Pb 年龄，可分为三组：第一组为结晶锆石，其$^{206}Pb/^{238}U$ 年龄为（268±4）Ma～（256±2）Ma，$\varepsilon_{Hf}(t)$ 值为－5.05～8.29，主要集中在－1.65～2.70，显示 Hf 同位素略微亏损，$T_{DM}$与 $T_{2DM}$分别为 1256～581 Ma（主要集中在 997～811 Ma）与 1606～761 Ma（主要集中在 1391～1108 Ma）；第二组为继承性锆石，U-Pb 年龄主要集中在（450±3）Ma～（311±2）Ma、748 Ma～（623±4）Ma、（1004±6）Ma 以及 2293 Ma，其$\varepsilon_{Hf}(t)$ 分别为－3.42～10.06、1.65～5.14、－5.95以及 5.03，对应的 $T_{DM}$分别为 1122～631 Ma、1247～1023 Ma、1775 Ma 以及 2441 Ma，对应的 $T_{2DM}$分别为 1564～758 Ma、1550～1248 Ma、2222 Ma 以及 2542 Ma；第三组锆石可能受到了后期地质作用的改造，其 U-Pb 年龄分别为（138±1）Ma 与（226±2）Ma，$\varepsilon_{Hf}(t)$ 分别为－8.72 与 3.31，$T_{DM}$分别为 1155 Ma 与 727 Ma，$T_{2DM}$分别为 1741 Ma 与 1046 Ma。

闪长玢岩样品中所测试的锆石，根据其对应的 U-Pb 年龄，可分为两组：第一组为结晶锆石，其 U-Pb 年龄为（260±2）Ma～（257±2）Ma，其$\varepsilon_{Hf}(t)$ 变化范围很大，为－10.35～10.49，主要集中在三个范围，分别为－10.36～－9.38、4.23 与 10.49，其 $T_{DM}$与 $T_{2DM}$分别为 1336～480 Ma、1934～612 Ma，Hf 同位素与 Hf 模式年龄如此之大的变化范围可能反映了其新生幔源岩浆与古老壳源岩浆的混合成因；第二组为继承性锆石，U-Pb 年龄主要集中在（312±3）Ma、（445±4）Ma～（444±4）Ma、（958±6）Ma 与

(1462±11)Ma，其$\varepsilon_{Hf}(t)$分别为15.99、−11.27～2.60、2.10与5.42，$T_{DM}$分别为306 Ma、1503～957 Ma、1420 Ma以及1713 Ma，$T_{2DM}$分别为302 Ma、2141～1258 Ma、1684 Ma以及1864 Ma。

辉绿岩样品中所测试的锆石，根据其对应的U-Pb年龄，可分为两组：第一组为结晶锆石，其U-Pb年龄为(230±2)Ma～(208±2)Ma，其$\varepsilon_{Hf}(t)$为−6.78～−1.82，显示了Hf同位素的富集，$T_{DM}$与$T_{2DM}$分别为1147～949 Ma与1686～1375 Ma；第二组为继承性锆石，U-Pb年龄主要集中在320～267 Ma、439～420 Ma、768 Ma、826 Ma、987 Ma、1494 Ma、1609 Ma以及2049 Ma，其$\varepsilon_{Hf}(t)$为−20.24～6.52、−14.49～1.01、1.36、−18.81、4.51、2.04、−1.32以及−3.87，$T_{DM}$为1686～652 Ma、1615～1015 Ma、1388 Ma、2102 Ma、1343 Ma、1881 Ma、2105 Ma以及2566 Ma，$T_{2DM}$为2562～873 Ma、2329～1342 Ma、1755 Ma、2887 Ma、1555 Ma、2099 Ma、2395 Ma以及2889 Ma，继承性锆石年龄与Hf同位素变化范围均较大。

二长花岗岩样品中所测试的锆石，根据其对应的U-Pb年龄，可分为三组：第一组为结晶锆石，其U-Pb年龄为(211±4)Ma～(208±3)Ma，$\varepsilon_{Hf}(t)$为2.15～8.23，$T_{DM}$与$T_{2DM}$分别为784～536 Ma、1107～720 Ma，亏损的Hf同位素以及较为年轻的Hf模式年龄可能暗示了其形成与亏损的新生地幔有着密切的联系；第二组为继承性锆石，U-Pb年龄为(412±5)Ma与(929±11)Ma，$\varepsilon_{Hf}(t)$分别为−2.15与−19.04，$T_{DM}$与$T_{2DM}$分别为1110 Ma与2231 Ma以及1534 Ma与2975 Ma；第三组可能受到了后期地质作用的改造，其U-Pb年龄为(187±3)Ma～(178±3)Ma，其$\varepsilon_{Hf}(t)$为1.88～10.37，$T_{DM}$与$T_{2DM}$分别为768～459 Ma与1107～558 Ma。

碱长花岗岩样品中所测试的锆石，根据其对应的U-Pb年龄，可分为三组：第一组为结晶锆石，其U-Pb年龄为(189±3)Ma～(184±3)Ma，对应的$\varepsilon_{Hf}(t)$为1.04～12.25，$T_{DM}$与$T_{2DM}$分别为815～358 Ma与1162～451 Ma，与二长花岗岩相类似，其明显亏损的Hf同位素组成与年轻的Hf模式年龄可能暗示了其形式与亏损的新生地幔有密切联系；第二组为继承性锆石，U-Pb年龄主要集中在(211±3)Ma～(195±3)Ma与(2490±48)Ma～(2451±10)Ma，其$\varepsilon_{Hf}(t)$分别为1.02～6.04与−0.54～2.94，$T_{DM}$分别为835～629 Ma与2821～2657 Ma，$T_{2DM}$分别为1178～867 Ma与3024～2782 Ma；第三组锆石可能经历了后期地质作用的改造，其U-Pb年龄主要集中在(122±2)Ma～(120±2)Ma与143～(139±2)Ma，$\varepsilon_{Hf}(t)$分别为−15.78～−14.76与4.63～4.64，$T_{DM}$分别为1423～1376 Ma与642～620 Ma，$T_{2DM}$分别为2173～2110 Ma与898～895 Ma。

# 第7章　岩石成因

## 7.1　岩浆期后蚀变、地壳混染与分离结晶作用影响

### 7.1.1　早二叠世基性火山岩

岩石地球化学显示早二叠世基性火山岩样品具备相对较低的烧失量（0.98wt%～4.20wt%），结合显微岩相学特征（如绿泥石蚀变），表明岩石可能经历了一定程度的低级变质或蚀变，因此有必要对岩石进行蚀变影响分析。Zr作为化学性质不活泼元素，常被用来评估其他元素的化学活泼性（Hastie et al.，2013）。根据岩石样品Zr元素和其他元素组成的二元图解（见图7－1），整体而言，Zr与大离子亲石元素（LILE）如Ba线性关系不明显，与Rb呈现出一定的线性关系，表明受到后期不同程度蚀变的影响。除个别样品外，Zr与高场强元素（HFSE）如Hf、U和稀土元素（REE）如La表现出较好的线性关系，指示并未受后期蚀变影响。值得注意的是，Zr与不活泼元素Nb的投图关系较为发散，未形成典型的线性关系，这可能与后期分离结晶作用有关。另外，样品稀土元素球粒陨石标准化曲线和微量元素原始地幔标准化蛛网图显示一致的曲线分布，也表明后期蚀变对样品的影响较小。

早二叠世基性岩（玄武安山岩）中仅含少量的继承锆石（646 Ma和1028 Ma），指示可能发生了轻微地壳混染。研究表明，高Th/Nb、La/Sm比值可以有效指示地壳混染（Neal et al.，2002）。在岩石样品Th/Nb-La/Sm图解中，样品投点总体位于下地壳和上地壳之间，但并未显示明显的地壳混染趋势（见图7－2）。此外，岩石样品$\varepsilon_{Hf}(t)$主体介于+0.15～+7.40之间，整体具有亏损的Hf同位素特征，同样指示无地壳混染。其中捕获的继承锆石很可能与消减过程中板片熔融过程中含古老沉积碎屑的带入有关。

与初始幔源熔体相比，早二叠世基性火山岩样品含有相对较低的Cr（139.9～382.0 ppm）和Ni（50.59～274.25 ppm），而且Cr和Ni之间呈现正相关性，指示其经历了一定程度的尖晶辉石或单斜辉石的分离结晶［见图7－3（a）］。此外，岩石样品的Dy/Yb比值与$SiO_2$含量之间呈现正相关性，指示一定程度的石榴石分离结晶［见图7－3（b）］。稀土配分曲线上无明显或弱Eu异常，表明斜长石的分离结晶作用不明显。

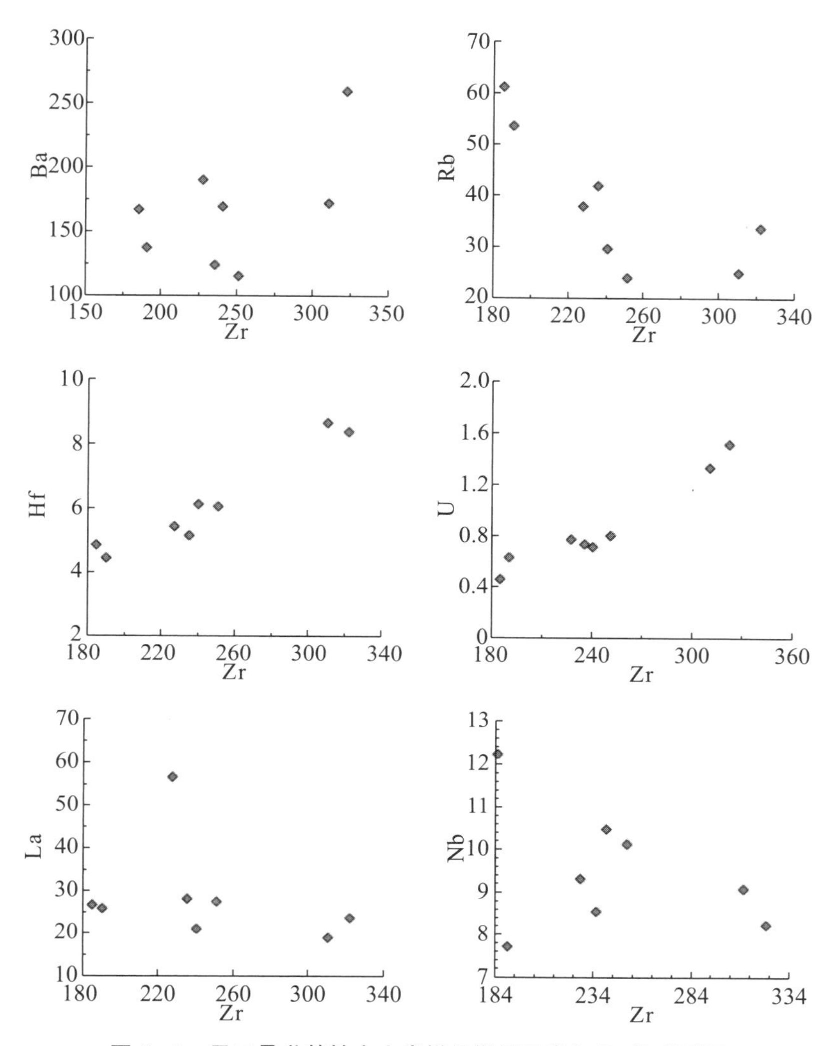


图7—1 早二叠世基性火山岩样品微量元素与Zr关系图解

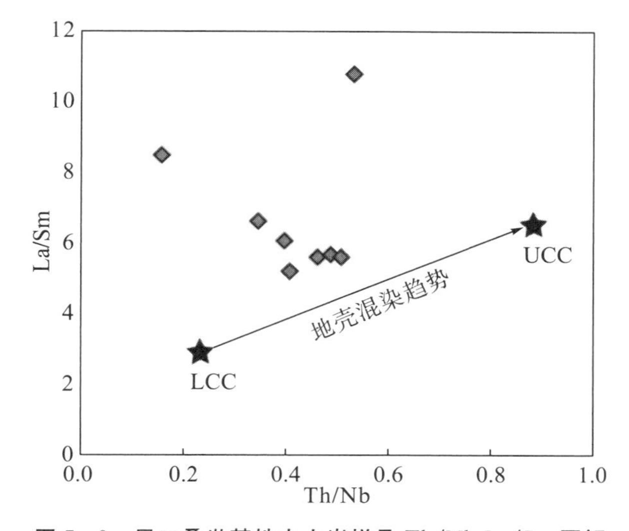


图7—2 早二叠世基性火山岩样品Th/Nb-La/Sm图解

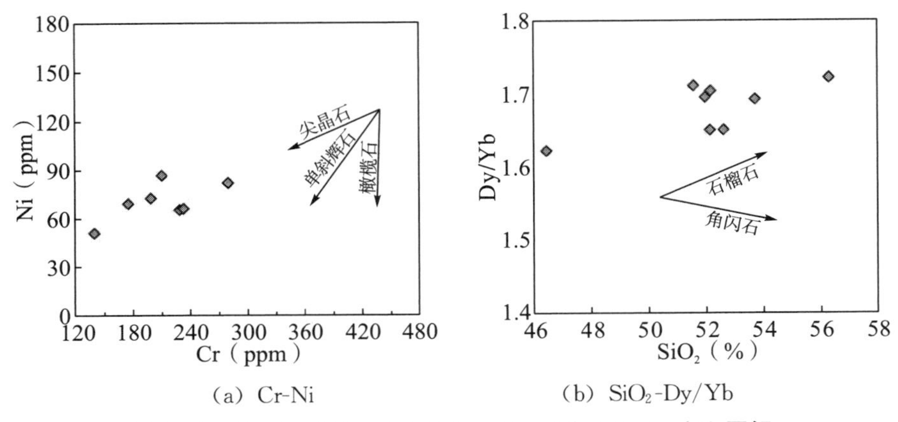


（a）Cr-Ni　　（b）$SiO_2$-Dy/Yb

**图 7—3　早二叠世基性火山岩样品 Cr-Ni 和 $SiO_2$-Dy/Yb 图解**

## 7.1.2　中-晚二叠世中-酸性火山岩

岩石地球化学显示，中-晚二叠世中-酸性火山岩样品整体烧失量相对较低［2.34wt%～3.72wt%，除 P03(25) 为 7.68wt%外］，结合显微岩相学特征（如绢云母蚀变），表明岩石可能经历了低级变质或蚀变。Zr 元素和其他元素组成的二元图解表明，Zr 与大离子亲石元素（LILE）如 Ba 线性关系不明显，但与 Rb 线性关系较好，指示后期受到不同程度蚀变影响（见图 7—4）。除个别样品外，Zr 与高场强元素（HFSE）如 Hf、Nb 和稀土元素（REE）如 La 整体表现出较好的线性关系，指示并未受后期蚀变影响或影响很小。值得注意的是，Zr 与不活泼元素 U 呈线性关系，可能与后期分离结晶作用有关。另外，样品稀土元素球粒陨石标准化曲线和微量元素原始地幔标准化蛛网图显示一致的曲线分布，也指示蚀变对样品的影响较小。

中-晚二叠世中-酸性火山岩（英安岩-流纹岩）样品中含有少量的继承锆石（2293～593 Ma），指示可能发生了地壳混染。在 Th/Nb-La/Sm 图解中，样品投点总体分别靠近下地壳和上地壳端元，整体显示地壳混染趋势（见图 7—5）。此外，样品$\varepsilon_{Hf}(t)$ 主体介于−1.65～+8.29 之间［除 P03(127)-17 测点具备异常低$\varepsilon_{Hf}(t)$（−5.05）外］，整体具有亏损的 Hf 同位素特征，也指示存在少量地壳混染。

此外，中-晚二叠世中-酸性火山岩样品的 Ba-Sr 图解整体呈现正相关性，表明其经历了钾长石的分离结晶作用［见图 7—6（a）］。中-晚二叠世中-酸性火山岩样品的 Dy/Yb 比值与 $SiO_2$ 之间呈现正相关性，指示一定程度的石榴石分离结晶［见图 7—6（b）］。稀土配分曲线上无明显或弱 Eu 正异常，表明经历了较弱的斜长石堆晶作用。

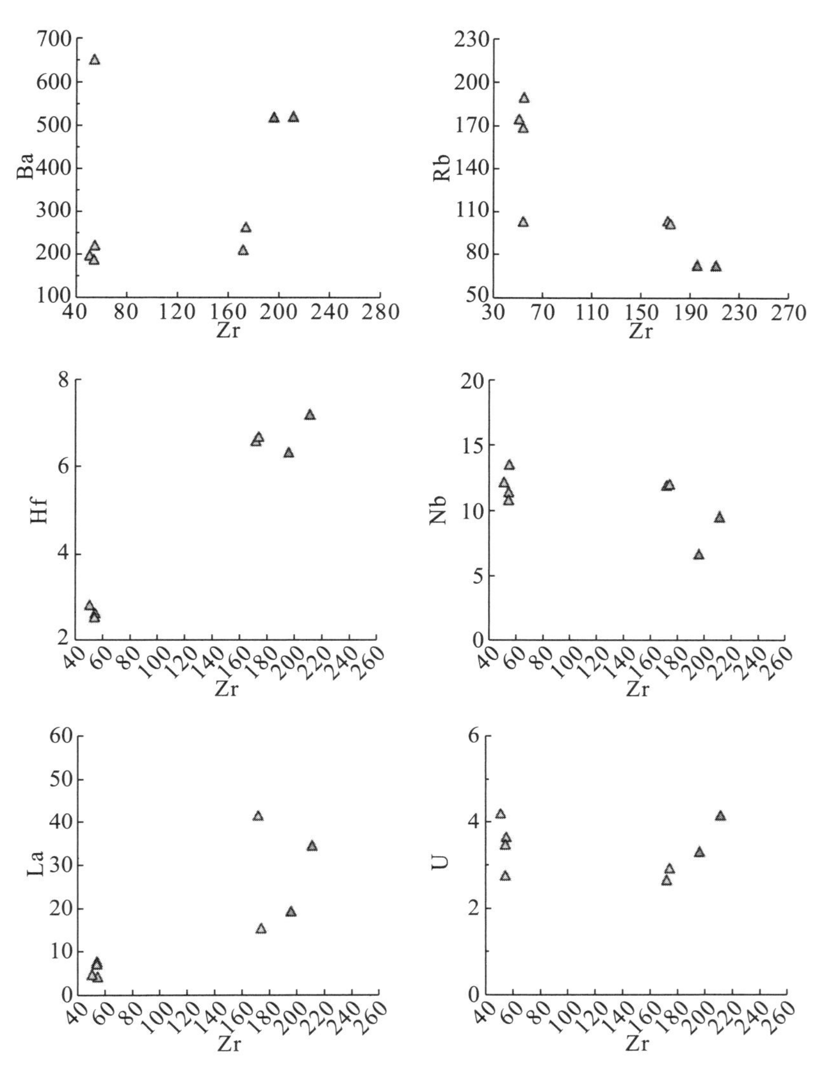


图 7—4　中-晚二叠世中-酸性火山岩样品微量元素与 Zr 关系图解

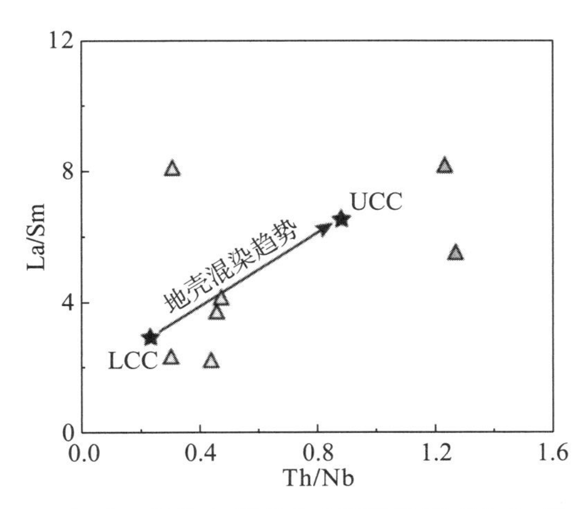


图 7—5　中-晚二叠世中-酸性火山岩样品 Th/Nb-La/Sm 图解

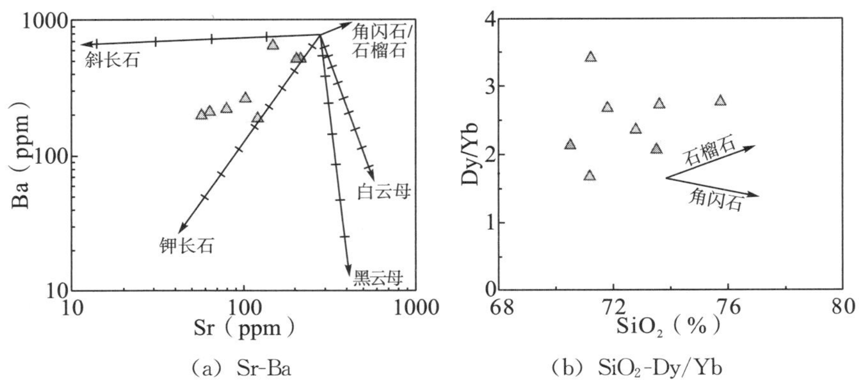


（a）Sr-Ba　　　　（b）$SiO_2$-Dy/Yb

**图 7－6　中-晚二叠世中-酸性火山岩样品 Sr-Ba 和 $SiO_2$-Dy/Yb 图解**

## 7.1.3　晚三叠世侵入岩

岩石地球化学显示晚三叠世侵入岩样品整体烧失量相对较低（0.70wt%～3.61wt%），结合显微岩相学特征（如绿泥石、绢云母蚀变），表明岩石可能经历了低级变质或蚀变的影响。晚三叠世侵入岩微量元素与 Zr 关系图解表明，Zr 与大离子亲石元素（LILE）如 Rb、Ba 以及高场强元素（HFSE）如 Hf、Nb 和稀土元素（REE）如 La，整体均表现出较好的线性关系，指示并未受后期蚀变影响或影响很小（见图 7－7）。另外，样品稀土元素球粒陨石标准化曲线和微量元素原始地幔标准化蛛网图显示一致的曲线分布，也指示蚀变对样品的影响较小。

晚三叠世侵入岩（辉绿岩-花岗岩）样品中含有大量的继承锆石（2704～407 Ma），指示可能发生了地壳混染。在 Th/Nb-La/Sm 图解中，辉绿岩样品投点总体位于下地壳和上地壳端元之间，显示了地壳混染趋势；花岗岩样品具有较低的 La/Sm 比值，类似下地壳比值，但因具有较高的 Th/Nb 比值而远离上地壳和下地壳端元，表明与地壳混染关系不大（见图 7－8）。辉绿岩样品成岩年龄对应$\varepsilon_{Hf}(t)$，介于－6.78～－1.82 之间，具有富集的 Hf 同位素特征，指示存在地壳混染。而花岗岩样品的$\varepsilon_{Hf}(t)$ 介于＋2.15～＋8.23 之间，显示亏损的 Hf 同位素特征，也不支持地壳混染。

晚三叠世花岗岩样品的 Sr-Ba 图解整体呈现正相关性，表明其经历了钾长石的分离结晶作用［见图 7－9（a)］。晚三叠世辉绿岩样品的 Dy/Yb 比值与 $SiO_2$ 之间呈现正相关性，指示一定程度的石榴石分离结晶［见图 7－9（b)］。稀土配分曲线上辉绿岩样品无明显或弱 Eu 负异常，表明经历了较弱的斜长石分离结晶；花岗岩样品显示强烈的 Eu 负异常，表明花岗岩经历了强烈的斜长石分离结晶。

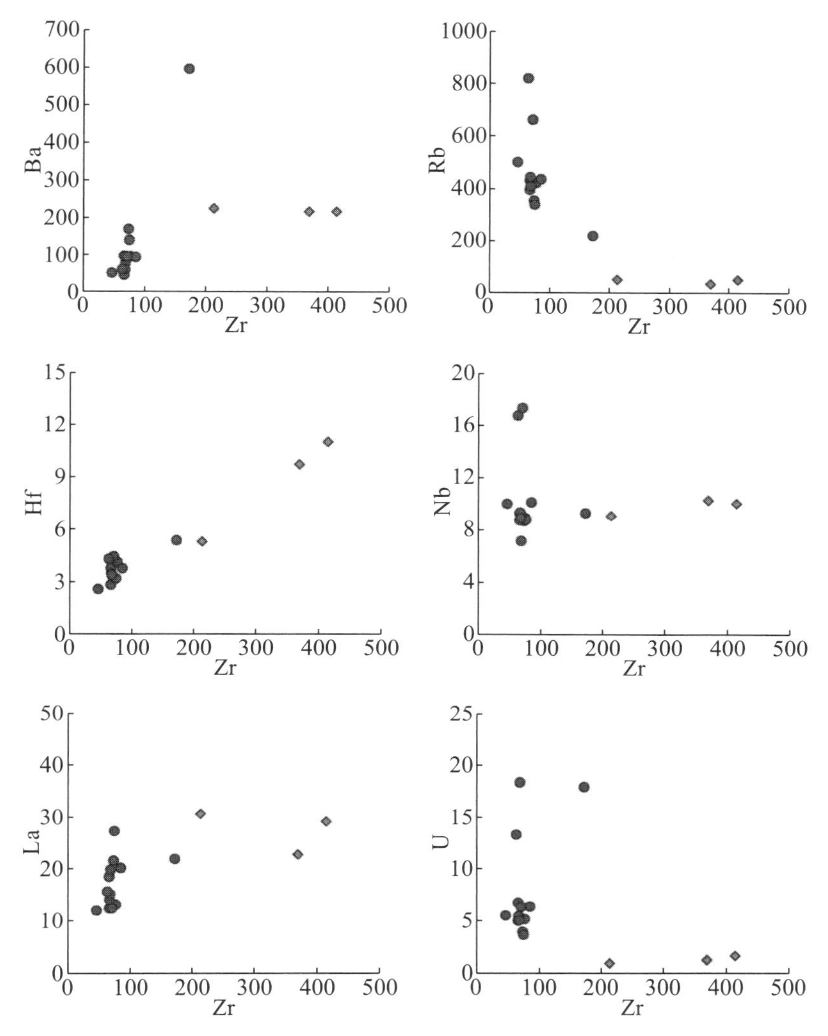


图 7—7　晚三叠世侵入岩样品微量元素与 Zr 关系图解

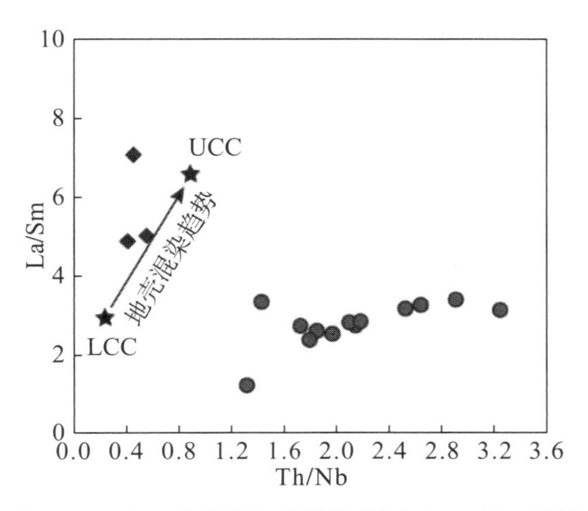


图 7—8　晚三叠世侵入岩样品 Th/Nb-La/Sm 图解

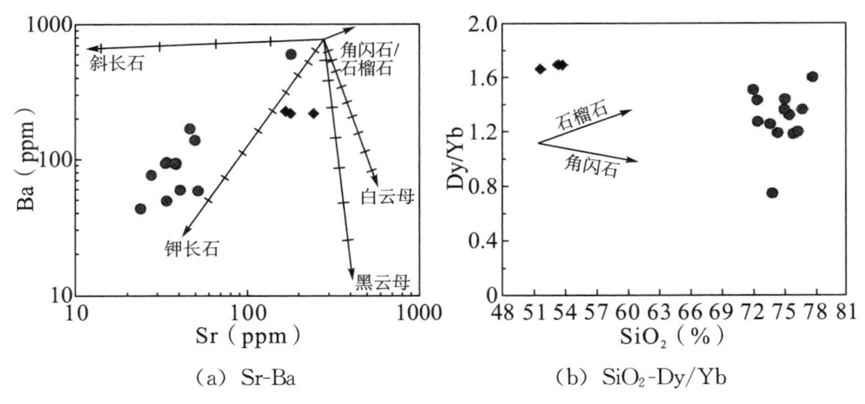


（a）Sr-Ba　　（b）$SiO_2$-Dy/Yb

**图 7—9　晚三叠世侵入岩样品 Sr-Ba 和 $SiO_2$-Dy/Yb 图解**

## 7.1.4　早侏罗世花岗岩

岩石地球化学显示早侏罗世花岗岩样品整体烧失量相对较低（0.36wt%～2.94wt%），结合显微岩相学特征（如绢云母蚀变），表明岩石可能经历了低级变质或蚀变的影响。Zr 元素和其他元素组成的二元图解表明，Zr 与大离子亲石元素（LILE）如 Ba、Rb 表现出一定的线性关系，表明后期受到的蚀变影响较弱。整体而言，除了与高场强元素（HFSE）Hf 外，Zr 与其他高场强元素如 Nb、U 和稀土元素（REE）如 La 的投图关系均较为发散，线性关系不明显（见图 7—10），由于高场强元素和稀土元素受后期影响相对较弱，因此线性关系不明显可能与分离结晶作用有关。另外，样品稀土元素球粒陨石标准化曲线和微量元素原始地幔标准化蛛网图显示一致的曲线分布，也指示蚀变对样品的影响较小。

早侏罗世花岗岩样品中仅含有少量的古老锆石（2459 Ma 和 2451 Ma），表明不存在地壳混染或地壳混染较弱；含有大量晚三叠世锆石群（212～208 Ma，与本书晚三叠世花岗岩锆石年龄范围一致），很可能是晚三叠世花岗岩或来自其物源的碎屑重熔的产物。

早侏罗世花岗岩样品具有较低的 La/Sm 比值、较高的 Th/Nb 比值，远离上地壳和下地壳端元（见图 7—11），表明与地壳混染关系不大。而且，早侏罗世花岗岩样品的 $\varepsilon_{Hf}(t)$ 介于＋1.04～＋7.23 之间，具有亏损的 Hf 同位素特征，也指示不存在地壳混染。

早侏罗世花岗岩样品的 Sr-Ba 图解表明其经历了钾长石的分离结晶［见图 7—12 (a)］。Dy/Yb 比值与 $SiO_2$ 之间呈现负相关性，指示一定程度的角闪石分离结晶［见图 7—12 (b)］。稀土配分曲线上早侏罗世花岗岩样品显示明显的 Eu 负异常，表明花岗岩经历了强烈的斜长石分离结晶。

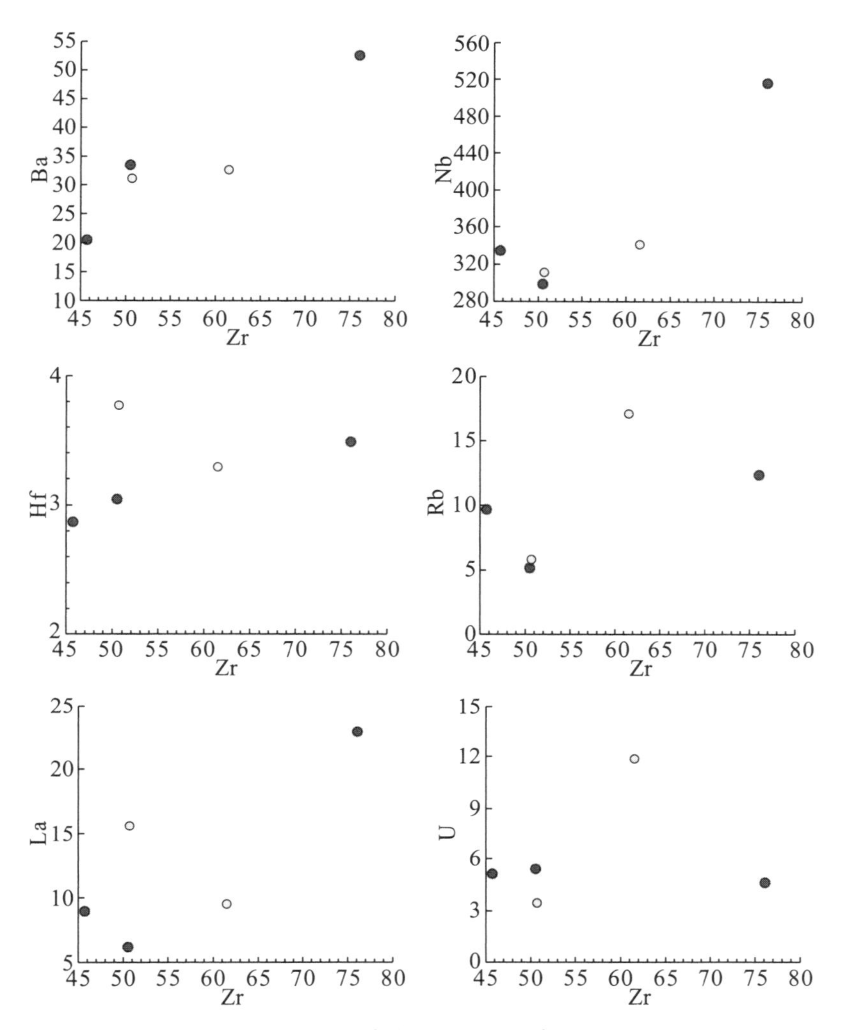


图 7—10　早侏罗世花岗岩样品微量元素与 Zr 关系图解

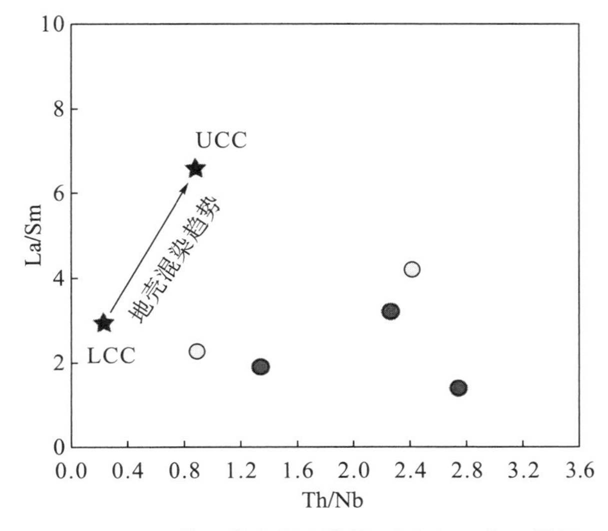


图 7—11　早侏罗世花岗岩样品 Th/Nb-La/Sm 图解

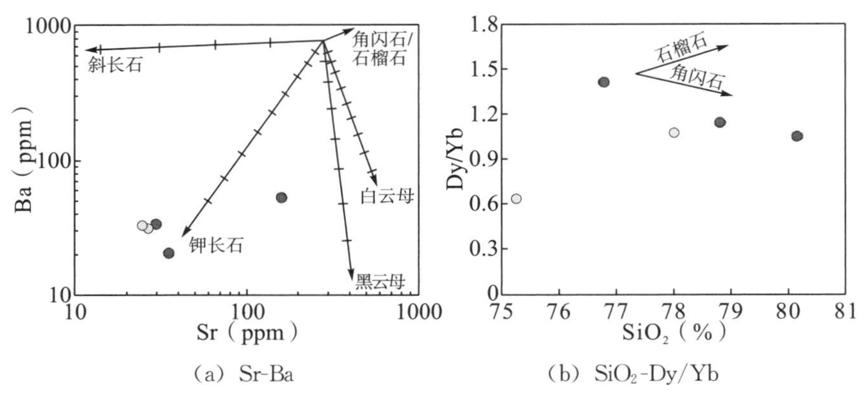


（a）Sr-Ba　　（b）$SiO_2$-Dy/Yb

**图** 7－12　**早侏罗世花岗岩样品** Sr-Ba **和** $SiO_2$-Dy/Yb **图解**

## 7.2　碎屑岩沉积物再循环及沉积后蚀变影响

不同强度以及不同类型的沉积后蚀变作用会给碎屑沉积岩的地球化学特征带来不同程度的影响，通过相对不活泼的主量元素、微量元素的含量，特定指数以及各类判别图解，可以对碎屑沉积物再循环过程及沉积后蚀变作用进行分析与研究。在沉积物的运输及沉积过程中，Al、Ti 和 Zr 属于相对不活泼元素，可用作判别碎屑沉积物的分选和再循环，在 $Al_2O_3$-Zr-$TiO_2$ 三元图解中，刀锋山地区碎屑沉积物的 $Al_2O_3$-Zr 范围均较窄，大部分落在 PAAS 区域及其附近［见图 7－13（a）］，指示上述沉积物在搬运过程中仅经受了较为微弱的分选作用，且沉积速度较快。由图 7－13（a）可知，仅刀锋山组碎屑沉积岩具有较宽的 $Al_2O_3$-Zr 范围，指示有锆石加入的趋势。

碎屑岩沉积物的再循环过程中，Th/Sc 比值变化不大，而 Zr/Sc 比值会逐渐增大（McLennan，1989；McLennan et al.，1993），上述两个参数可用作对碎屑沉积物分选及再循环程度的评估。由图 7－13（b）可知，刀锋山地区碎屑岩沉积物的 Th/Sc 比值与 Zr/Sc 比值投点呈现出较好的线性关系，均沿着平行于初始成分变化趋势线分布，指示刀锋山地区马尔争组、刀锋山组样品地球化学组成的变化主要受控于源区岩石，而非沉积物的再循环过程。

研究区马尔争组碎屑沉积岩以岩屑砂岩夹钙质粉砂岩为主，含有较多的细小原始岩石碎屑和硅酸盐矿物，成分成熟度较低，指示马尔争组碎屑主要来源于初始的循环沉积物（Dickinson、Beard，1983；Cox et al.，1995）。相反地，泥盆纪刀锋山组碎屑沉积岩主要为变质石英砂岩、斜长变粒岩，石英含量较高，且分选、磨圆较好，指示结构和成分成熟度较高，且经历了一定程度的沉积再循环过程。帕克风化指数（WIP）与化学风化指数（CIA）之间的关系被有效地用作判别初始循环沉积物和再循环沉积物（Garzanti et al.，2014）。随着风化程度的加剧，初始循环沉积物的 CIA 与 WIP 呈现出反相关关系，其演化趋势与大陆上地壳源区物质的风化趋势（$CIA/WIP=0.6$）类似（Sawant et al.，2017）。在碎屑沉积物搬运、沉积的过程中，常伴有石英或碳酸盐加入，会影响 WIP，但对 CIP 的影响不大。而碳酸盐的加入会降低 CIA，升高 WIP（Garzanti et al.，2014）。在帕克风化指数（WIP）与化学风化指数（CIA）变化图解中，研究区马尔争组、刀锋山组、库孜贡苏组碎屑沉积岩并未落入初始循环沉积物的范围，远离UCC、PAAS成分端元，均位于初始循环沉积物的左下方，沿碳酸盐稀释作用线分布，指示其在搬运沉积过程中受到较为严重的碳酸盐稀释作用的影响（见图7－14）。

研究表明，常见的沉积岩成岩后蚀变作用有硅化和钾化，常改变沉积物的化学组分（Cullers，1995；Fedo et al.，1995）。由图7－15（a）可知，研究区马尔争组和刀锋山组沉积岩整体具有较窄的 $K_2O/Na_2O$ 范围，较宽的 $SiO_2/Al_2O_3$ 范围，指示未经历严重的沉积后钾变质，但可能经受了一定程度的硅化作用，这可能与研究区内广泛侵位于马尔争组、刀锋山组碎屑岩的后期岩浆作用有关。$Al_2O_3$-$CaO+Na_2O$-$K_2O$ 三元图解，也指示碎屑岩未经历严重的沉积后钾变质［见图7－15（b）］，而马尔争组不同程度的风化指数可能与碳酸岩稀释作用有关（见图7－14）。

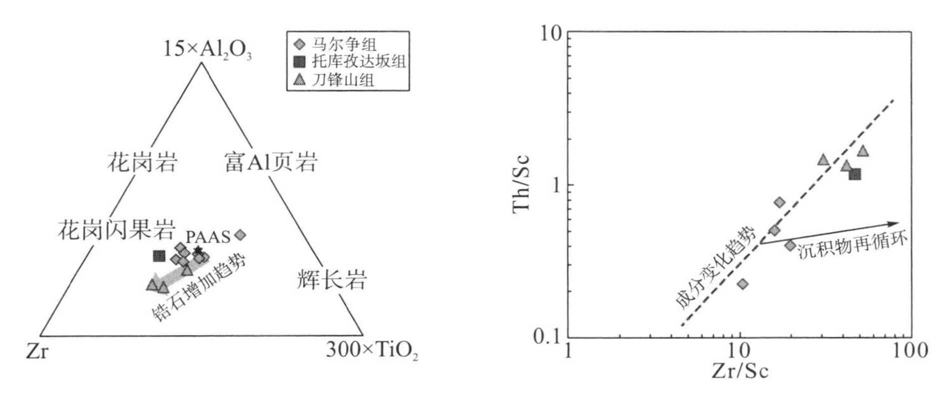


（a）$Al_2O_3$-Zr-$TiO_2$ 三元图解（Garcia et al.，1991） （b）Zr/Sc-Th/Sc图解（McLennan，1989）

图7－13 **沉积岩样品 $Al_2O_3$-Zr-$TiO_2$ 三元图解和Zr/Sc-Th/Sc图解**

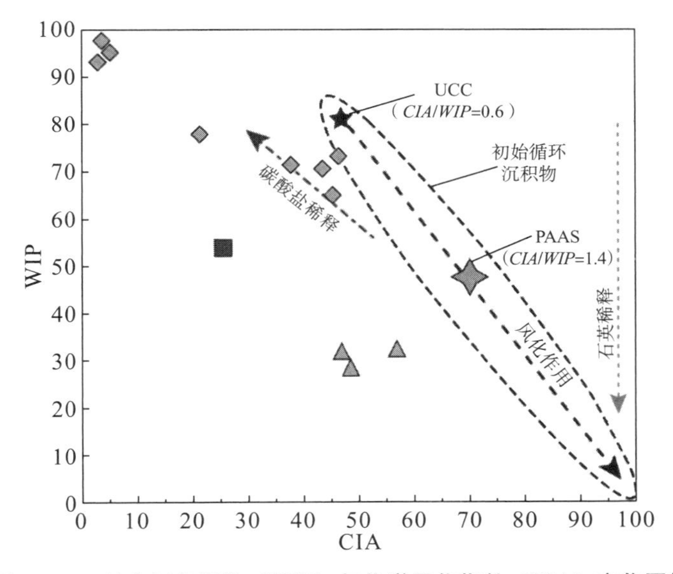


图7－14 **帕克风化指数（WIP）与化学风化指数（CIA）变化图解**

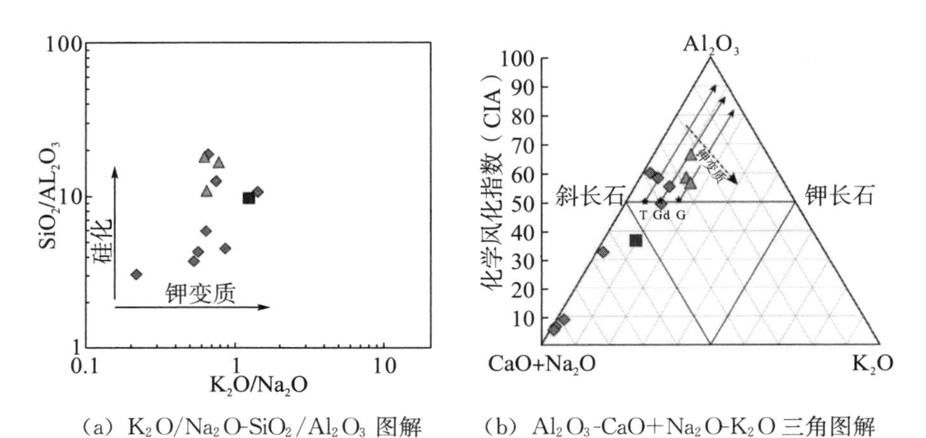

（a）$K_2O/Na_2O$-$SiO_2/Al_2O_3$ 图解　　（b）$Al_2O_3$-$CaO+Na_2O$-$K_2O$ 三角图解

**图 7－15　研究区沉积岩样品 $K_2O/Na_2O$-$SiO_2/Al_2O_3$ 图解和 $Al_2O_3$-$CaO+Na_2O$-$K_2O$ 三角图解**

## 7.3　二叠纪镁铁质-长英质岩石成因

### 7.3.1　早二叠世玄武岩-安山岩

早二叠世玄武岩-安山岩样品具有较高的 $Na_2O/K_2O$ 比值（2.24～6.90，平均为 4.84）、MgO 含量（4.71wt%～11.45wt%，平均为 6.54wt%）和 $Mg^{\#}$（0.61～0.79），中等的 $TiO_2$ 含量（1.00wt%～1.58wt%，平均为 1.22wt%），属于钙碱性系列（见图 6－5）。低 $(Nb/La)_{PM}$比值（0.16～0.48）和高 $(Th/Nb)_{PM}$比值（2.90～4.46，除 P09-29 外），显示典型岛弧对应特征［$(Nb/La)_{PM}<0.5$，$(Th/Nb)_{PM}>2$］（Safonova et al.，2016）。岩石样品微量元素原始地幔标准化蛛网图显示，其强烈富集大离子亲石元素（LILE，如 Rb、U），亏损高场强元素（HFSE，如 Nb、Ta、Ti、P）（见图 6－4），显示了典型的岛弧岩石特征（Perfit et al.，1980；Ryerson、Watson，1987）。高 La、Ba 值和 La/Nb、Ba/Nb 比值显示样品投影于岛弧玄武岩区域［IAB，见图 7－16（a）（b）］，同时 Hf/3-Th-Ta 图解也指示了钙碱性岛弧玄武岩亲缘性［CAB，见图 7－16（c）］，在 Th/Yb-Nb/Yb 图解中样品位于弧火山岩演化序列［见图 7－16（d）］。而且高 Zr/Y 比值和低 Nb/Y 比值也显示样品具有岛弧特征［见图 7－16（e）］。$(Ta/La)_{PM}$-$(Hf/Sm)_{PM}$图解进一步表明，岩石形成于俯冲过程中板片熔融相关的熔体交代作用［见图 7－16（f）］。

Hf 同位素数据表明，锆石年龄为 275～272 Ma 的早二叠世玄武安山岩的$\varepsilon_{Hf}(t)$ 主要介于+0.15～+7.40 之间，平均为+2.75［除测点 D1800-2-1 $\varepsilon_{Hf}(t)$ 为－1.11，$T_{DM}^{C}$ 为 1366 Ma 外］，指示新生特征，Hf 同位素二阶段模式年龄介于 1283～822 Ma 之间（见图 7－17），表现出不同程度的新生特征，表明亏损地幔参与成岩过程。

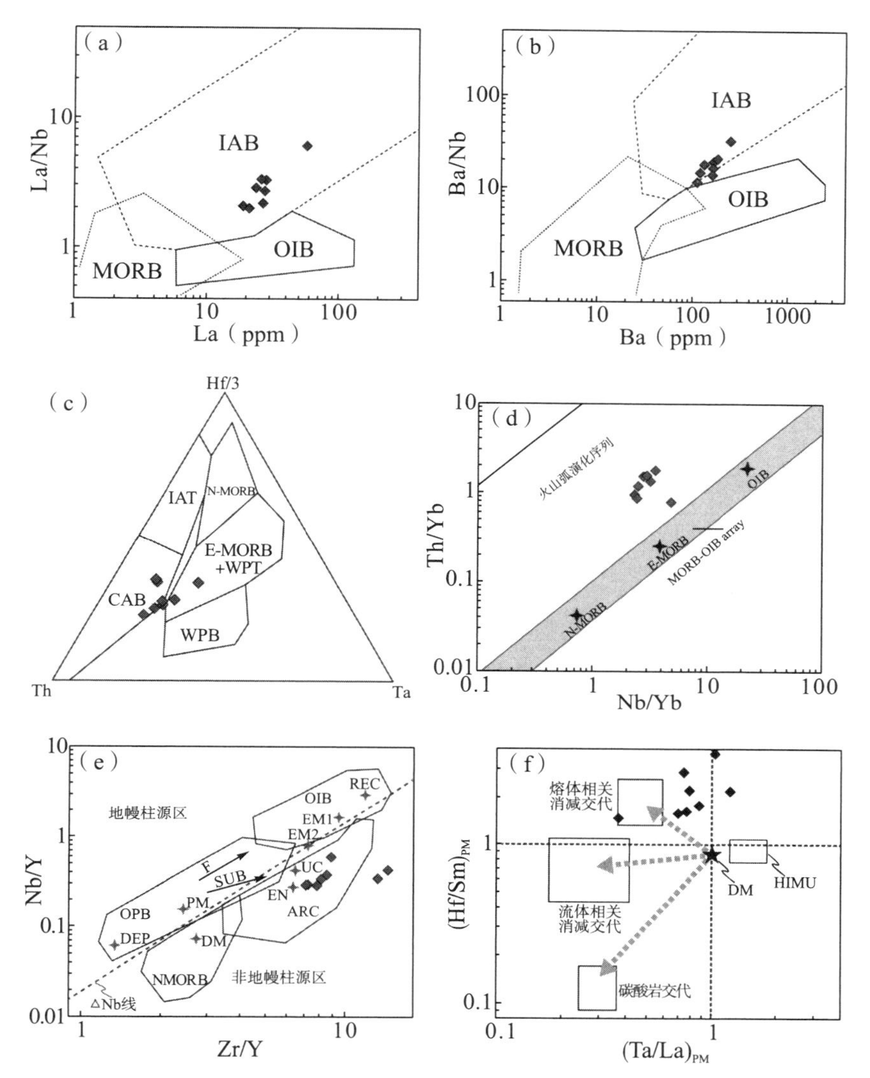


(a) La-La/Nb 图解(底图据李曙光等,1993); (b) Ba-Ba/Nb 图解(底图据李曙光等,1993); (c) Hf/3-Th-Ta 图解(底图据 Wood,1980); (d) Nb/Yb-Th/Yb 图解(底图据 Pearce,2008); (e) Zr/Y-Nb/Y 图解(底图据 Condie,2005); (f) $(Ta/La)_{PM}$-$(Hf/Sm)_{PM}$ 图解(底图据 La Fléche et al.,1998)

**图7-16 早二叠世(273 Ma)玄武岩-安山岩样品判别图解**

注:IAB,岛弧玄武岩;IAT,岛弧拉斑玄武岩;CAB,岛弧钙碱性玄武岩;WPT,板内拉斑玄武岩;WPB,板内碱性玄武岩;MORB,洋中脊玄武岩;N-MORB,正常洋中脊玄武岩;E-MORB,富集洋中脊玄武岩;OIB,洋岛玄武岩;OPB,洋底高原玄武岩;DEP,深部亏损地幔;DM,浅部亏损地幔;PM,原始地幔;EM1 和 EM2,富集地幔端元;EN,富集组分;UC,上地壳;REC,循环组分;ARC,岛弧相关玄武岩;F,批示熔融;SUB,消减作用;HIMU,高 $\mu$(U/Pb)地幔端元。

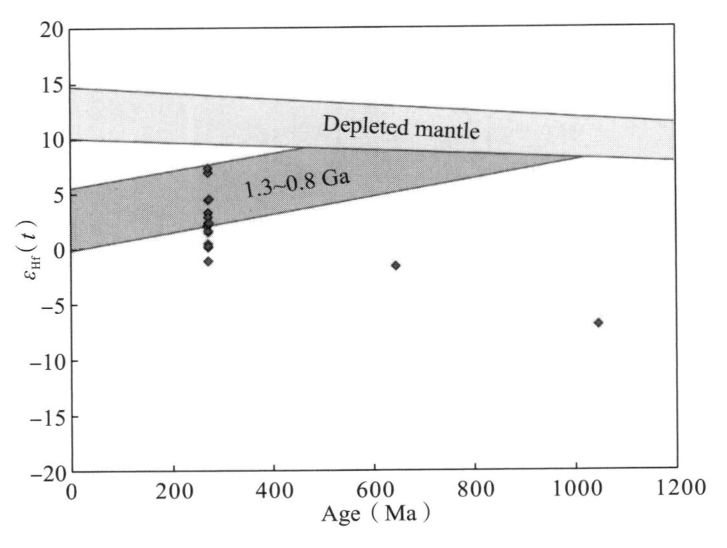


图 7－17　早二叠世玄武岩样品 Age-$\varepsilon_{Hf}(t)$ 图解

## 7.3.2　中-晚二叠世流纹岩-英安岩

中-晚二叠世流纹岩样品具有富钠（$Na_2O/K_2O$ 比值为 1.12～2.41，平均为 1.51）、低镁（MgO 含量为 0.01wt%～0.71wt%，平均为 0.28wt%），$Mg^{\#}$ 为 0.01～0.46，平均为 0.24，主体属于钙碱性系列（见图 6－5）。岩石样品的 Rb 和 Th 具有明显的负相关关系，显示出 S 型花岗岩特征［见图 7－18（a)］，这与花岗岩的 A/CNK 值（平均为 1.25）整体大于 1.1 一致。

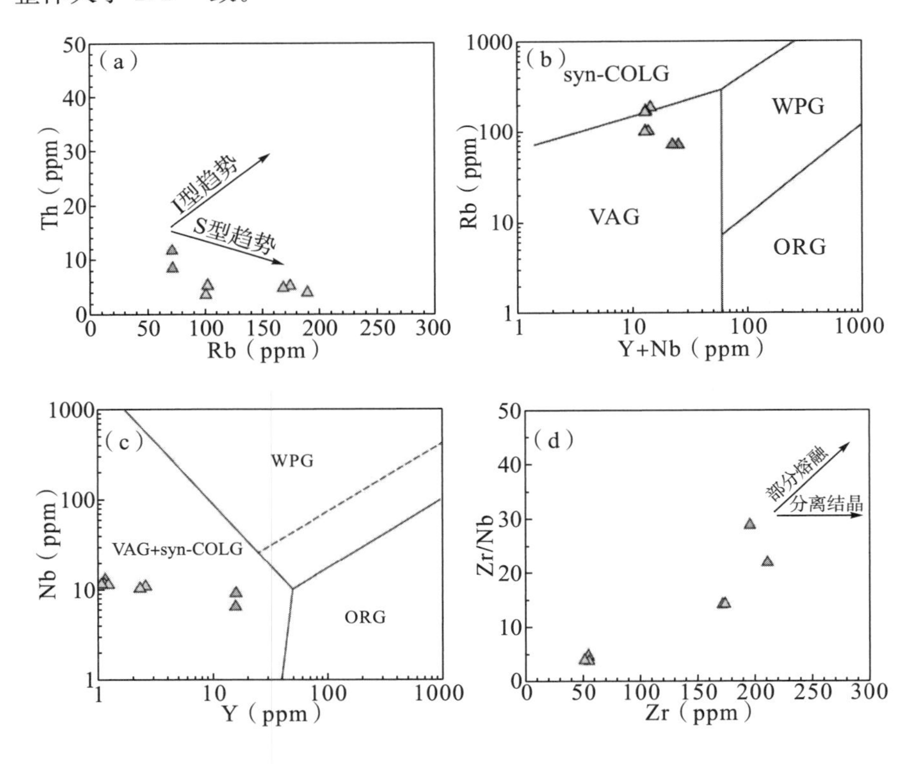

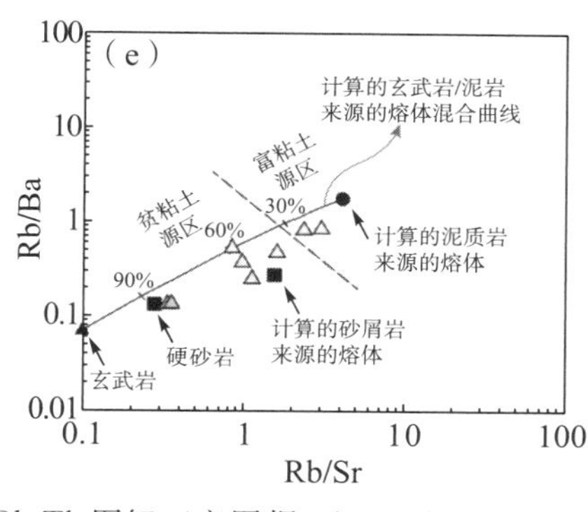


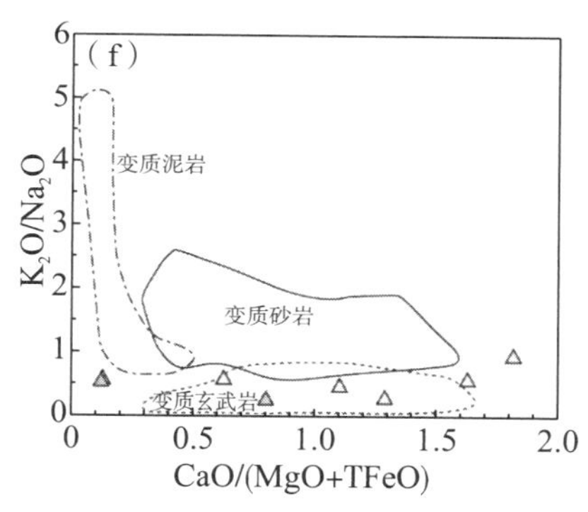


(a) Rb-Th 图解（底图据 Chappell，1999）；(b) Y+Nb-Rb 图解（底图据 Pearce et al.，1984）；(c) Y-Nb 图解（底图据 Pearce et al.，1984）；(d) Zr-Zr/Nb 图解；(e) Rb/Sr-Rb/Ba 图解（底图据 Sylvester，1998）；(f) CaO/(MgO+TFeO)-$K_2O/Na_2O$ 图解（摩尔比，底图据 Altherr et al.，2000）

**图 7−18　中-晚二叠世英安岩-流纹岩样品判别图解**

注：VAG，火山弧花岗岩；ORG，洋中脊花岗岩；WPG，板内花岗岩；syn-COLG，同碰撞花岗岩。

岩石样品微量元素原始地幔标准化蛛网图显示，其强烈富集大离子亲石元素（LILE，如 Rb、U），亏损高场强元素（HFSE，如 Nb、Ta、Ti）（见图 6−4），显示出典型的岛弧信号特征（Perfit et al.，1980；Ryerson、Watson，1987）。这与岩石样品在 Y+Nb-Rb 图解 [见图 7−18 (b)] 和 Y-Nb 图解 [见图 7−18 (c)]（Pearce et al.，1984）中落入岛弧花岗岩范围一致。岩石样品的 Zr-Zr/Nb 图解表明，岩石受控于部分熔融过程 [见图 7−18 (d)]，而且其中的砂岩、泥岩以不同比例参与了该部分熔融过程 [见图 7−18 (e) (f)]。

Hf 同位素数据表明，锆石年龄为 268～256 Ma 的中-晚二叠世流纹岩样品的 $\varepsilon_{Hf}(t)$ 主要介于 −1.65～+8.29 之间 [除 P03(127)-17 的 $\varepsilon_{Hf}(t)$ 为 −5.05，异常低外]，平均为 +1.85，表现出不同程度的壳幔混合，Hf 同位素二阶段模式年龄介于 1396～764 Ma 之间（见图 7−19），暗示亏损幔源组分参与成岩过程。

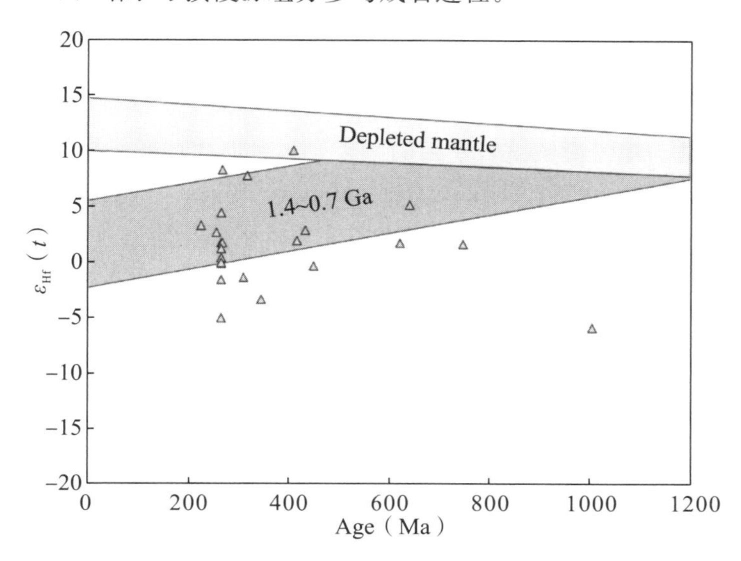


**图 7−19　中-晚二叠世英安岩-流纹岩样品 Age-$\varepsilon_{Hf}(t)$ 图解**

### 7.3.3 晚二叠世高镁闪长玢岩

晚二叠世高镁闪长玢岩样品属于拉斑系列（见图6－5），具有高钠、贫钾（$Na_2O$含量为5.05wt％，$K_2O$含量为0.36wt％，$Na_2O/K_2O$比值为14.11）、高镁（MgO含量为6.87wt％）的特征［见图7－20（a）］，$Mg^{\#}$为0.74。样品A/CNK值（0.77）小于1.1，属于I型、偏铝质花岗岩［见图7－20（b）］。

岩石样品微量元素原始地幔标准化蛛网图显示，其强烈富集大离子亲石元素（LILE，如Rb、U），亏损高场强元素（HFSE，如Nb、Ta、Ti、P）（见图6－4），显示出典型岛弧信号特征（Perfit et al.，1980；Ryerson、Watson，1987）。这与岩石样品在Y+Nb-Rb图解［见图7－20（c）］和Y-Nb图解［见图7－20（d）］（Perfit et al.，1984）中落入岛弧花岗岩范围一致。岩石样品的Cao/（MgO＋TFeO）-$K_2O/Na_2O$和Sm/Nd-Lu/Hf图解表明，基性岩和沉积岩（浊积岩）端元均参与了成岩过程［见图7－20（e）（f）］，而且该过程与板片熔体有关的消减交代密切相关［见图7－21（a）］。

与正常岛弧岩石相比，该闪长玢岩属于高镁闪长岩/安山岩系列［见图7－20（a）］。该岩石样品成分具有中等$SiO_2$含量（53.32wt％）、高MgO含量（6.87wt％）和低TFeO/MgO含量（1.05）特征，$Mg^{\#}$为0.74、Cr含量为269.1 ppm、Ni为144.4 ppm、$TiO_2$含量为0.83wt％，与典型高镁安山岩/闪长岩特征（$SiO_2$含量＞52wt％，MgO含量＞5wt％，$Mg^{\#}\geqslant 55$，具有Cr和Ni，TFeO/MgO比值＜1.5和$TiO_2$含量＜1wt％）（Kelemen et al.，2003；Tatsumi，2006；Zhao et al.，2009）完全一致。由图7－22可知，晚二叠世闪长玢岩可被进一步划分为赞岐质（sanukitic）高镁安山岩系列（Kamei et al.，2004）。

赞岐岩最初由Weinschenk（1891）命名为Sanukite，指形成于日本四国岛火山岩，含有针状古铜辉石斑晶。之后，Koto（1916）提出用Sanukitoid（赞岐岩类）来代指这类在结构上受到改造的岩石，包括成分上相同的侵入体或太古宙高镁石英二长岩和花岗闪长岩。Shirey和Hason（1984）将赞岐岩定义为二长闪长岩-粗面安山岩（高镁闪长岩），其$Mg^{\#}$＞60、Ni含量＞100 ppm、Cr含量＞100 ppm、富集LREE和LILE等特征，与本书样品特征完全吻合。部分熔融和相平衡研究表明，高镁闪长岩的高Mg和高Cr、Ni特征是熔体与地幔楔橄榄岩平衡的结果，不可能由地幔楔橄榄岩形成的玄武岩浆分异结晶产生（Kay，1978；Defant、Drummond，1990）。岩石学方面研究证实，俯冲洋壳板片及其沉积物在高地温梯度和富水条件下发生部分熔融（Green et al.，1976；Rapp et al.，1999），形成的富Si熔体穿过上覆地幔楔时与地幔橄榄岩发生反应，是形成高镁安山岩的合理机制（Shimoda et al.，1998；Tatsumi，2001；Yogodzinski et al.，2001）。

值得注意的是，该闪长玢岩样品具高Sr（598.7 ppm）、高Sr/Y（35.3），低Y（16.9 ppm）和低Yb（1.9），具有典型的埃达克岩特征［见图7－21（b）及附表2］（Defant、Drummond，1990）。该闪长玢岩样品含有大量富水矿物角闪石，具有高$Mg^{\#}$，不同于镁铁质下地壳拆沉成因的埃达克岩（Rapp、Watson，1995；Kamei et al.，2004；Gao et al.，2004；Zhao et al.，2015a）。而且高$Na_2O$、贫$K_2O$、低Th

(5.82 ppm)、低 Th/Ce (0.15)，与俯冲板片熔体相关的埃达克岩特征一致 (Defant、Drummond，1990；Martin，1999)。因此，具有埃达克岩特征的闪长玢岩形成于板片熔体穿过地幔楔时与橄榄岩发生反应的产物 (Defant、Drummond，1990；Gao et al.，2004；Wang et al.，2008)。

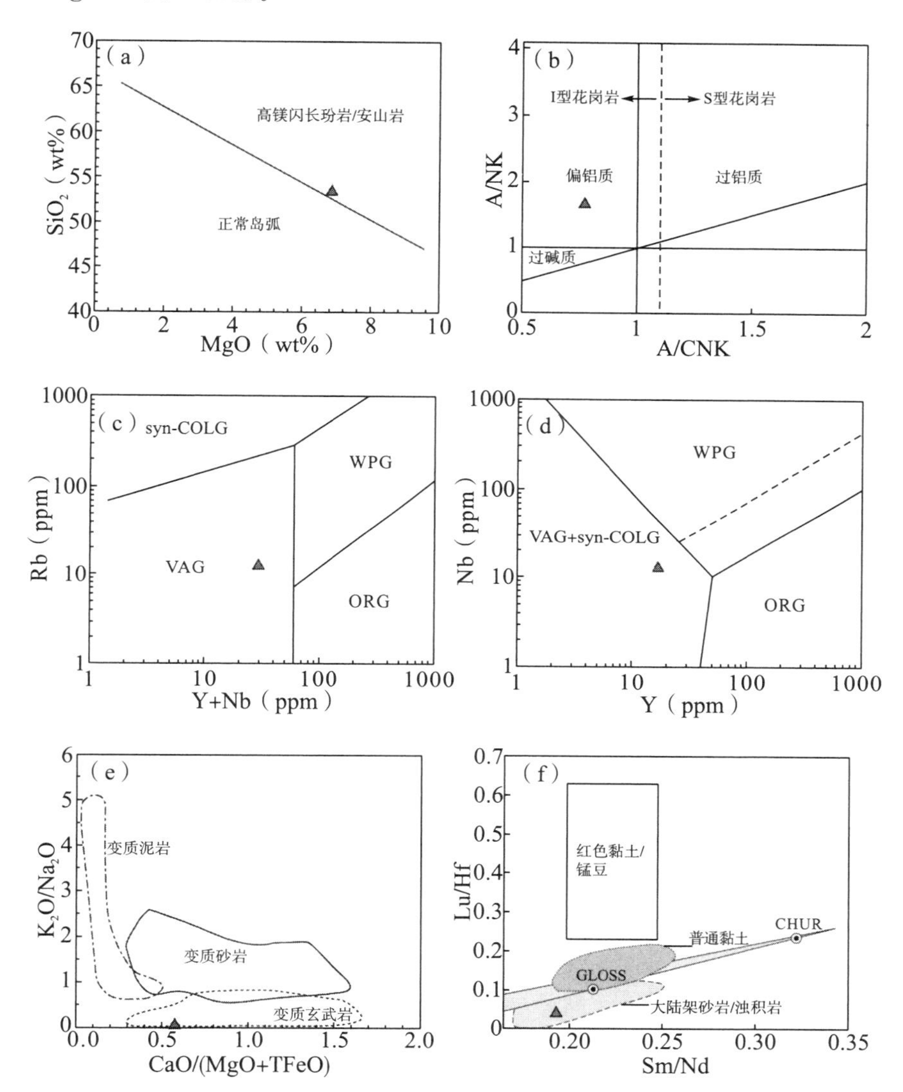


(a) MgO-$SiO_2$ 图解；(b) A/CNK [摩尔比 $Al_2O_3/(CaO+Na_2O+K_2O)$]-A/NK [摩尔比 $Al_2O_3/(Na_2O+K_2O)$] 图解 (底图据 Maniar、Piccoli，1989)；(c) Y+Nb-Rb 图解 (底图据 Pearce et al.，1984)；(d) Y-Nb 图解 (底图据 Pearce et al.，1984)；(e) Cao/(MgO+TFeO)-$K_2O/Na_2O$ 图解 (摩尔比，底图据 Altherr et al.，2000)；(f) Sm/Nd-Lu/Hf 图解 (底图据 Plank、Langmuir，1998)

**图 7－20　晚二叠世高镁闪长玢岩样品判别图解**

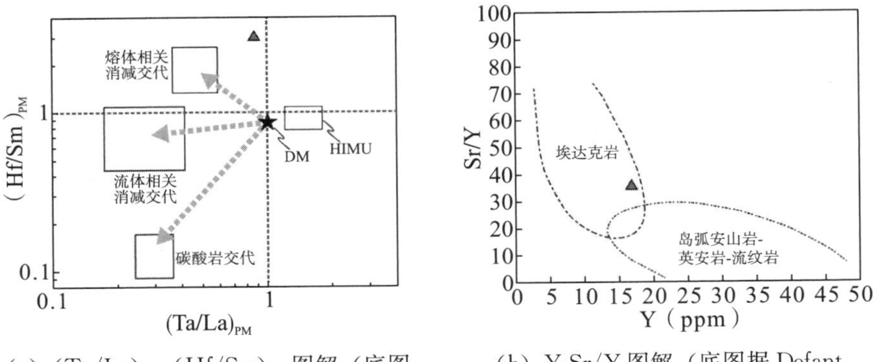


(a)（Ta/La)$_{PM}$-(Hf/Sm)$_{PM}$图解（底图据 La Fléche et al.，1998)

(b) Y-Sr/Y 图解（底图据 Defant、Drummond，1990)

**图 7—21 晚二叠世高镁闪长玢岩样品**（Ta/La)$_{PM}$-(Hf/Sm)$_{PM}$**和** Y-Sr/Y **图解**

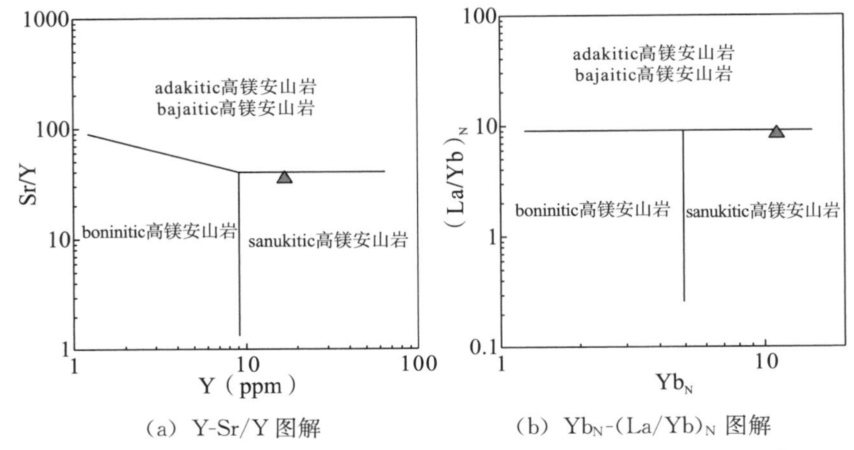


(a) Y-Sr/Y 图解

(b) Yb$_N$-(La/Yb)$_N$ 图解

**图 7—22 晚二叠世高镁闪长玢岩样品** Y-Sr/Y **和** Yb$_N$-(La/Yb)$_N$ **图解**

(**底图据** Kamei et al.，2004)

Hf 同位素数据表明，锆石年龄为 260～257 Ma 的晚二叠世高镁闪长玢岩样品的 $\varepsilon_{Hf}(t)$ 变化范围较大，介于−10.35～+10.49 之间，平均为−2.64，表现出不同程度的沉积物熔融和亏损地幔混合。Hf 同位素二阶段模式年龄 $T_{DM}{}^{C}$ 介于 612～1934 Ma 之间（见图 7—23)，指示亏损幔源组分参与成岩过程。

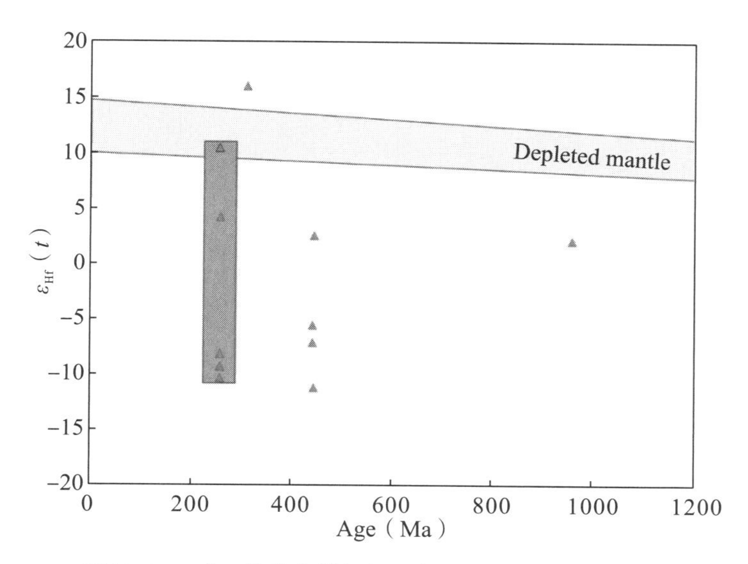


图 7−23　晚二叠世高镁闪长玢岩样品 Age-$\varepsilon_{Hf}(t)$ 图解

据目前研究，东昆仑造山带高镁安山岩、高镁埃达克岩主要集中在东昆仑东段以及昆南缝合带地区，形成时代集中在寒武纪（王秉璋等，2021）、志留纪（Li et al.，2015b）、中三叠世（王巍等，2021）、晚三叠世（Wang et al.，2011b；陈国超等，2013a、2013b；李佐臣等，2013）。本书在东昆仑造山带西段首次识别出晚二叠世（258 Ma）赞岐质高镁闪长岩，为东昆仑古特提斯洋晚二叠世北向俯冲过程提供了关键证据。

# 7.4　晚三叠世镁铁质-长英质岩石成因

## 7.4.1　辉绿岩

晚三叠世辉绿岩样品具有较高的 $Na_2O/K_2O$ 比值（范围为 2.30～3.32，平均为 2.79），较高的 MgO 含量（范围为 5.05wt%～5.74wt%，平均为 5.46wt%）和 $Mg^{\#}$（范围为 0.57～0.67，平均为 0.62），中等的 $TiO_2$ 含量（范围为 1.46wt%～1.67wt%，平均为 1.54wt%），属于钙碱性系列（见图 6−5）。低 $(Nb/La)_{PM}$（0.28～0.43）和高 $(Th/Nb)_{PM}$（3.40～4.62）显示典型的岛弧对应特征［$(Nb/La)_{PM}<0.5$，$(Th/Nb)_{PM}>2$］（Safonova et al.，2016）。岩石样品微量元素原始地幔标准化蛛网图显示，其强烈富集大离子亲石元素（LILE，如 Rb、U），亏损高场强元素（HFSE，如 Nb、Ta、Ti、Sr、P）（见图 6−4），显示典型的岛弧岩石特征（Perfit et al.，1980；Ryerson、Watson，1987）。岩石样品的高 La、Ba 和高 La/Nb、Ba/Nb 比值显示其具备岛弧玄武岩特征［见图 7−24（a）（b）］，同时 Hf/3-Th-Ta 图解也指示其具有钙碱性岛弧玄武岩亲缘性［见图 7−24（c）］。岩石样品在 Nh/Yb-Tb/Yb 图解中位于火山弧演化序列［见图 7−24（d）］。岩石样品的高 Zr/Y 比值和低 Nb/Y 比值也显示其具有岛弧岩浆特征［见图 7−24（e）］。岩石样品的（Ta/La)$_{PM}$-(Hf/Sm)$_{PM}$图解进一步表明，岩石形成与俯冲阶段板片熔融相关的熔体交代密切相关［见图 7−24（f）］。

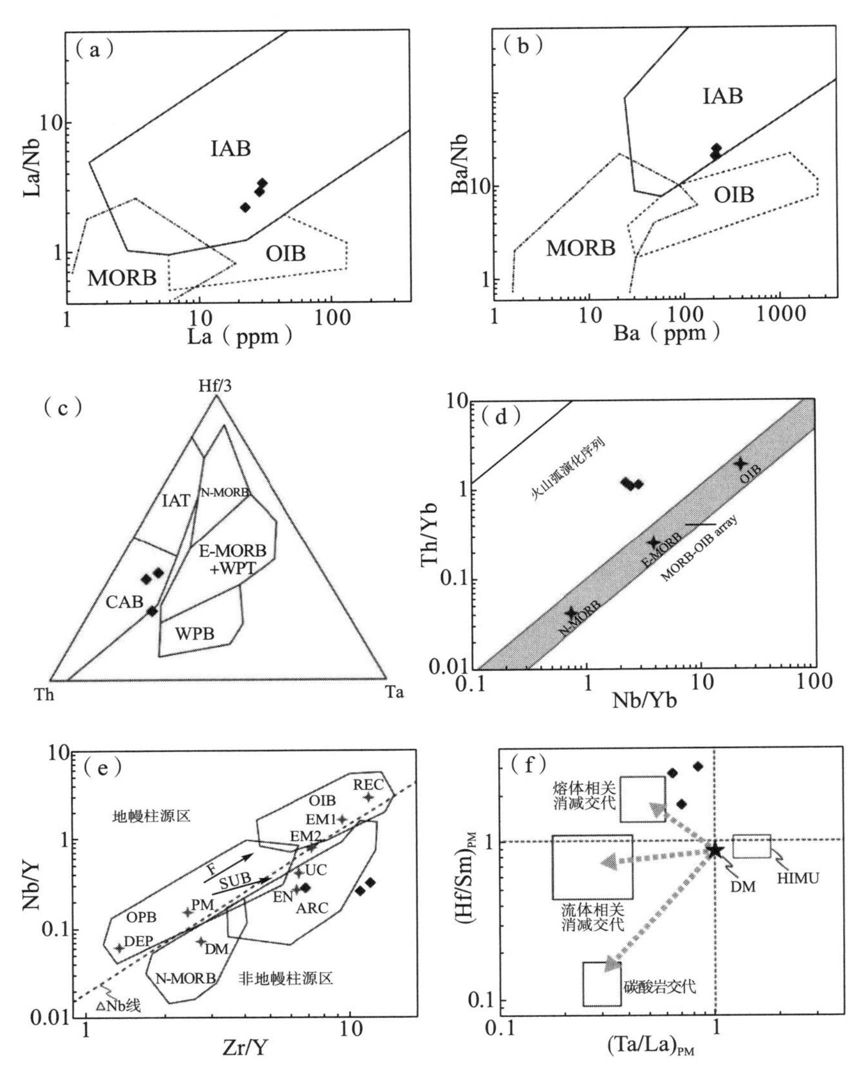


(a) La-La/Nb 图解（底图据李曙光等，1993）；（b）Ba-Ba/Nb 图解（底图据李曙光等，1993）；（c）Hf/3-Th-Ta 三元图解（底图据 Wood，1980）；（d）Nb/Yb-Th/Yb 图解（底图据 Pearce，2008）；（e）Zr/Y-Nb/Y 图解（底图据 Condie，2005）；（f）$(Ta/La)_{PM}$-$(Hf/Sm)_{PM}$图解（底图据 La Fléche et al.，1998）

**图 7—24　晚三叠世辉绿岩样品判别图解**

注：IAB，岛弧玄武岩；IAT，岛弧拉斑玄武岩；CAB，岛弧钙碱性玄武岩；WPT，板内拉斑玄武岩；WPB，板内碱性玄武岩；MORB，洋中脊玄武岩；N-MORB，正常洋中脊玄武岩；E-MORB，富集洋中脊玄武岩；OIB，洋岛玄武岩；OPB，洋底高原玄武岩；DEP，深部亏损地幔；DM，浅部亏损地幔；PM，原始地幔；EM1 和 EM2，富集地幔端元；EN，富集组分；UC，上地壳；REC，循环组分；ARC，岛弧相关玄武岩；F，批示融融；SUB，消减作用。

Hf 同位素数据表明，锆石年龄为 230～203 Ma 的晚三叠世的辉绿岩的$\varepsilon_{Hf}(t)$介于−6.78～−1.82 之间，平均为−3.51，表现出源区不同程度富集的特征，Hf 同位素二阶段模式年龄 $T_{DM}^{C}$ 介于 1686～1375 Ma 之间（见图 7—25），由此推测在辉绿岩形成过程中，俯冲板片富集组分如沉积物或洋岛玄武岩参与部分熔融过程。

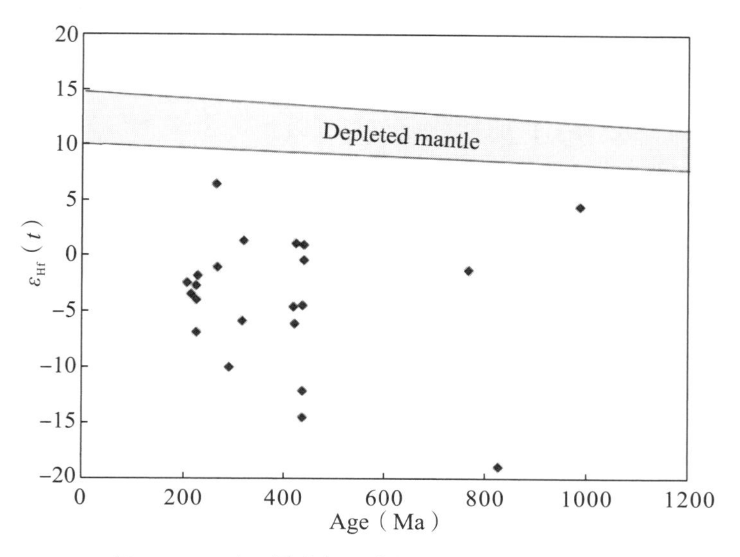


图 7—25　晚三叠世辉绿岩样品 Age-$\varepsilon_{Hf}(t)$ 图解

## 7.4.2　二长花岗岩

晚三叠世二长花岗岩样品整体表现为相对富钾（$Na_2O/K_2O$ 比值为 0.15～1.05，平均为 0.71）、低镁（MgO=0.02wt%～0.20wt%，平均为 0.07wt%）和 $Mg^{\#}$（范围为 0.05～0.25，平均为 0.12），主体属于高钾钙碱性系列（见图 6—5）。岩石样品的 Rb 和 Th 整体显示正相关性，显示出 I 型花岗岩特征［见图 7－26（a）］，与花岗岩 A/CNK 值（一般为 0.77～1.08，平均为 0.95，除 D27-1 外）整体小于 1.1 指示一致。

岩石样品微量元素原始地幔标准化蛛网图显示，其强烈富集大离子亲石元素（LILE，如 Rb），亏损高场强元素（HFSE，如 Nb、Ta、Ti、P）（见图 6—4），与典型岛弧岩浆特征一致（Perfit et al.，1980；Ryerson、Watson，1987）。尽管岩石样品在 Y-Nb 图解落入三者边界附近［见图 7—26（b）］（Pearce et al.，1984），但并不能指示构造背景。研究表明，与酸性岩同时代的相应基性岩对于识别岩石成因类型和构造背景更为有效。前已述及，与晚三叠世花岗岩同时代的辉绿岩显示典型岛弧玄武岩的特征，形成于晚三叠世俯冲板片熔融相关的熔体交代过程，因此，在时空上密切相关的花岗岩也应该形成于相同的大地构造背景。而岩石样品的 Zr-Zr/Nb 图解［见图 7－26（c）］和 Rb/Sr-Rb/Ba 图解［见图 7—26（b）］也表明，岩石的形成经历了部分熔融过程，而泥质岩作为重要物源参与了岩石形成过程。Sm/Nd-Lu/Hf 图解同样指示泥质成分在岩石形成过程中充当了重要角色，而且需要指出的是，岩石样品的高 Lu/Hf 比值更接近海相黏土相应比值，这表明海相沉积物很可能被俯冲过程带入并参与岩石的形成［见图 7—26（e）］。此外，岩石样品［除 D271-1 含异常高的 Zr（171 ppm，未在图中显示）］Zr-Zr/Hf 图解并未呈现出典型结晶分异所呈现的 Zr 和 Zr/Hf 之间具有显著的正相关关系（见图 7—27），这进一步暗示除了岩浆结晶分异，幔源组分也参与了岩石形成过程，因为幔源物质的参与会使花岗岩具有较高的 Zr/Hf 比值和低的 Zr，进而明显偏离Zr/Hf与 Zr 之间所呈现的线性关系。

Hf 同位素数据表明，锆石年龄为 211～208 Ma 的晚三叠世花岗岩样品的$\varepsilon_{Hf}(t)$介于+2.15～+8.23 之间，Hf 同位素二阶段模式年龄介于 1107～720 Ma 之间（见图 7-28），表现出不同程度的新生特征，也进一步支持了亏损幔源组分参与花岗岩形成的观点。

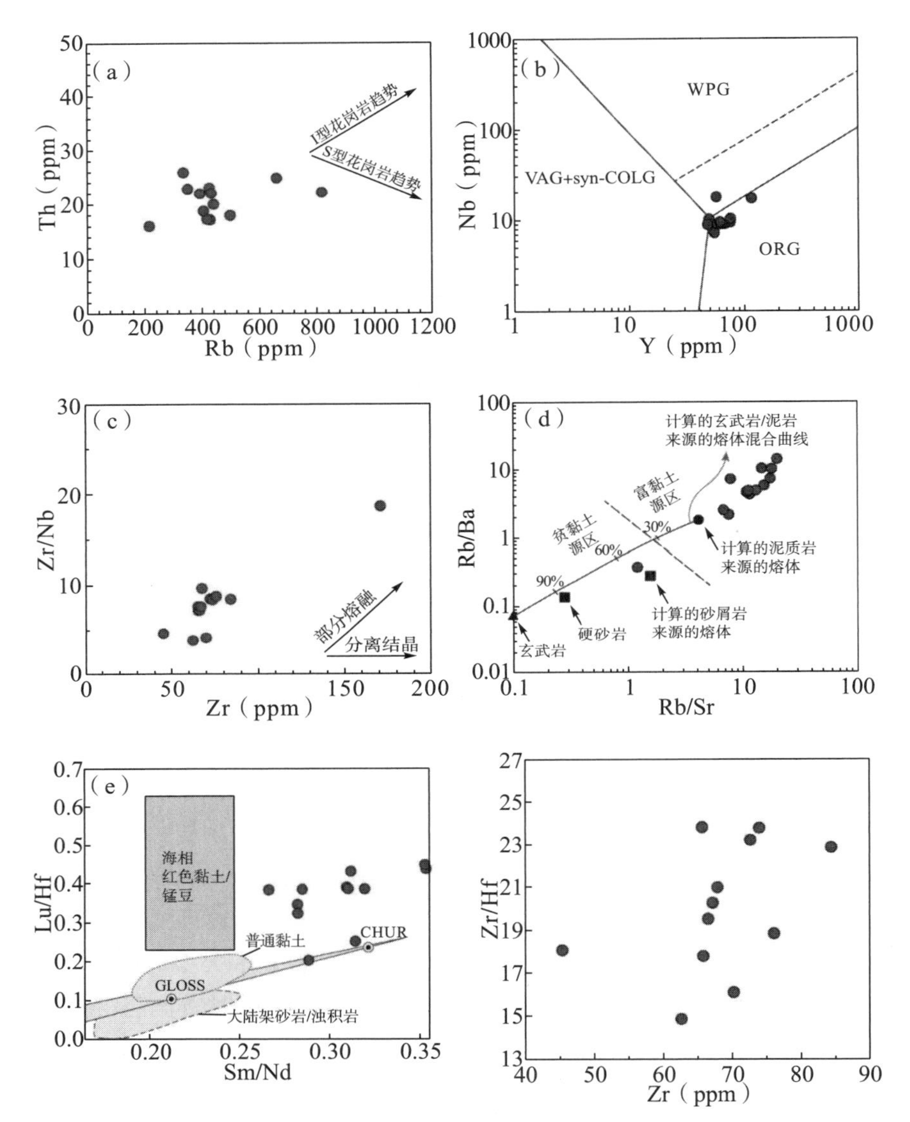


(a) Rb-Th 图解（底图据 Chappell，1999）；（b）Y-Nb 图解（底图据 Pearce 等，1984）；（c）Zr-Zr/Nb 图解；（d）Rb/Sr-Rb/Ba 图解（底图据 Sylvester，1998）；（e）Sm/Nd-Lu/Hf 图解（底图据 Plank and Langmuir，1998）

**图 7-26 晚三叠世二长花岗岩样品判别图解**

注：VAG，火山弧花岗岩；ORG，洋中脊花岗岩；WPG，板内花岗岩；syn-COLG，同碰撞花岗岩；GLOSS，全球消减沉积物；CHUR，球粒陨石。

综上所述，晚三叠世花岗岩形成于古特提斯洋俯冲阶段海相沉积物部分熔融形成的熔体和幔源组分相互作用的产物，并经历了钾长石、斜长石和角闪石的分离结晶作用。

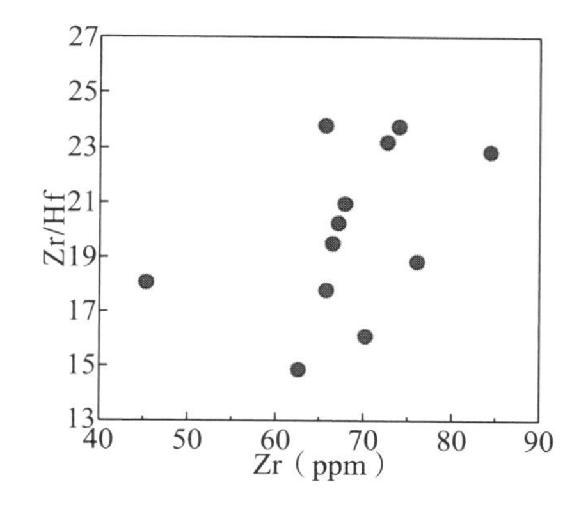


图7－27　晚三叠世二长花岗岩样品Zr-Zr/Hf图解

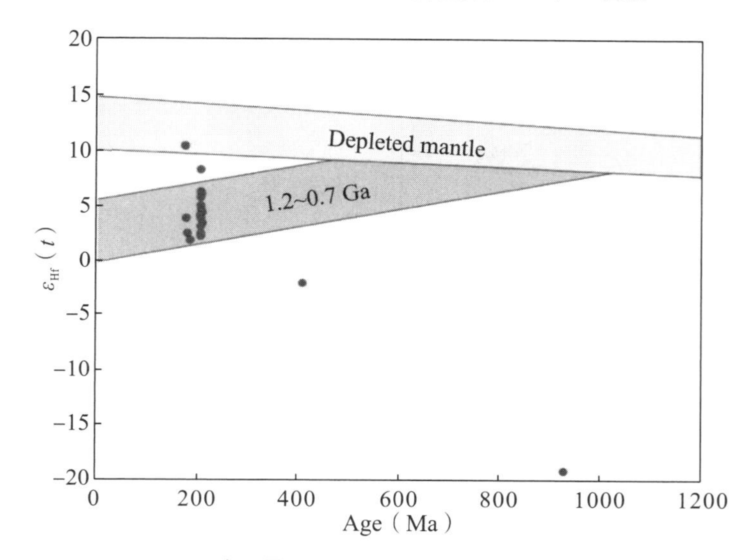


图7－28　晚三叠世二长花岗岩样品Age-$\varepsilon_{Hf}(t)$图解

## 7.5　早侏罗世花岗质岩石成因

早侏罗世花岗质岩石样品整体表现为高钾（$K_2O$含量为2.72wt%～5.31wt%，$Na_2O/K_2O$比值为0.09～0.77，平均为0.27wt%，除D300外）、低镁（MgO含量为0.004wt%～0.118wt%，平均为0.050wt%），$Mg^{\#}$为0.01～0.25，平均为0.11，属于钙碱性-高钾钙碱性系列（见图6－5）。岩石样品的Rb和Th整体呈正相关性，与I型花岗岩特征吻合[见图7－29（b）]，与花岗岩A/CNK值（范围为0.77～1.08，平均为0.95，除D27-1外）整体小于1.1指示一致。

岩石样品微量元素原始地幔标准化蛛网图显示，其强烈富集大离子亲石元素（LILE，如Rb、U），亏损高场强元素（HFSE，如Nb、Ti、P）（见图6－4），类似于岛弧岩浆特征（Perfit et al.，1980；Ryerson、Watson，1987）。但该岩石样品在Y+Nb-Rb图解中落入同碰撞花岗岩区域[见图7－30（a）]（Pearce et al.，1984）。Rb/Sr-Rb/Ba图解表明，泥质岩源区参与了岩石的形成过程[见图7－30（b）]（Sylvester，

1998)。

值得注意的是，虽然由碱长花岗岩和二长花岗岩组成的岩石组合在 Th-Rb 图解中整体表现出 I 型花岗岩趋势［见图 7－29（b)］，但与碱长花岗岩的高 A/CNK 值（1.46～1.79）明显表现出 S 型花岗岩（A/CNK>1.1）的特征不符，还与碱长花岗岩在两个图解中均呈现I型花岗岩趋势（见图 7－29）矛盾。而且二长花岗岩的 $SiO_2$-$P_2O_5$ 正相关性体现的 I 型趋势［见图 7－29（a)］与 Th-Rb 正相关性体现的 S 型趋势［见图 7－29（b)］矛盾。研究表明，分离结晶后期流体的加入可能会使花岗岩成因类型不明确。岩浆演化晚期的流体促使分异晚期的岩浆更容易富集 Ta 而不是 Nb，使岩浆的 Nb/Ta 比值随着演化程度的增加而降低。在岩石样品的 Nb/Ta-Y/Ho 和 Nb-Y/Ho 图解中，随着 Nb 含量的增加和 Nb/Ta 比值的降低，Y/Ho 比值呈现出增加趋势（见图 7－31)，表明花岗岩中 Nb 和 Ta 的富集与岩浆体系发生高度分异演化形成流体相关。

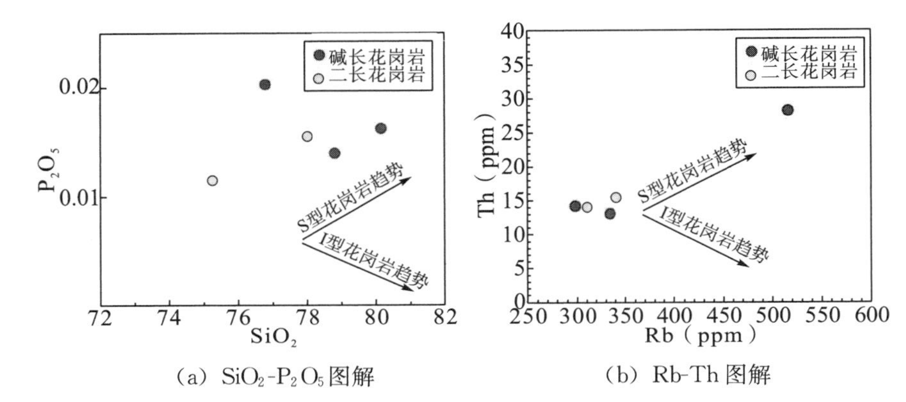


(a) $SiO_2$-$P_2O_5$图解　　(b) Rb-Th 图解

**图 7－29　早侏罗世花岗质岩石样品 $SiO_2$-$P_2O_5$ 及 Rb-Th 图解（底图据** Chappell，1999)

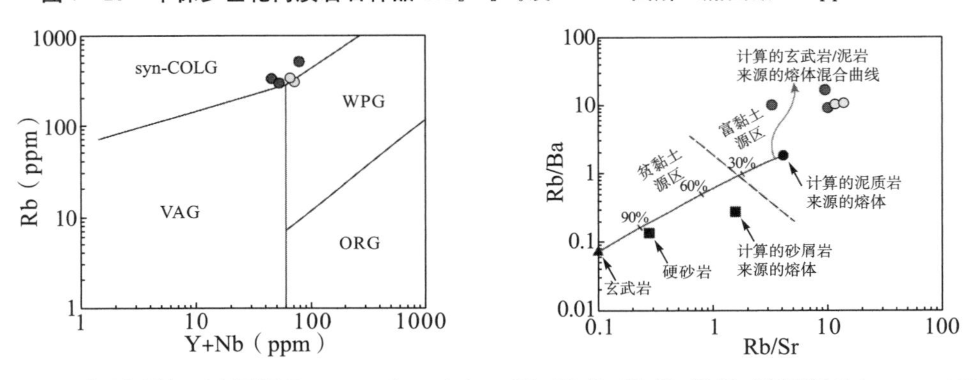


(a) Y+Nb-Rb 图解（底图据 Pearce et al，1984)　(b) Rb/Sr-Rb/Ba 图解（底图据 Sylvester，1998)

**图 7－30　早侏罗世花岗质岩石样品** Y+Nb-Rb **图解和** Rb/Sr-Rb/Ba **图解**

注：VAG，火山弧花岗岩；ORG，洋中脊花岗岩；WPG，板内花岗岩；syn-COLG，同碰撞花岗岩。

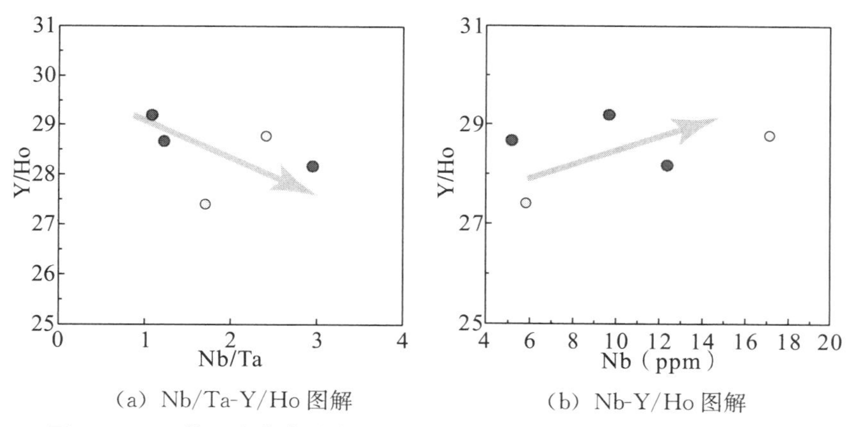


（a）Nb/Ta-Y/Ho图解　　（b）Nb-Y/Ho图解

**图7－31　早侏罗世花岗质岩石样品Nb/Ta-Y/Ho图解和Nb-Y/Ho图解**

研究表明，Nb和Ta、Zr、Hf都是高场强元素，具有相同的离子半径和价态，因此具有相似的地球化学行为。而且Nb/Ta比值和Zr/Hf比值相对稳定，地幔演化相关的岩浆过程很难发生分馏。球粒陨石（Nb/Ta比值为19.9，Zr/Hf比值为34.3）和平均大陆地壳（Nb/Ta比值为13.4，Zr/Hf比值为36.7）具有较高的Nb/Ta比值和Zr/Hf比值，而分离结晶、流（熔）体和岩浆相互作用过程都可能导致Nb/Ta比值和Zr/Hf比值分异，降低相应比值（Green，1995；Dostal、Chatterjee，2000；Münker et al.，2004）。

锆石是花岗岩中Zr和Hf的主要载体，其具有较高的Zr/Hf比值（>40）。当岩石Zr饱和而分离出锆石时，岩石的Zr和Hf含量会逐渐降低。在锆石发生分离结晶作用后，锆石的Zr/Hf比值会逐渐降低。早侏罗世花岗质岩石样品的Nb/Ta比值（1.09～2.96）和Zr/Hf比值（13.5～21.8）明显低于球粒陨石和大陆地壳平均值，而且在演化过程中随着Ta、Nb含量的升高Nb/Ta比值降低［见图7－32（a）～(c)］，随着Zr含量的降低Zr/Hf比值呈现出降低的趋势，指示结晶分异作用［见图7－32（d)］。由于幔源物质具有较高的Zr/Hf比值和较低的Zr含量，地幔物质的参与会使花岗岩具有较高的Zr/Hf比值和低的Zr含量，因此不会出现随着Zr含量的降低Zr/Hf比值降低的线性趋势。早侏罗世花岗质岩石随着Zr含量的降低，Zr/Hf比值呈现出降低的趋势［见图7－32（d)］，指示无幔源组分参与。而且在岩石样品的Nb-Nb/Ta图解中，样品投点远离地幔范围［见图7－33（b)］，同样指示源区无幔源组分参与。岩石样品的$SiO_2$-$Mg^{\#}$图解进一步支持早侏罗世花岗岩是在高温背景下地壳熔融的产物［见图7－33（a)］。在Hf同位素方面，锆石年龄为189～184 Ma的早侏罗世花岗岩样品（D232、D233）的$\varepsilon_{Hf}(t)$介于＋1.04～＋7.23之间，Hf同位素二阶段模式年龄介于1162～766 Ma之间；锆石年龄为211～208 Ma的晚三叠世花岗岩样品（P07）的$\varepsilon_{Hf}(t)$介于＋2.15～＋8.23之间，Hf同位素二阶段模式年龄介于1107～720 Ma之间。二者具有一致的$\varepsilon_{Hf}(t)$和Hf模式年龄（见图7－34)，表明二者具有相似初始母岩浆组成。前已述及，早侏罗世花岗岩的形成无幔源组分加入，而且早侏罗世花岗岩锆石中含有大量晚三叠世锆石群（年龄为212～208 Ma)，与上述晚三叠世花岗质岩石锆石年龄范围一致。这些证据支持早侏罗世花岗质岩石形成于晚三叠世花岗岩或源自其碎屑物质在无幔源岩浆参与下碰撞背景的熔融过程。

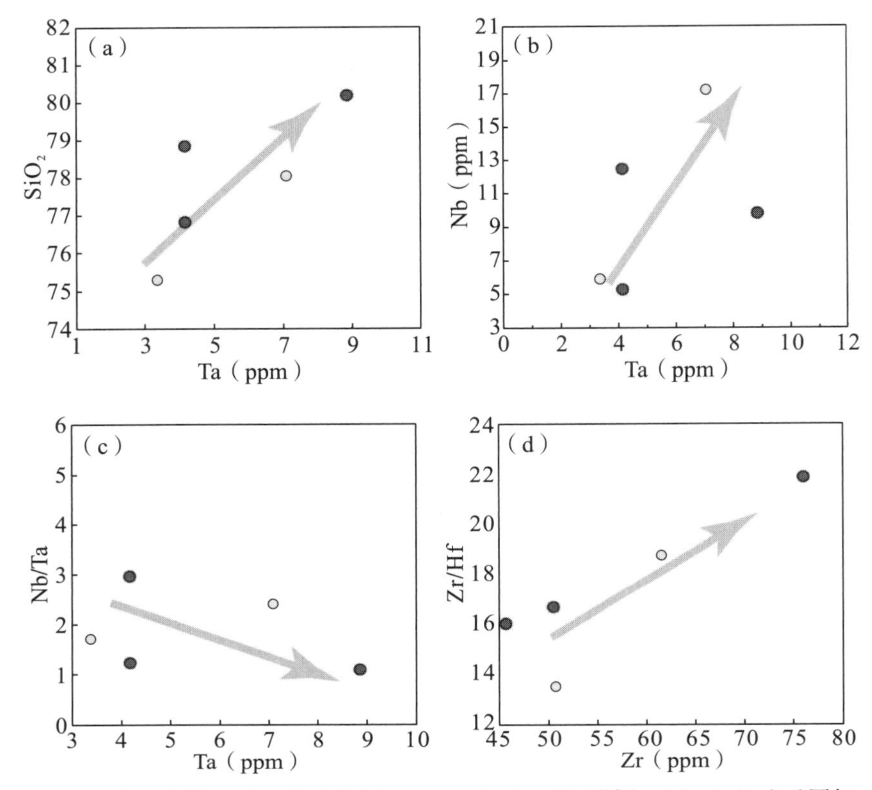


(a) Ta-$SiO_2$ 图解；(b) Ta-Nb 图解；(c) Ta-Nb/Ta 图解；(d) Zr-Zr/Hf 图解

**图 7—32 早侏罗世花岗质岩石样品 Ta-$SiO_2$ 图解、Ta-Nb 图解、Ta-Nb/Ta 图解、Zr-Zr/Hf 图解**

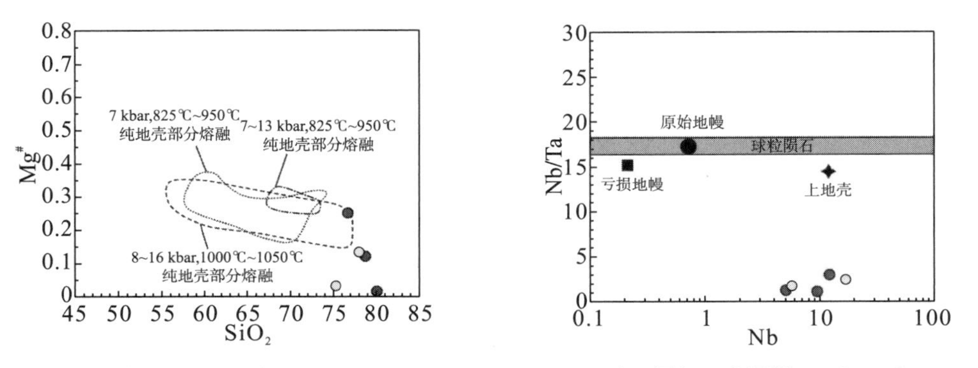


(a) $SiO_2$-$Mg^{\#}$ 图解（底图据 Lu et al.，2017） (b) Nb-Nb/Ta 图解（底图据 Barth et al.，2000）

**图 7—33 早侏罗世花岗质岩石样品 $SiO_2$-$Mg^{\#}$ 图解和 Nb-Nb/Ta 图解**

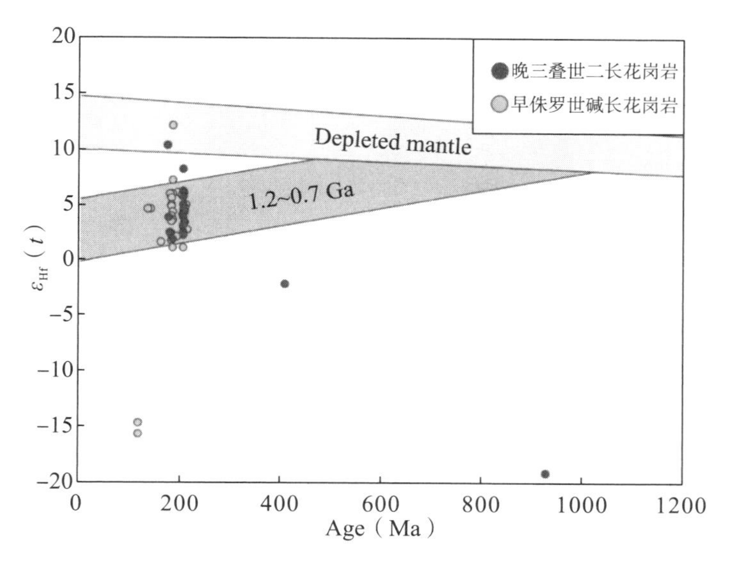


图7—34 早侏罗世花岗质岩石样品 Age-$\varepsilon_{Hf}(t)$ 图解

# 7.6 沉积岩物源及其构造背景

## 7.6.1 沉积岩成分分析

稀土元素和部分不活泼元素（如Cr、Co、Sc、Th）在沉积过程中不易受到沉积过程的影响，包括造山后相关过程，如风化、成岩、变质作用等，因此能够充当指示源区特征的元素（Bhatia，1985；McLennan，1989；McLennan et al.，1990）。长英质岩石中的Th和La丰度高于镁铁质岩石及其风化产物中的Th和La丰度；而Co、Sc和Cr则相反，在镁铁质岩石中的含量远高于长英质火成岩及其风化产物。砂岩样品的Hf-La/Th图解表明，石炭-三叠纪砂岩具有接近长英质岛弧源区的低La/Th比值［见图7—35（a）］（Floyd、Leveridge，1987），表明砂岩物源的源区很可能与期间岛弧岩浆贡献有关。砂岩样品在Th-Th/U图解中分布于亏损地幔和上地壳之间，还呈现出一定的风化趋势［见图7—35（b）］（McLennan et al.，1993）；在La/Sc-Co/Th图解中，Co/Th比值指示其原岩成分介于安山岩和长英质火山岩之间［见图7—35（c）］（Gu et al.，2002）；在Ni-$TiO_2$图解中并未分布在镁铁质岩石和杂砂岩范围，主要位于长英质岩石附近［见图7—35（d）］（Floyd et al.，1989），表明在石炭纪-三叠纪期间长英质岩石暴露出地表并风化沉积；在La/Sc-Ti/Zr图解和Th-Co-Zr/10图解中，主要分布在大陆岛弧及其附近区域［见图7—35（e）（f）］（Bhatia、Crook，1986），表明石炭纪-三叠纪的砂岩主要来自活动大陆边缘岛弧相关岩石沉积。

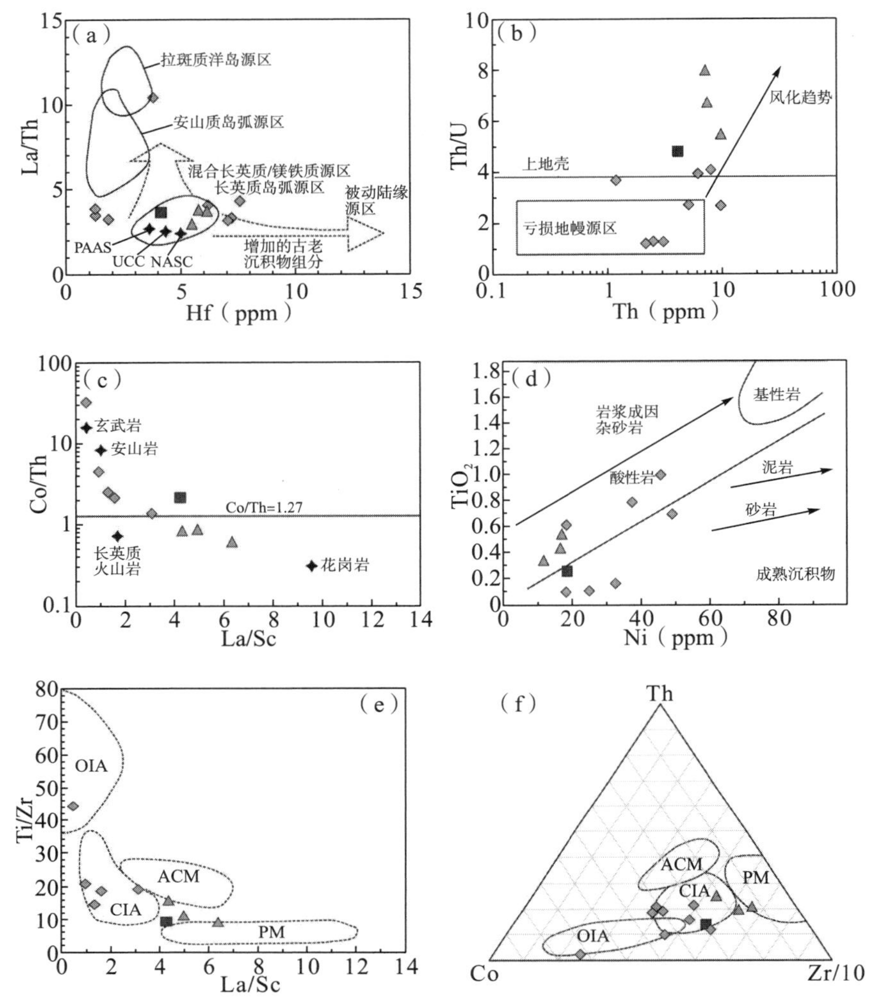


(a) Hf-La/Th 图解(底图据 Floyd、Leveridge,1987); (b) Th-Th/U 图解(底图据 McLennan et al.,1993);(c) La/Sc-Co/Th 图解(底图据 Gu et al.,2002);(d) Ni-$TiO_2$ 图解(底图据 Floyd et al.,1989); (e) La/Sc-Ti/Zr(底图据 Bhatia、Crook,1986);(f) Th-Co-Zr/10 图解(底图据 Bhatia、Crook,1986)

**图 7—35 石炭-三叠纪砂岩样品判别图解**

注:OIA,大洋岛弧;CIA,大陆岛弧;ACM,活动大陆边缘;PM,被动陆缘;PAAS,古太古代澳大利亚页岩;UCC,大陆上地壳;NASC,北美页岩成分;样品编号同图 7—13。

## 7.6.2 晚石炭世-早三叠世碎屑岩碎屑锆石年龄分析

采自马尔争组的岩石样品[编号为 P03(10)]的碎屑锆石年龄谱系呈现出多峰分布特征,主要包括~302 Ma、~552 Ma 和~905 Ma 三个峰值(见图 7—36)。其中~302 Ma 的峰值最年轻,但这一时段的中酸性岩浆作用在整个东昆仑地区明显缺失(Dong et al.,2018)。成分分析结果表明,该岩石样品形成于活动陆缘相关的构造背景。若该期岩浆事件是在碰撞或碰撞后伸展背景下形成的,相关岩体反而相对容易保留下来。有研究表明,石炭纪期间古特提斯洋存在 MORB 和 OIB 型洋壳残片,表明洋盆石炭纪期间处于扩张阶段（陈亮等，2001；杨经绥等，2004；刘战庆等，2011；杨杰，2014），OIB 型玄武岩的存在表明期间存在海山俯冲事件（杨杰，2014）。东昆仑大洋俯冲事件可以追溯到 493 Ma（李王晔等，2007），且至 402 Ma（边千韬等，2007）俯冲作用还在进行。

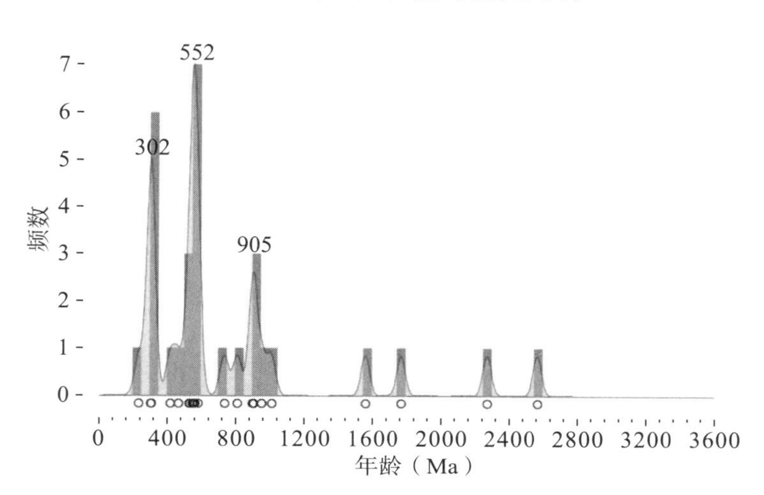


图 7－36　马尔争组钙质粉砂岩样品 P03(10) 的碎屑锆石年龄谱分布图

而在泥盆-石炭纪期间，并没有洋盆闭合的地质记录。因此，本书认为石炭纪期间洋盆仍处于俯冲阶段，而且存在以海山俯冲为代表的活动，并对俯冲带进行构造侵蚀，其中～302 Ma 时段的岛弧岩浆作用很可能就是由于上述强烈俯冲侵蚀作用而未能保留下来。另外，马尔争组岩石样品还存在年龄峰值～552 Ma（碎屑锆石年龄为 582～531 Ma），与采自刀锋山组的含黑云母石英岩样品 P16(38) 最年轻峰值～576 Ma 接近，与泛非事件期间岩浆活动密切相关。而年龄峰值～905 Ma（碎屑锆石年龄为 955～900 Ma）与罗地利亚超大陆对应的岩浆事件相关，物源上很可能来自北侧柴达木地体古老基底。

物质组成上，出露于布青山构造混杂岩带的马尔争组主要由杂砂岩、岩屑砂岩、粉砂岩和泥质板岩组成，并夹有紫红色硅质泥岩、灰岩和硅质灰岩。其中发育包括递变层理、平行层理、包卷层理、水平层理浊积岩 a-e 段典型沉积构造。

在生物化石组合特征方面，含有早-中二叠世-早三叠世蜓类、早二叠世放射虫化石和早三叠世孢粉化石（裴先治等，2018）。而本次岩石样品最年轻的碎屑锆石群表明其可能形成于晚石炭世，这些迹象综合表明，马尔争组是含有不同时代组分的沉积-构造混杂岩，构造位置对应于弧前以沉积为主的褶皱冲断带。

采自库孜贡苏组的长石石英砂岩样品（编号为 D1732）的碎屑锆石年龄谱系呈现出双峰分布特征，主要包括～246 Ma、～446 Ma 两个峰值（见图 7－37）。其中峰值为～246 Ma的锆石群与早三叠世期间东昆仑造山带广泛的弧岩浆作用密切相关（Li et al.，2015c；Xia et al.，2017；Zheng et al.，2018），在古特提斯洋北向俯冲期间形成的岛弧为其提供物源。峰值为～446 Ma 的锆石群与奥陶-志留纪期间的弧岩浆作用密切相关（刘战庆等，2011；Dong et al.，2018）。因此，该沉积岩主体反映了阿尼玛卿—昆仑洋北向俯冲过程中两期岩浆弧事件的集中响应。

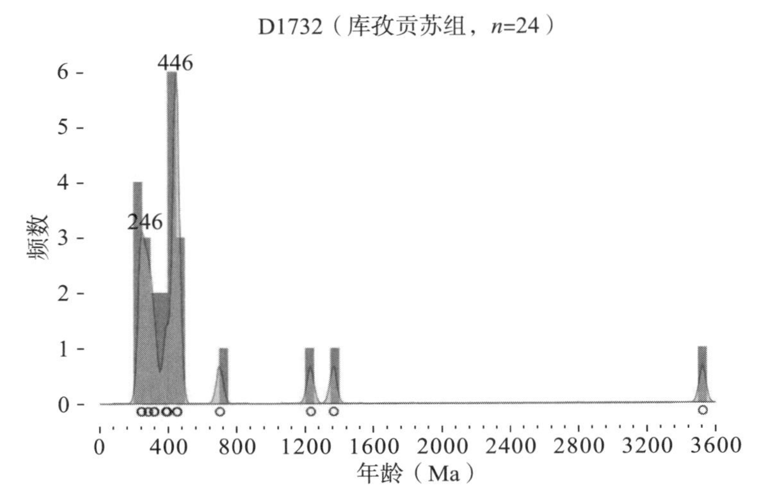


**图** 7－37　**库孜贡苏组长石石英砂岩样品** D1732 **的碎屑锆石年龄谱分布图**

采自刀锋山组的含黑云母石英岩样品［编号为 P16(38)］的碎屑锆石年龄谱系表现出多峰分布，主要包括～576 Ma、～657 Ma 和～998 Ma 三个峰值（见图 7－38）。其中最年轻峰值～576 Ma 与马尔争组岩石样品［编号为 P03(10)］的碎屑锆石中～552 Ma 的峰值一致，类似于纳赤台组中弧前沉积的杂砂岩（Dong et al.，2018），均记录了泛非造山运动在东昆仑造山带的岩浆事件，而且该时代与清水泉地区的角闪石岩～549 Ma 变质时代（Chen et al.，2008）一致。刀锋山组岩石样品也具有年龄峰值为～998 Ma 的锆石，与马尔争组岩石样品［编号为 P03(10)］的碎屑锆石年龄峰值～905 Ma 类似，区域上与塔里木地块、欧龙布鲁克陆块等在新元古代发生汇聚碰撞导致的大陆边缘发生的部分熔融有关（陆松年等，2002；陈能松等，2007a），而且新元古代岩浆变质记录在阿尔金、东昆仑、祁连、柴达木北缘以及塔里木东缘均有相关报道（Gehrels et al.，2003；胡霭琴等，2004；陆松年等，2006；陈能松等，2007b；张建新等，2011；孟繁聪等，2013；王冠等，2016），指示与罗地利亚超大陆聚合-裂解对应的岩浆事件相关。值得注意的是，刀锋山地区存在年龄峰值为～657 Ma（663～627 Ma）的锆石，与苦海北缘副片麻岩中锆石的年龄峰值～647 Ma（何登峰，2016）一致，但在东昆仑造山带及邻区并无锆石年龄峰值为～650 Ma 的岩浆记录的报道，因此该期岩浆记录很可能在后期造山过程中未能保留下来，或者对应该峰值的地体是东昆仑南带的一个外来构造岩块。

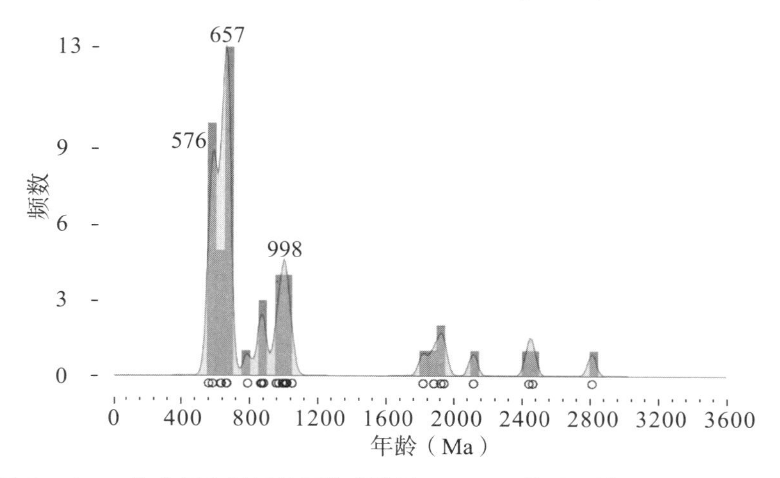


图 7—38　刀锋山组含黑云母石英岩样品 P16(38) 的碎屑锆石年龄谱分布图

# 第8章　东昆仑造山带晚古生代-早中生代地球动力学过程探讨

## 8.1　东昆仑古特提斯洋俯冲过程

东昆仑南部造山带南缘的木孜塔格—布青山—阿尼玛卿构造混杂带被认为是原特提斯构造域和古特提斯构造域复合拼贴的重要构造部位，属于秦岭南缘勉略构造带的西延，是探索块体拼合、陆壳增生和消减机制的天然实验室（姜春发等，1992；许志琴等，2001；张国伟等，2004；裴先治等，2018）。下面重点结合蛇绿岩、岩浆弧、沉积岩，对昆南蛇绿混杂岩所代表的东昆仑原-古特提斯洋的动力学演化历程进行制约。东昆仑造山带重要岩浆/沉积活动信息见表8−1。

表8−1　东昆仑造山带重要岩浆/沉积活动信息一览表

| 序号 | 位置 | 岩石类型 | 年龄（Ma） | 属性 | 来源 |
|---|---|---|---|---|---|
| 1 | 东昆仑苦海地区 | 辉长岩 | 555 | 洋岛玄武岩（OIB） | 李王晔，2008 |
| 2 | 玛积雪山 | 辉长岩 | 535 | 洋中脊玄武岩（MORB） | 李王晔，2008 |
| 3 | 布青山 | 蛇绿岩 | 516和332 | 原特提斯洋和古特提斯洋物质 | 刘战庆等，2011 |
| 4 | 东昆仑西段没草沟 | 辉长岩、玄武岩 | 500和488 | MORB型 | 王国良等，2019 |
| 5 | 得力斯坦 | 辉长岩 | 516 | 洋中脊构造背景 | 孙雨，2010 |
| 6 | 可可尔塔南 | 蛇绿岩 | 467～452 | MORB型 | 王元元，2015 |
| 7 | 布青山哈尔郭勒 | 蛇绿岩 | 333 | MORB型 | 杨杰，2014 |
| 8 | 布青山哈尔郭勒 | 蛇绿岩 | 341 | 洋岛玄武岩（OIB） | 杨杰，2014 |
| 9 | 德尔尼 | 蛇绿岩 | 345 | MORB特征 | 陈亮等，2001 |
| 10 | 德尔尼 | 蛇绿岩 | 308 | MORB特征 | 杨经绥等，2004 |
| 11 | 布青山 | 硅质岩 | 石炭纪放射虫 |  | Bian et al.，2004 |
| 12 | 得力斯坦和牧羊山 | 玄武岩 | 340 |  | Bian et al.，2004 |
| 13 | 布青山 | 硅质岩 | 早二叠世放射虫 |  | 张克信等，1999a、1999b |

续表

| 序号 | 位置 | 岩石类型 | 年龄（Ma） | 属性 | 来源 |
| --- | --- | --- | --- | --- | --- |
| 14 | 下大武 | 蛇绿岩 | 260 | | 姜春发等，1992 |
| 15 | 德尔尼 | 闪长岩 | 493 | 岛弧特征 | 李王晔等，2007 |
| 16 | 布青山 | 钠质钙碱性岩浆岩 | 441～438 | 岩浆弧 | 刘战庆等，2011 |
| 17 | 布青山 | 花岗闪长岩-英云闪长岩 | 402 | 典型埃达克岩特征 | 边千韬等，2007 |
| 18 | 亿可哈拉尔 | 花岗闪长岩 | 437～436 | O 型埃达克质花岗闪长岩和钙碱性花岗闪长岩 | Li et al.，2015b |
| 19 | 东昆仑西段阿确墩 | 花岗质岩体 | 281 | 陆缘弧环境 | 李猛等，2020 |
| 20 | 东昆仑西段其木来克地区 | 花岗闪长岩 | 274～271 | 岛弧环境 | 陈邦学等，2019 |
| 21 | 祁漫塔格鹰爪沟 | 镁铁质-超镁铁质层状岩体 | 263 | 活动大陆边缘裂谷背景 | 胡朝斌等，2018 |
| 22 | 玛积雪山 | 火山岩 | 260 | 岛弧环境 | Yang et al.，1996 |
| 23 | 阿斯哈 | 石英闪长岩 | 232 | 岛弧或活动大陆边缘弧背景 | 岳维好、周家喜，2019 |
| 24 | 青塔山 | 英云闪长岩和含石榴子石英云闪长斑岩 | 212 和 214 | 大洋俯冲环境 | 亓鹏，2019 |
| 25 | 刀锋山地区 | 玄武安山岩与流纹岩 | 272.5±1.4 与 266.6±2.7～264.8±2.3 | 岛弧特征 | 本书研究成果 |
| 26 | 刀锋山地区 | 闪长玢岩 | 258.2±1.9 | 俯冲板片熔体相关的埃达克岩特征 | 本书研究成果 |
| 27 | 刀锋山地区 | 二长花岗岩大岩基 | 209.7±1.5 | 俯冲阶段沉积物部分熔融 | 本书研究成果 |
| 28 | 刀锋山地区 | 辉绿岩脉 | 210±12.0 | 俯冲板片富集组分或 OIB 参与部分熔融 | 本书研究成果 |
| 29 | 刀锋山地区 | 辉绿岩脉 | 226.8±5.9 | | 本书研成结果 |
| 30 | 刀锋山地区 | 碱长花岗岩 | 186.1±1.6 | 形成于晚三叠花岗岩或其碎屑物质在无幔源岩浆参与下碰撞背景的熔融产物 | 本书研究成果 |
| 31 | 刀锋山地区 | 二长花岗岩 | 186.4±1.0 | | 本书研究成果 |

## 8.1.1　蛇绿岩对洋盆存在和演化时限的约束

蛇绿岩是洋盆存在的证据，相关年代学证据显示，阿尼玛卿—东昆仑缝合带代表的特提斯洋经历了漫长的演化历程。

李王晔（2008）在东昆仑苦海获得年龄为555 Ma（SHRIMP）的辉长岩具有洋岛玄武岩（OIB）的地球化学特征，在玛积雪山中获得年龄为535 Ma（SHRIMP）的辉长岩具有洋中脊玄武岩（MORB）的地球化学特征，表明在555～535 Ma期间，东昆仑存在海山-正常洋壳的物质组成。刘战庆等（2011）在东昆仑南缘阿尼玛卿构造带布青山地区获得年龄为516 Ma和332 Ma（LA-ICP-MS）的两期蛇绿岩，认为分别与原特提斯洋和古特提斯洋的演化相关。王国良等（2019）在东昆仑西段没草沟蛇绿岩中获得的辉长岩和玄武岩年龄分别为500 Ma和488 Ma（LA-ICP-MS），具有MORB型地球化学特征，认为在500～480 Ma存在特提斯洋洋中脊扩张背景。孙雨（2010）在缝合带得力斯坦蛇绿岩中获得的辉长岩LA-ICP-MS锆石U-Pb加权平均年龄为516 Ma，地球化学特征显示其形成于典型洋中脊构造背景。王元元（2015）在可可尔塔南获得MORB型蛇绿岩，年龄分布在467～452 Ma，表明存在奥陶纪洋中脊扩张背景。杨杰（2014）在布青山哈尔郭勒蛇绿岩中获得的MORB型蛇绿岩年龄为333 Ma，并识别出年龄为341 Ma的洋岛玄武岩（OIB），表明在石炭纪期间存在洋中脊扩张和洋内热点成因的海山。陈亮等（2001）在德尔尼蛇绿岩中获得年龄为345 Ma（$^{40}Ar$-$^{39}Ar$）的具有MORB特征的玄武岩。杨经绥等（2004）在德尔尼蛇绿岩中识别出年龄为308 Ma的具有MORB特征的基性熔岩，认为德尔尼蛇绿岩所代表的特提斯洋是一个快速扩张的洋中脊。Bian等（2004）在布青山蛇绿混杂岩硅质岩中发现了石炭纪放射虫化石，在得力斯坦和牧羊山识别出年龄为340 Ma（Rb-Sr）的枕状玄武岩。张克信等（1999a、1999b）在布青山蛇绿混杂岩中发现了早二叠世的放射虫硅质岩。姜春发等（1992）报道了下大武蛇绿岩中火山岩的Rb-Sr等时线年龄为260 Ma，以及蛇绿岩赋存于早中三叠世地层中等地质事实，将阿尼玛卿—布青山蛇绿岩形成时代确定为晚二叠世-中三叠世。

在与蛇绿岩伴生的沉积岩的形成时代方面，边千韬等（2001）在缝合带南缘布青山地区粉砂质板岩中获得了半深海-浅海环境的中-晚奥陶世疑源类化石。边千韬等（1999）等在布青山—牧羊山蛇绿混杂岩的硅质岩中识别出早古生代放射虫（*Spumellaria sp.*）、早石炭世放射虫（*Callela parvispinosa? Won*；*Entactinia variospina? Won*）、晚石炭世放射虫（*Albaillella amplificata Nazarov et Ormiston*；*Camptoalatus cf. benignus Nazarov*；*Camptoalatus sp.*）、早二叠世放射虫（*Latentibifistula sp.*）化石。此外，除了在东昆仑玛积雪山厚层生物碎屑灰岩和灰岩岩块中含有晚石炭世-早二叠世蜓、腕足和有孔虫化石（王永标等，1997、1998），在西给什根、布青山一带枕状玄武岩的硅质岩夹层中还含有早-中三叠世放射虫化石（姜春发等，1992）。

这些蛇绿岩年代学和地球化学证据共同表明，南昆仑特提斯洋在早古生代已经存在，保留了原特提斯洋演化记录；另外，从石炭纪演化至早-中三叠世，东昆仑经历了古特提斯洋阶段的演化历程。

### 8.1.2 俯冲阶段岛弧岩浆记录对俯冲时限的约束

李王晔等（2007）在南昆仑缝合带获得的德尔尼闪长岩形成时代为493 Ma（SHRIMP），显示岛弧岩浆地球化学特征；刘战庆等（2011）在布青山构造混杂带白日切特岩体获得形成时代为441～438 Ma（LA-ICP-MS）的钠质钙碱性中酸性岩浆岩。边千韬等（2007）在布青山一带获得形成时代为402 Ma（TIMS）、侵入蛇绿混杂岩中的花岗闪长岩-英云闪长岩，具有高 $SiO_2$ 含量、高 $Na_2O/K_2O$ 比值、高Sr含量和高Sr/Y比值，属于典型埃达克岩的地球化学特征，与早古生代特提斯洋向北俯冲相关。Li等（2015b）在亿可哈拉尔获得具有O型埃达克质花岗闪长岩和钙碱性花岗闪长岩的LA-ICP-MS锆石U-Pb时代为437～436 Ma，表明早志留世存在向北的俯冲事件。

除了寒武纪-志留纪的岛弧岩浆作用，东昆仑造山带中还发育大量中-晚二叠世（261～252 Ma）（Dong et al.，2018）和早-中三叠世（250～240 Ma）（Li et al.，2015c；Xia et al.，2017；Zheng et al.，2018；Dong et al.，2018）的岛弧岩浆。区域上，东昆仑西段阿确墩形成于陆缘弧环境具有I型特征的花岗质岩体［(281.5±4)Ma］（李猛等，2020）；阿尼玛卿古特提斯洋的持续俯冲形成了规模巨大的岛弧型岩浆岩。如东昆仑西段其木来克地区发育岛弧环境的花岗闪长岩［(274.6±1.2)Ma］和黑云母花岗闪长岩［(271.2±0.6)Ma］（陈邦学等，2019），东昆仑东段希望沟发育辉长岩［(270.7±1.1)Ma］（李玉龙等，2018），东昆仑祁漫塔格鹰爪沟可见活动大陆边缘裂谷背景下的镁铁－超镁铁质层状岩体［(263±4)Ma］（胡朝斌等，2018），玛积雪山发育岛弧火山岩、年龄为260 Ma（Yang et al.，1996），玛沁地区发育岛弧环境的德－恰花岗杂岩体［(250±20)Ma］（杨经绥等，2005），都兰县阿斯哈地区发育活动大陆边缘弧背景下壳-幔混合特征的石英闪长岩［(232.6±1.4)Ma］（岳维好、周家喜，2019），青塔山地区发育大洋俯冲环境相关的英云闪长岩和含石榴子石英云闪长斑岩［(212±1.5)Ma和（214±1)Ma］（亓鹏，2019），这些资料均表明中二叠世－晚三叠世期间经历了相对连续的岩浆演化过程，代表了东昆仑晚古生代持续的北向俯冲事件。这些资料均表明中二叠世-晚三叠世期间经历了相对连续的岩浆演化过程，代表了东昆仑晚古生代持续的北向俯冲事件。而本书研究成果为中二叠-晚三叠世俯冲相关的岩浆弧年龄介于273～209 Ma之间，表明向北的俯冲很可能持续到209 Ma。

### 8.1.3 俯冲相关沉积记录对俯冲时限的约束

东昆仑造山带中保留了大量二叠-三叠纪期间的沉积记录。其中早二叠世的马尔争组沉积地层研究表明，砂岩物源区构造环境为大陆岛弧，源岩性质为长英质火山岩和花岗岩类源岩，主要来源于北侧东昆仑造山带加里东期岩浆弧与变质基底（胡楠等，2013；裴先治等，2015；裴磊等，2017）。晚二叠世格曲组下部的砾岩碎屑锆石年龄、沉积学特征表明，格曲组是一套沉积于活动大陆边缘环境的海相磨拉石建造，代表了晚二叠世北向俯冲的产物（黄晓宏等，2016；杨森等，2016）。下三叠统洪水川组沉积地层研究结果显示，其经历了弧前盆地初始沉积、正常沉积、晚期沉积等连续的沉积-构造演化过程，为古特提斯洋向北俯冲过程中的弧前盆地的产物（李瑞保等，2015）。闫臻等（2008）对东昆仑南缘洪水川组的物源分析表明，早三叠世处于弧前盆地沉积，物源主要来自北侧岛弧带和阿尼玛卿蛇绿混杂带。对中三叠世闹仓坚沟组岩石组合及沉积结构的构造研究显示，其沉积环境由浅海陆棚碎屑沉积逐渐变为浅海碳酸盐岩台地沉积，其碎屑物源指示的构造背景依然为大陆岛弧（李瑞保等，2012；陈伟男，2015）。

中三叠统希里可特组海陆相交互相沉积特征指示了布青山—阿尼玛卿古特提斯洋的局部闭合（李瑞保等，2012）。而上三叠统八宝山组为广泛的陆相沉积，被认为昆仑地区在晚三叠世已经完全进入后碰撞演化阶段（陈国超等，2018）。本书研究在马尔争组和库孜贡苏组中获得了中晚二叠世-早侏罗世砂岩，成分分析表明两地层的沉积均与陆缘弧提供的物源相关。由此可见，沉积方面的记录支持东昆仑古特提斯洋在中三叠世仍然处于俯冲阶段。

## 8.2 早中生代碰撞过程

学术界关于布青山—阿尼玛卿古特提斯洋的碰撞闭合时限的说法一直存在较大分歧：一种观点认为，布青山—阿尼玛卿古特提斯洋在中二叠世闭合，晚二叠世该区已全面进入后碰撞造山阶段（Yang et al.，2009；Pan et al.，2012）；一种观点认为，晚二叠世-早三叠世花岗岩类多为俯冲型岩浆岩，中三叠世才开始碰撞造山运动（熊富浩，2014）；还有一种观点认为，布青山—阿尼玛卿古特提斯洋俯冲持续到早三叠世，至晚三叠世才全面转入陆内碰撞造山阶段（莫宣学等，2007；张明东等，2018）。

上述争议的关键是，能否在各自的碰撞时限区间内找到洋盆存在的证据，如果能找到对应或者更年轻的蛇绿岩组分及其上覆沉积岩系，则说明洋盆并未闭合，对应的观点需要重新考虑。从布青山—阿尼玛卿混杂带中发现的石炭纪-中三叠世的蛇绿岩和伴生沉积岩（姜春发等，1992；张克信等，1999a，1999b；陈亮等，2001；杨经绥等，2004；Bian et al.，2004；刘战庆等，2011；杨杰，2014）清晰表明，洋盆至少可持续到中三叠世。因此合理的解释是，洋盆闭合的下限是中三叠世，即洋盆闭合发生在中三叠世之后。

要弄清东昆仑—阿尼玛卿古特提斯洋的最后碰撞格局，必须对东昆仑—阿尼玛卿缝合带南侧的松潘—甘孜杂岩（地体）基底性质给予澄清和限定。由于缺乏古老基底岩石，松潘—甘孜杂岩（地体）基底性质长期存在争议。主要有两种观点：一种观点认为基底为陆壳（Chang，2000；Roger et al.，2004、2010；Zhang et al.，2007；Yuan et al.，2010），另一种观点认为基底是残留的洋壳（Hsü et al.，1995；Bruguier et al.，1997；Yin、Harrison，2000）。从前人对松潘—甘孜地体中晚三叠世火山岩的研究可以发现，可可西里地区的高镁安山岩、英安岩形成于消减沉积物的部分熔融，或者是部分熔融形成的熔体与地幔橄榄岩的反应（Wang et al.，2011）。也有研究者将具有$\varepsilon_{Nd}(t)$（$-5.3\sim-3.6$）和$\varepsilon_{Hf}(t)$（$-3.7\sim+5.5$）特征的钙碱性安山岩认为是岩石圈拆沉的产物（Cai et al.，2010）。然而通过对比可以发现，晚三叠世松潘—甘孜地体中的火山岩和浊积岩的地球化学及同位素特征具有极大的相似性（夏磊等，2017）。而进一步研究表明，松潘—甘孜地体中晚三叠世的岩浆岩的 Hf 地壳模式年龄与浊积岩两主峰（~440 Ma 和~240 Ma）所对应的作为其物源的东昆仑岩体特征完全一致，表明晚三叠世岩浆岩和浊积岩具有相同的初始母岩浆，进一步说明松潘—甘孜地体中晚三叠世火山岩的形成与浊积岩的部分熔融密切相关（Liu et al.，2019a）。不可否认的是，松潘—甘孜地体上覆盖有巨厚的海相浊积岩和海相碳酸盐岩（Weislogel，2008；Ding et al.，

2013），而且地体内存在镁铁质-超镁铁质岩石和大洋放射虫硅质岩（夏磊等，2017），这些证据均表明松潘—甘孜地体基底不可能是一刚性陆壳，更可能是残留的洋壳。而松潘—甘孜杂岩为一套强烈变形的复理石增生杂岩。

在此基础上，我们对于前人提出的东昆仑—阿尼玛卿缝合带形成于松潘—甘孜地体和昆仑地体之间的碰撞模型需要重新考虑，因其所涉及的松潘—甘孜地体很可能并不存在陆壳基底；而大洋双向俯冲模型可能更为合理。松潘—甘孜杂岩及其两侧缝合带（北侧东昆仑—阿尼玛卿缝合带和南侧金沙江缝合带）中的晚三叠世岩浆岩更可能形成于松潘—甘孜古特提斯洋双向俯冲过程中板片回撤引发的浊积岩部分熔融与地幔楔作用的产物（Roger et al.，2004）。由于在早侏罗世期间并未发现相应时代的洋壳组分，表明洋中脊很可能已经停止扩张，两侧增生楔沉积物在周缘地体汇聚下发生进一步挤压，形成"软碰撞"。晚三叠世岩浆岩及其碎屑物质在无地幔组分参与下再次熔融，侵位于增生杂岩中形成早侏罗世的钉合岩体，参考图8-1（b）。

## 8.3 俯冲与碰撞构造体制转换时限约束

布青山地区出露的晚三叠世富钠、高镁埃达克质闪长岩（陈国超等，2013a，2013b）和高镁闪长岩（李佐臣等，2013）明显不能用碰撞过程诱发的下地壳拆沉来解释，因为下地壳拆沉成因的埃达克岩一般是富钾（Wang et al.，2005，2007）、贫镁（Rapp、Watson，1995），而实际上对应的是俯冲阶段的产物。李佐臣等（2013）将侵入增生杂岩的闪长岩以"钉合岩体"来限定整个增生杂岩的形成时代上限，认为在225 Ma碰撞已经完成。然而，俯冲阶段侵入增生杂岩的岩体类似于增生弧，可以用来限定被其侵位部分增生杂岩的就位时代，但并不能对整个增生杂岩尤其是晚期就位的增生杂岩进行限定。

Wang等（2011）在缝合带南部的布肯达坂一带识别出一套年龄为211～210 Ma（LA-ICP-MS，$^{40}Ar$-$^{39}Ar$）的高镁安山岩-英安岩岩石组合，类似于日本新生代的赞岐岩（sanukitoids）。有研究表明，其形成于古特提斯洋向北俯冲过程中消减沉积物熔体和地幔楔橄榄岩的反应。还有研究表明，晚古生代-早中生代东昆仑造山带南缘发育呈东西向展布的250～207 Ma岩浆弧，指示松潘—甘孜洋在此期间向北俯冲于昆仑地体之下（Harris et al.，1988；Xiao et al.，2002a、2002b；Yuan et al.，2009）。Zhang等（2014）研究认为，松潘—甘孜洋俯冲结束于晚三叠世，其间昆南缝合带南侧松潘—甘孜杂岩下伏的岛弧地体熔融形成了～193 Ma的具有Nd同位素轻微富集［εNd（t）＝−2.2～−2.0］而Hf同位素主体亏损［$\varepsilon_{Hf}(t)$＝−0.6～+3.0］的I型花岗岩。

Li等（2015a）对东昆仑造山带东延的秦岭地区三叠纪（248～200 Ma）花岗岩进行了系统研究，发现花岗岩向北呈现出$K_2O$、$K_2O+Na_2O$、$SiO_2$、Th、U、$K_2O/Na_2O$、Rb/Sr和$(^{87}Sr/^{86}Sr)_i$增加，$Na_2O$、$Al_2O_3$、$Mg^{\#}$、$\varepsilon_{Hf}(t)$降低的地球化学特征，该特征与大陆碰撞的产物明显不符。然而，连续的大洋俯冲过程可以对上述成分变化进行解释，因此认为洋陆俯冲作用可以持续到200 Ma，进而将俯冲-碰撞格局之间的转变限定在晚三叠世-早侏罗世转换期间。

本书研究表明，东昆仑造山带刀锋山地区发育中二叠-晚三叠世（273～209 Ma）的弧岩浆岩和早侏罗世（186 Ma）的碰撞型花岗岩。其中，持续到晚三叠世的俯冲与东昆仑南缘代表大洋俯冲阶段形成的典型O型埃达克岩（225～218 Ma）和昆南缝合带南侧211～210 Ma高镁安山岩-英安岩岩石所指示的大洋俯冲阶段完全一致。值得注意的是，虽然早侏罗世花岗岩（186 Ma）具有与晚三叠世花岗岩（209 Ma）一致的地球化学特征，包括富集大离子亲石元素（LILE）、亏损高场强元素（HFSE）和具有相似的Hf同位素组成和模式年龄，但二者幔源组分对二者成岩过程的贡献存在显著区别。其中晚三叠世花岗岩在形成过程中有亏损地幔组分参与，形成于亏损地幔和俯冲沉积物相互作用下的部分熔融过程。虽然早侏罗世花岗岩显示Hf同位素亏损，但其形成过程并无亏损地幔组分参与，因为幔源组分的加入必然会呈现出随着Zr/Hf值升高而偏离单纯分离结晶过程中Zr/Hf和Zr之间的线性序列。早侏罗世花岗岩与晚三叠世花岗岩具有相同的Hf同位素组成和Hf模式年龄，表明二者具有完全一致的初始母岩浆。此外，早侏罗世花岗岩含有大量晚三叠世锆石群，其年龄与晚三叠世花岗岩的形成时代十分吻合。这些证据支持东昆仑南缘造山带早侏罗世花岗岩形成于晚三叠世花岗岩或源自其碎屑组分在碰撞阶段强烈挤压背景下的熔融过程，该机制与松潘—甘孜杂岩中早侏罗世（193 Ma）岩石的形成机制类似（Zhang et al.，2014），很可能代表了发育巨厚复理石沉积的松潘—甘孜杂岩及周缘增生杂岩中早侏罗世花岗岩的一种普遍形成机制。

缝合带中蛇绿岩及其伴生沉积岩表明，洋盆在石炭纪-三叠纪持续存在，而刀锋山地区保留的最晚俯冲记录可持续到晚三叠世（～209 Ma），碰撞相关岩浆作用时间发生在早侏罗世（～186 Ma），因此可利用两者分别作为下限和上限，并将俯冲-碰撞过程的转换限定在两者之间，即晚三叠世-早侏罗世（209～186 Ma）。

## 8.4　大地构造演化过程简析

东昆仑南缘缝合带有原特提斯-古特提斯洋存在和俯冲的相关记录，含有大量的前寒武纪（李王晔，2008）、寒武纪（李王晔，2008；孙雨，2010；刘战庆等，2011；王国良等，2019）、奥陶纪（边千韬等，2001；王元元，2015）、石炭纪（Bian et al.，2004；边千韬等，1999；陈亮等，2001；杨经绥等，2004；刘战庆等，2011；杨杰，2014）、二叠纪（姜春发等，1992；王永标等，1997，1998；张克信等，1999a，1999b）、三叠纪（姜春发等，1992）洋壳相关组成端元。其间缺乏志留纪-泥盆纪的大洋残片记录。

东昆仑—阿尼玛卿古特提斯洋的俯冲作用自寒武纪晚期（李王晔等，2007）已经开始，包括经志留纪（刘战庆等，2011；Li et al.，2015b；Xiong et al.，2015；Dong et al.，2018）、泥盆纪（边千韬等，2007）、二叠纪（Dong et al.，2018；本书）到三叠纪（Li et al.，2015c；Xia et al.，2017；Zheng et al.，2018）的俯冲记录，其间缺乏石炭纪期间的大洋俯冲记录。

综合研究表明，石炭纪的岩浆活动在整个东昆仑并不发育（Dong et al.，2018）。而且有研究证实，石炭纪期间存在海山俯冲记录（杨杰，2014）。由于海山典型的正高地形可引起下述地质效应：第一，海山沿俯冲隧道消减能够对俯冲带产生强烈的俯冲侵蚀；第二，海山相对较低的密度会引发俯冲板片俯冲角度变缓；第三，海山正高地形会导致俯冲停止。后两种地质效应可直接导致石炭纪岩浆弧缺失，而第一种地质效应也可能对前期的岩浆弧产生进一步侵蚀。本书研究在马尔争组中获得晚石炭世（302 Ma）砂岩，成分上指示活动陆缘相关沉积，表明石炭纪很可能存在向北的俯冲机制，而且该砂岩在成分上明显受到碳酸盐稀释作用，这或许与海山二元结构中碳酸盐岩顶盖在俯冲过程中提供了大量碳酸盐碎屑有关。综合上述分析认为，石炭纪海山俯冲诱发的俯冲带停止或俯冲板片变平很可能是导致石炭纪岩浆弧缺失的主要原因。

以往研究将昆南缝合带代表的东昆仑古特提斯洋在二叠纪期间的北向俯冲限定到中二叠世末（261 Ma）（Dong et al.，2018），本书研究获得了早二叠世（273 Ma）俯冲相关的玄武岩-玄武安山岩，代表了该洋盆二叠纪更早期的俯冲记录。

综合前人研究，本书研究认为，东昆仑—阿尼玛卿缝合带所处的古特提斯洋（松潘—甘孜）在石炭纪-三叠纪期间经历了双向俯冲过程［见图 8－1（a）］。向北的俯冲使石炭纪-三叠纪蛇绿岩及其伴生的沉积物（Bian et al.，2004；边千韬等，1999；陈亮等，2001；杨经绥等，2004；刘战庆等，2011；杨杰，2014）被刮削-增生于昆南缝合带，并形成了二叠纪-三叠纪（273～209 Ma）的岛弧岩浆和石炭纪-三叠纪的沉积记录。石炭纪岩浆相对缺乏，很可能是由于石炭纪期间的海山俯冲引起了俯冲停止或俯冲板片变缓而导致缺乏岩浆记录。该过程一方面形成了含亏损地幔源区成因的早二叠世-晚三叠世正常岛弧岩石（Li et al.，2015c；Xia et al.，2017；Dong et al.，2018；Zheng et al.，2018）；另一方面形成了具有典型洋壳俯冲成因的晚二叠世-晚三叠世高镁安山岩、埃达克岩等火山岩，包括晚二叠世（258 Ma）高镁闪长岩（本书研究中编号为 D1596 的样品）、晚三叠世的 O 型埃达克岩（225～218 Ma）（陈国超等，2013a、2013b；李佐臣等，2013）和高镁安山岩（211～210 Ma）（Wang et al.，2011）。而向南的俯冲形成了金沙江缝合带和对应的岛弧岩浆作用，包括其间的志留纪-三叠纪海山俯冲增生事件（Liu et al.，2019b）。在两俯冲带之间的古特提斯洋汇集了来自两侧物源的浊流沉积，以～440 Ma 和～240 Ma 两大峰值为代表的沉积岩［与本书研究的库孜贡苏组砂岩（编号为 D1732）类似］构成了松潘—甘孜复理石沉积的主体（Ding et al.，2013），分别对应晚三叠世岩浆弧和志留纪两期弧岩浆作用。

在晚三叠世-早侏罗世（209～186 Ma），随着松潘—甘孜周缘地体进一步汇聚，由巨型倒三角复理石沉积体系所组成的松潘—甘孜残留洋盆发生了强烈的褶皱变形（Roger et al.，2004）。在此强烈挤压下，松潘—甘孜杂岩东部丹巴地区形成年龄峰值为～191 Ma 的巴罗式变质（Weller et al.，2013），并导致松潘—甘孜杂岩中晚三叠世岩浆弧或源自其物源的浊积岩中发生熔融而最终形成早侏罗世（软）碰撞型花岗岩（193 Ma）［Zhang et al.，2014；本书研究中年龄为 186 Ma 的花岗岩（编号为 D232、D233）］，即在无幔源组分参与条件下（无 Zr/Hf 添加）继承了晚三叠世弧岩浆属性（相似的岩石地球化学和 Hf 同位素组成）［见图 8－1（b）］，以松潘—甘孜杂岩和两侧缝合带强烈褶皱变形、中早侏罗世钉合岩体为标志完成古特提斯洋俯冲-碰撞过程的最后转换。

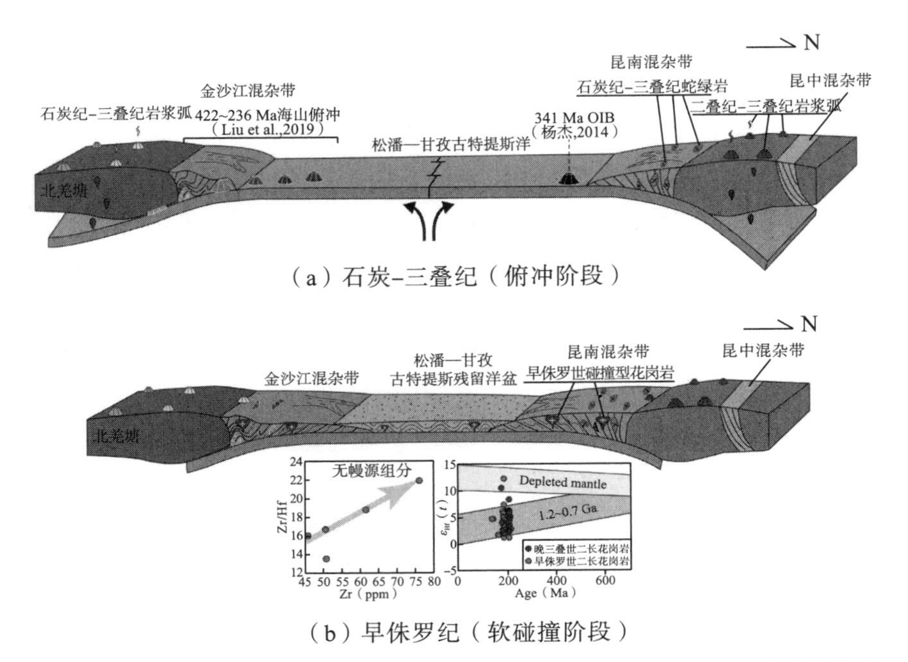

(a) 石炭-三叠纪(俯冲阶段)

(b) 早侏罗纪(软碰撞阶段)

**图 8-1　东昆仑—阿尼玛卿(松潘—甘孜)古特提斯洋石炭纪-侏罗纪构造演化模式图**

# 参考文献


阿成业，王毅智，任晋祁，等. 东昆仑地区万保沟群的解体及早寒武世地层的新发现[J]. 中国地质，2003，30（2）：199－206.

白国典，王坤，陈泳霖，等. 青海卡巴纽尔多地区上三叠统巴颜喀拉山群牙形石的发现及其意义[J]. 西北地质，2018，51（4）：24－32.

柏道远，陈必河，孟德保，等. 中昆仑笔石山地区晚古生代花岗岩地球化学特征成岩作用与构造环境研究[J]. 中国地质，2006，33（6）：1236－1245.

边千韬，Pospelov I I，李惠民，等. 青海省布青山早古生代末期埃达克岩的发现及其构造意义[J]. 岩石学报，2007，23（5）：925－934.

边千韬，罗小全，李红生，等. 阿尼玛卿山早古生代和早石炭-早二叠世蛇绿岩的发现[J]. 地质科学，1999，34（4）：523－524.

边千韬，尹磊明，孙淑芬，等. 东昆仑布青山蛇绿混杂岩中发现奥陶纪疑源类[J]. 科学通报，2001，46（2）：167－171.

边千韬，赵大升，叶正仁，等. 初论昆祁秦缝合系[J]. 地球学报，2002，23（6）：501－508.

蔡雄飞，刘德民. 东昆仑三叠系下上浊积扇体的识别及研究意义明[J]. 海洋地质科技，2008，24（6）：1－8.

蔡雄飞，罗中杰，刘德民，等. 东昆仑三叠系一个不可忽视的地层单位——希里可特组[J]. 地层学杂志，2008，32（4）：374－380.

陈邦学，徐胜利，杨有生，等. 东昆仑西段其木来克一带晚二叠世侵入岩的成因及其构造意义[J]. 地质通报，2019，38（6）：1040－1051.

陈国超，裴先治，李瑞保，等. 东昆仑洪水川地区科鄂阿龙岩体锆石 U-Pb 年代学，地球化学及其地质意义[J]. 地质学报，2013，87（2）：178－196.

陈国超，裴先治，李瑞保，等. 东昆仑东段可日正长花岗岩年龄和岩石成因对东昆仑中三叠世构造演化的制约[J]. 岩石学报，2018，34（3）：567－585.

陈国超，裴先治，李瑞保，等. 东昆仑古特提斯后碰撞阶段伸展作用：来自晚三叠世岩浆岩的证据[J]. 地学前缘，2019，26（4）：191－208.

陈国超，裴先治，李瑞保，等. 东昆仑造山带东段南缘和勒冈希里克特花岗岩体时代、成因及其构造意义[J]. 地质学报，2013a，87（10）：1525－1541.

陈国超，裴先治，李瑞保，等. 东昆仑洪水川地区科科鄂阿龙岩体锆石 U-Pb 年代学、地球化学及其地质意义[J]. 地质学报，2013b，87（2）：178－196.

陈国超. 东昆仑造山带（东段）晚古生代-早中生代花岗质岩石特征、成因及地质意义

[D]. 西安：长安大学，2014.
陈亮，孙勇，裴先治，等. 德尔尼蛇绿岩 $^{40}Ar$-$^{39}Ar$ 年龄：青藏最北端古特提斯洋盆存在和延展的证据 [J]. 科学通报，2001，46（5）：424—426.
陈能松，李晓彦，王新宇，等. 柴达木地块南缘昆北单元变质新元古代花岗岩锆石 SHRIMP U-Pb 年龄 [J]. 地质通报，2006，25（11）：1311—1314.
陈能松，王勤燕，陈强，等. 柴达木和欧龙布鲁克陆块基底的组成和变质作用及中国中西部古大陆演化关系初探 [J]. 地学前缘，2007a，14（1）：43—55.
陈能松，孙敏，王勤燕，等. 东昆仑造山带昆中带的独居石电子探针化学年龄：多期构造变质事件记录 [J]. 科学通报，2007b，52（11）：1297—1306.
陈守建，李荣社，计文化，等. 巴颜喀拉构造带二叠-三叠纪岩相特征及构造演化 [J]. 地球科学-中国地质大学学报，2011，36（3）：393—408.
陈伟男. 东昆仑东段南坡闹仓坚沟组地质特征、物源属性与构造演化 [D]. 西安：长安大学，2015.
陈有炘，裴先治，李瑞保，等. 东昆仑东段纳赤台岩群变火山岩 U-Pb 年龄、地球化学特征及其构造意义 [J]. 地学前缘，2013，20（6）：240—254.
陈有炘，裴先治，李瑞保，等. 东昆仑东段纳赤台岩群变沉积岩地球化学特征及构造意义 [J]. 现代地质，2014，28（3）：489—500.
谌宏伟，罗照华，莫宣学，等. 东昆仑造山带三叠纪岩浆混合成因花岗岩的岩浆底侵作用机制 [J]. 中国地质，2005，32（3）：386—395.
崔加伟，郑有业，田立明，等. 松潘—甘孜造山带北部岗龙地区巴颜喀拉山群地球化学特征和锆石 U-P 年代学特征：对物源及构造环境的启示 [J]. 矿物岩石地球化学通报，2016，35（4）：719—742.
戴传固，陈厚国，程国繁. 新疆且末县黄羊沟地区蛇绿混杂岩带的发现及其意义 [J]. 地质通报，2002，21（2）：88—91.
戴传固，李硕，边申武. 青藏高原北缘昆仑—羊湖地区构造演化特征 [J]. 贵州地质，2006，23（1）：1—4.
戴传固. 青藏高原北缘昆仑—羊湖地区构造运动及其地质意义 [J]. 贵州地质，2009，26（2）：81—84.
邓晋福，Flower M，苏尚国，等. 地中海地区明显反差的岩石圈变形与岩浆活动的共存：陆-陆碰撞过程中地慢流的响应与表现 [J]. 现代地质，2004，18（4）：435—442.
丁烁，黄慧，牛耀龄，等. 东昆仑高 Nb-Ta 流纹岩的年代学、地球化学及成因 [J]. 岩石学报，2011，27（12）：3603—3614.
范亚洲，夏明哲，夏昭德，等. 新疆且末县几克里阔勒镁铁—超镁铁岩体地球化学特征及岩石成因 [J]. 地质论评，2014，60（4）：799—810.
范亚洲，孟繁聪，段雪鹏. 东昆仑西段夏日哈木榴辉岩原岩属性及陆（弧）陆碰撞 [J]. 地质学报，2018，92（3）：482—502.
高明. 东昆仑西段岩碧山超镁铁质—镁铁质岩岩石学特征及岩石成因 [D]. 北京：中

国地质大学（北京），2018.
耿建珍，李怀坤，张健．锆石 Hf 同位素组成的 LA-MC-ICP-MS 测定［J］．地质通报，2011，30（10）：1508—1513.
弓小平，马华东，杨兴科，等．木孜塔格—鲸鱼湖断裂带特征、演化及其意义［J］．大地构造与成矿学，2004，28（4）：418—427.
龚大兴，邹灏，张强，等．东昆仑卧龙岗锑矿痕量元素示踪及成因分析［J］．矿产保护与利用，2016（1）：16—23.
郭安林，张国伟，孙延贵，等．阿尼玛卿蛇绿岩带 OIB 和 MORB 的地球化学及空间分布特征：玛积雪山古洋脊热点构造证据［J］．中国科学（D 辑：地球科学），2006（7）：618—629.
郭宪璞，王乃文，丁孝忠，等．东昆仑造山带西段万宝沟岩群古近纪孢粉组合的发现及其地质意义［J］．中国科学（D 辑：地球科学），2005，35（12）：1156—1164.
韩海臣，王国良，丁玉进，等．东昆仑巴音呼都森晚三叠世中酸性侵入岩锆石 LA-ICP-MSU-Pb 定年及地质意义［J］．西北地质，2018，51（1）：144—158.
何登峰．东昆仑造山带前寒武变质岩系构造演化［D］．西安：西北大学，2016.
胡霭琴，郝杰，张国新，等．新疆东昆仑地区新元古代蛇绿岩 Sm-Nd 全岩-矿物等时线定年及其地质意义［J］．岩石学报，2004，20（3）：457—462.
胡朝斌，李猛，查显锋，等．东昆仑祁漫塔格晚古生代末期幔源岩浆活动成因及地质意义：以鹰爪沟岩体为例［J］．地球科学，2018，43（12）：4334—4349.
胡楠，裴先治，李瑞保，等．东昆仑南缘布青山得力斯坦地区马尔争组物源分析及其构造背景研究［J］．地质学报，2013，87（11）：1731—1747.
胡旭莉，陈文．东昆仑西段布喀达坂峰地区昆南断裂初步研究［J］．青海大学学报（自然科学版），2010，28（3）：36—41.
黄建国，崔春龙，杨剑，等．西昆仑库斯拉甫一带侏罗纪断陷盆地演化及成煤环境分析［J］．西北地质，2016，49（4）：201—206.
黄乐清．西昆仑麻扎构造混杂岩带中-下侏罗统叶尔羌群沉积环境及物源区大地构造背景分析［D］．成都：成都理工大学，2013.
黄晓宏，张海军，王训练，等．东昆仑花石峡北部上二叠统格曲组源区特征：来自碎屑组成和岩石地球化学的证据［J］．沉积学报，2016，34（6）：1133—1146.
冀六祥，欧阳舒．青海中东部布青山群孢粉组合及其时代［J］．古生物学报，1996，35（1）：125—132.
姜春发，王宗起，李锦轶．中央造山带开合构造［M］．北京：地质出版社，2000.
姜春发，杨经绥，冯秉贵．昆仑开合构造［M］．北京：地质出版社，1992.
寇贵存，冯金炜，罗保荣，等．青海阿木尼克山地区牦牛山组火山岩地球化学特征、锆石 U-Pb 年龄及其地质意义［J］．地质通报，2017，36（Z1）：275—284.
黎敦朋，李新林，周小康，等．巴颜喀拉山西段二叠纪古海山的发现及意义［J］．地质通报，2007，26（8）：996—1002.
李碧乐，孙丰月，于晓飞，等．东昆中隆起带东段闪长岩 U-Pb 年代学和岩石地球化学研究［J］. 岩石学报，2012，28（4）：1163－1172.
李怀坤，陆松年，相振群，等. 东昆仑中部缝合带清水泉麻粒岩锆石 SHRIMP U-Pb 年代学研究［J］. 地学前缘，2006（6）：311－321.
李海兵，许志琴，杨经绥，等. 阿尔金断裂带最大累积走滑位移量——900 km?［J］. 地质通报，2007（10）：1288－1298.
李建兵，万世昌，李镇宏. 柴北缘阿木尼克地区晚古生代耗牛山组火山岩地质地球化学特征及其地质意义［J］. 西北地质，2017，50（3）：47－53.
李三忠，赵淑娟，余珊，等. 东亚原特提斯洋（Ⅱ）：早古生代微陆块亲缘性与聚合［J］. 岩石学报，2016，32（9）：2628－2644.
李猛，胡朝斌，查显锋，等. 东昆仑西段阿确墩地区晚古生代花岗岩成因、锆石 U-Pb 年龄及其地质意义［J］. 地球科学，2020，45（7）：2598－2609.
李荣社，计文化，杨永成，等. 昆仑山及邻区地质［M］. 北京：地质出版社，2008.
李瑞保. 东昆仑造山带（东段）晚古生代-早中生代造山作用研究［D］. 西安：长安大学，2012.
李瑞保，裴先治，李佐臣，等. 东昆仑东段晚古生代-中生代若干不整合面特征及其对重大构造事件的响应［J］. 地学前缘，2012，19（5）：244－254.
李瑞保，裴先治，李佐臣，等. 东昆仑南缘布青山构造混杂带哥日卓托洋岛玄武岩地球化学特征及构造意义［J］. 地学前缘，2014（1）：183－195.
李瑞保，裴先治，李佐臣，等. 东昆仑东段下三叠统洪水川组沉积序列与盆地构造原型恢复［J］. 地质通报，2015，34（12）：2302－2314.
李瑞保，裴先治，李佐臣，等. 东昆中构造混杂岩带清泉沟弧前玄武岩地质、地球化学特征及构造环境［J］. 地球科学，2018，43（12）：4521－4535.
李王晔，李曙光，郭安林，等. 青海东昆南构造带苦海辉长岩和德尔尼闪长岩的锆石 SHRIMP U-Pb 年龄及痕量元素地球化学——对“祁-柴-昆”晚新元古代-早奥陶世多岛洋南界的制约［J］. 中国科学（D 辑：地球科学），2007（S1）：288－294.
李王晔. 西秦岭—东昆仑造山带蛇绿岩及岛弧型岩浆岩的年代学和地球化学研究［D］. 合肥：中国科学技术大学，2008.
李兴振，尹福光. 东昆仑与西昆仑地质构造对比研究之刍议［J］. 地质通报，2002（11）：777－783.
李玉龙，蔡生顺，常涛，等. 东昆仑东段中二叠世洋陆俯冲的新证据：来自希望沟辉长岩 U-Pb 年龄的约束［J］. 矿物岩石，2018，38（1）：91－98.
李佐臣，裴先治，刘战庆，等. 东昆仑南缘布青山构造混杂岩带哥日卓托闪长岩体年代学、地球化学特征及其地质意义［J］. 地质学报，2013，87（8）：1089－1103.
刘彬，马昌前，蒋红安，等. 东昆仑早古生代洋壳俯冲与碰撞造山作用的转换：来自胡晓钦镁铁质岩石的证据［J］. 岩石学报，2013，29（6）：2093－2106.
刘彬，马昌前，张金阳，等. 东昆仑造山带东段早泥盆世侵入岩的成因及其对早古生代造山作用的指示［J］. 岩石学报，2012（6）：1785－1807.
刘成东，莫宣学，罗照华，等. 东昆仑造山带花岗岩类 Pb-Sr-Nd-O 同位素特征［J］.

地球学报，2003，24（6）：584－588.

刘成东，莫宣学，罗照华，等．东昆仑壳-幔岩浆混合作用：来自锆石SHRIMP年代学的证据［J］．科学通报，2004，49（6）：596－602.

刘成东，张文秦，莫宣学，等．东昆仑约格鲁岩体暗色微粒包体特征及成因［J］．地质通报，2002，21（11）：739－744.

刘广才，李向红．党河南山组与格曲组的建立［J］．青海地质，1994，3（2）：1－7.

刘红涛，翟明国，刘建明，等．华北克拉通北缘中生代花岗岩：从碰撞后到非造山［J］．岩石学报，2002，18（4）：433－448.

刘图杰．东昆仑造山带东段南坡洪水川组地质特征、物源属性及构造意义［D］．西安：长安大学，2015.

刘战庆，裴先治，李瑞保，等．东昆仑南缘阿尼玛卿构造带布青山地区两期蛇绿岩的LA-ICP-MS锆石U-Pb定年及其构造意义［J］．地质学报，2011，85（2）：185－194.

刘战庆，裴先治，李瑞保，等．东昆仑南缘布青山构造混杂岩带早古生代白日切特中酸性岩浆活动：来自锆石U-Pb测年及岩石地球化学证据［J］．中国地质，2011，38（5）：1150－1167.

龙晓平，金巍，葛文春，等．东昆仑金水口花岗岩体锆石U-Pb年代学及其地质意义［J］．地球化学，2006，35（4）：367－376.

陆露，吴珍汉，胡道功，等．东昆仑耗牛山组流纹岩锆石U-Pb年龄及构造意义［J］．岩石学报，2010（14）：1150－1158.

陆松年，于海峰，金巍，等．塔里木古大陆东缘的微大陆块体群［J］．岩石矿物学杂志，2002，21（4）：317－326.

陆松年，于海峰，李怀坤，等．中国前寒武纪重大地质问题研究——中国西部前寒武纪重大地质事件群及其全球构造意义［M］．北京：地质出版社，2006.

陆松年．青藏高原北部前寒武纪地质初探［M］．北京：地质出版社，2002.

罗明非．东昆仑东段早古生代-早中生代花岗岩类时空格架及构造意义［D］．北京：中国地质大学（北京），2015.

罗明非，莫宣学，喻学惠，等．东昆仑五龙沟晚二叠世花岗闪长岩LA-ICP-MS锆石U-Pb定年、岩石成因及意义［J］．地学前缘，2015，22（5）：182－195

罗照华，邓晋福，曹永清，等．青海省东昆仑地区晚古生代-早中生代火山活动与区域构造演化［J］．现代地质，1999（1）：51－56.

罗照华，柯珊，曹永清，等．东昆仑印支晚期幔源岩浆活动［J］．地质通报，2002，21（6）：292－297.

罗照华，辛后田，陈必河，等．壳幔过渡层及其大陆动力学意义［J］．现代地质，2007，21（2）：421－425.

马昌前，熊富浩，尹烁，等．造山带岩浆作用的强度和旋回性：以东昆仑古特提斯花岗岩类岩基为例［J］．岩石学报，2015，31（12）：3555－3568.

马昌前，熊富浩，张金阳，等．从板块俯冲到造山后阶段俯冲板片对岩浆作用的影响：

东昆仑早二叠世-晚三叠世镁铁质岩墙群的证据［J］. 地质学报，87（增刊）：79－81.
马强. 东昆仑刀锋山地区1：5万水系沉积物地球化学特征及成矿预测［D］. 长春：吉林大学，2019.
马延景，李成福，谢晓岚，等. 青海扎日加地区马尔争组基性火山岩地球化学特征、锆石U-Pb年龄及构造环境分析［J］. 矿产勘查，2018，9（10）：1841－1851.
孟繁聪，崔美慧，吴祥珂，等. 东昆仑祁漫塔格花岗片麻岩记录的岩浆和变质事件［J］. 岩石学报，2013，29（6）：2107－2122.
莫宣学，邓晋福，董方浏，等. 三江造山带火山岩构造组合及其意义［J］. 高校地质学报，2001，7（2）：121－138.
莫宣学，罗照华，邓晋福，等. 东昆仑造山带花岗岩及地壳生长［J］. 高校地质学报，2007，13（3）：403－414.
潘桂堂，陈智梁，李兴振，等. 东特提斯地质构造形成演化［M］. 北京：地质出版社，1997.
潘裕生，周伟明，许容华. 昆仑山早古生代地质特征与演化［J］. 中国科学（D辑：地球科学），1996，26（4）：302－307.
裴磊，李瑞保，裴先治，等. 东昆仑南缘哥日卓托地区马尔争组沉积物源分析：碎屑锆石U-Pb年代学证据［J］. 地质学报，2017，91（6）：1326－1344.
裴先治，胡楠，刘成军，等. 东昆仑南缘哥日卓托地区马尔争组砂岩碎屑组成、地球化学特征与物源构造环境分析［J］. 地质论评，2015，61（2）：307－323.
裴先治，李瑞保，李佐臣，等. 东昆仑南缘布青山复合增生型构造混杂岩带组成特征及其形成演化过程［J］. 地球科学，2018，43（12）：4498－4520.
亓鹏，东昆仑西段青塔山岩体岩石学特征及其成因探讨［D］. 北京：中国地质大学（北京），2019.
祁生胜，宋述光，史连昌，等. 东昆仑西段夏日哈木-苏海图早古生代榴辉岩的发现及意义［J］. 岩石学报，2014，30（11）：3345－3356.
祁晓鹏，范显刚，杨杰，等. 东昆仑东段浪木日上游早古生代榴辉岩的发现及其意义［J］. 地质通报，2016，35（11）：1771－1783.
祁晓鹏，杨杰，范显刚，等. 东昆仑造山带东段牦牛山组英安岩年代学和地球化学研究［J］. 矿物岩石地球化学通报，2018，27（3）：482－494.
秦松，邓关川，雷停，等. 新疆且末县刀锋山一带锑金多金属矿地质特征及成矿远景［J］. 四川地质学报，2019，39（3）：411－416.
任军虎，柳益群，冯乔，等. 东昆仑清水泉辉绿岩脉地球化学及LA-ICP-MS锆石U-Pb定年［J］. 岩石学报，2009，25（5）：1135－1145.
任军虎，张琨，柳益群，等. 东昆仑金水口南变余辉长岩地球化学及锆石定年［J］. 西北大学学报（自然科学版），2011，41（1）：100－106.
邵凤丽. 东昆仑造山带三叠纪花岗岩类和流纹岩类的成因：洋壳到陆壳的转化［D］. 北京：中国科学院大学，2017.
史连昌，常革红，祁生胜，等. 东昆仑大灶火沟—万宝沟晚二叠世陆缘弧火山岩的发现及意义［J］. 地质通报，2016，35（7）：1115－1122.
四川省地质矿产勘查开发局区域地质调查队. 新疆昆仑山中段刀锋山西一带1：5万J45E020003、J45E020004、J45E021003、J45E022003四幅区域地质矿产调查报告［R］. 内部资料，2019.
宋忠宝，张雨莲，陈向阳，等. 东昆仑哈日扎含矿花岗闪长斑岩LA-ICP-MS锆石U-Pb定年及地质意义［J］. 矿床地质，2013，32（1）：157－168.
苏朕国. 东昆仑东段洪水河地区牦牛山组火山—沉积地层地质特征、物源分析和构造演化［D］. 西安：长安大学，2019.
孙巧缡. 新疆昆仑山黄羊岭—木孜塔格一带早二叠世的蜓［J］. 微体古生物学报，1993，10（3）：257－274.
孙雨，裴先治，丁仁平，等. 东昆仑哈拉尕吐岩浆混合花岗岩：来自锆石U-Pb年代学的证据［J］. 地质学报，2009，83（7）：1000－1010.
孙雨. 东昆仑南缘布青山得力斯坦蛇绿岩地质特征、形成时代及构造环境研究［D］. 西安：长安大学，2010.
王秉璋，祁生胜，朱迎堂，等. 苦海—赛什塘地区古元古代变质基性岩墙群的地质特征及意义［J］. 青海地质，1999（1）：6－11.
王秉璋，潘彤，任海东，等. 东昆仑祁漫塔格寒武纪岛弧：来自拉陵高里河地区玻安岩型高镁安山岩/闪长岩锆石U-Pb年代学、地球化学和Hf同位素证据［J］. 地学前缘，2021，28（1）：318－333.
王冠，孙丰月，李碧乐，等. 东昆仑夏日哈木矿区新元古代早期二长花岗岩锆石U-Pb年代学、地球化学及其构造意义［J］. 大地构造与成矿学，2016，40（6）：1247－1260.
王国灿，王青海，简平，等. 东昆仑前寒武纪基底变质岩系的锆石SHRIMP年龄及其构造意义［J］. 地学前缘，2004，11（4）：481－490.
王国灿，魏启荣，贾春兴，等. 关于东昆仑地区前寒武纪地质的几点认识［J］. 地质通报，2007，26（8）：929－937.
王珂，王连训，马昌前，等. 东昆仑加鲁河中三叠世含石榴石二云母花岗岩的成因及地质意义［J］. 地球科学，2020，45（2）：400－418.
王巍，熊富浩，马昌前，等. 东昆仑造山带索拉沟地区三叠纪赞岐质闪长岩的成因机制及其对古特提斯造山作用的启示［J］. 地球科学，2021（8）：2887－2902
王先辉，丁正兴，马铁球. 东昆仑西段托库孜达坂群中组火山岩岩石地球化学特征及构造环境分析［J］. 华南地质与矿产，2004（4）：9－14.
王晓霞，胡能高，王涛，等. 柴达木盆地南缘晚奥陶世万宝沟花岗岩：锆石SHRIMP U-Pb年龄、Hf同位素和元素地球化学［J］. 岩石学报，2012（9）：2950－2962.
王兴，裴先治，李瑞保，等. 东昆仑东段下三叠统洪水川组砾岩源区研究：来自砾岩特征及锆石U-Pb年龄的证据［J］. 中国地质，2019，46（1）：155－177.
王永标. 巴颜喀拉及邻区中二叠世古海山的结构与演化［J］. 中国科学（D辑：地球科学），2005，35（12）：1140－1149.

王元元. 东昆仑南缘东段可可尔塔地区蛇绿岩与相关火山岩地质特征、年代学及构造环境研究 [D]. 西安：长安大学，2015.

魏小林，康波，甘承萍，等. 东昆仑马尼特地区晚三叠世侵入岩地球化学特征及地质意义 [J]. 西北地质，2019，52（1）：41－51.

吴芳，张绪教，张永清，等. 东昆仑闹仓坚沟组流纹质凝灰岩锆石 U-Pb 年龄及其地质意义 [J]. 地质力学学报，2010，16（1）：44－50.

吴福元，李献华，郑永飞，等. Lu-Hf 同位素体系及其岩石学应用 [J]. 岩石学报，2007（2）：185－220.

吴祥珂，孟繁聪，许虹，等. 青海祁漫塔格玛兴大坂晚三叠世花岗岩年代学、地球化学及 Nd－Hf 同位素组成 [J]. 岩石学报，2011，27（11）：3380－3394.

夏磊，闫全人，向忠金，等. 松潘—甘孜地体中部晚三叠世安山质增生弧的确定及其意义 [J]. 岩石学报，2017，33（2）：579－604.

夏蒙蒙，高万里，胡道功，等. 青藏高原北部巴颜喀拉山群火山岩锆石 U-Pb 年龄及其地质意义 [J]. 现代地质，2019，33（5）：957－969.

肖庆辉，邱瑞照，邓晋福，等. 中国花岗岩与大陆地壳生长方式初步研究 [J]. 中国地质，2005，32（3）：343－352.

肖序常，李廷栋. 青藏高原的构造演化与隆升机制 [M]. 广州：广东科技出版社，2000.

新疆维吾尔自治区地质矿产勘查开发局. 新疆维吾尔自治区岩石地层手册 [R]. 内部资料，2012.

新疆维吾尔自治区地质矿产勘查开发局第十一地质大队. 新疆西昆仑 1：5 万 J45E019001、J45E020001、J45E020002、J45E021001、J45E021002 等 5 幅区域地质调查报告 [R]. 内部资料，2015.

熊富浩，马昌前，张金阳，等. 东昆仑造山带早中生代镁铁质岩墙群 LA-ICP-MS 锆石 U-Pb 定年、元素和 Sr-Nd-Hf 同位素地球化学 [J]. 岩石学报，2011，27（11）：3350－3364.

熊富浩. 东昆仑造山带东段古特提斯域花岗岩类时空分布、岩石成因及其地质意义 [D]. 武汉：中国地质大学（武汉），2014.

胥晓春. 东昆仑东段沟里地区早古生代火山岩地质特征、形成时代及构造环境研究 [D]. 西安：长安大学，2015.

徐博，李海滨，南燕云，等. 祁漫塔格山阿格腾地区晚三叠世火成岩 LA-MC-ICP-MS 锆石 U-Pb 年龄、地球化学特征及构造意义 [J]. 地质论评，2019，65（2）：353－369.

徐强，潘桂棠，许志琴，等. 东昆仑地区晚古生代到三叠纪沉积环境和沉积盆地演化 [J]. 沉积与特提斯地质，1998（1）：80－93.

许鑫. 东昆仑造山带西段托库孜达坂群火山岩特征及含矿性研究 [D]. 北京：中国地质大学（北京），2020.

许志琴，李海兵，杨经绥，等. 东昆仑山南缘大型转换挤压构造带和斜向俯冲作用

[J]. 地质学报，2001 (2)：156－164.

许志琴，杨经绥，李海兵，等. 青藏高原与大陆动力学——地体拼合、碰撞造山及高原隆升的深部驱动力 [J]. 中国地质，2006，33 (2)：221－238.

许志琴，杨经绥，李海兵，等. 造山的高原——青藏高原的地体拼合、碰撞造山及隆升机制 [M]. 北京：地质出版社，2007.

许志琴，杨经绥，李文昌，等. 青藏高原中的古特提斯体制与增生造山作用 [J]. 岩石学报，2013，29 (6)：1847－1860.

闫磊，杨永峰，张为民，等. 新疆民丰县卧龙岗—黄羊岭锑成矿带找矿潜力 [J]. 地质通报，2016，35 (9)：1536－1543.

闫全人，王宗起，刘树文，等. 西南三江特提斯洋扩张与晚古生代东冈瓦纳裂解：来自甘孜蛇绿岩辉长岩的 SHRIMP 年代学证据 [J]. 科学通报，2005，50 (2)：158－166.

闫臻，边千韬，Korchagin O A，等. 东昆仑南缘早三叠世洪水川组的源区特征：来自碎屑组成、重矿物和岩石地球化学的证据 [J]. 岩石学报，2008，24 (5)：1068－1078.

杨杰. 东昆仑南缘布青山地区晚古生代洋壳型构造岩块地质特征及其构造属性研究 [D]. 西安：长安大学，2014.

杨经绥，刘福来，吴才来，等. 中央碰撞造山带中两期超高压变质作用：来自含柯石英锆石的定年证据 [J]. 地质学报，2003，77 (4)：463－477.

杨经绥，王希斌，史仁灯，等. 青藏高原北部东昆仑南缘德尔尼蛇绿岩：一个被肢解了的古特提斯洋壳 [J]. 中国地质，2004，31 (3)：225－239.

杨经绥，许志琴，李海兵，等. 东昆仑阿尼玛卿地区古提特斯火山作用和板块构造体系 [J]. 岩石矿物杂志，2005，24 (5)：369－380.

杨经绥，许志琴，马昌前，等. 复合造山作用和中国中央造山带的科学问题 [J]. 中国地质，2010，37 (1)：1－10.

杨森，裴先治，李瑞保，等. 东昆仑东段布青山地区上二叠统格曲组物源分析及其构造意义 [J]. 地质通报，2016，35 (5)：674－686.

杨张张，孙健，赵新科，等. 青海德令哈石底泉地区牦牛山组火山岩 LA-ICP-MS 锆石 U-Pb 年龄及地质意义 [J]. 地质论评，2017，63 (6)：1613－1623.

姚学良，兰艳. 甘孜—理塘蛇绿混杂岩带存在 N 型洋脊玄岩 [J]. 四川地质学报，2001，21 (3)：138－140.

殷鸿福，张克信. 东昆仑造山带的一些特点 [J]. 地球科学，1997，22 (4)：3－6.

岳维好，周家喜. 青海都兰县阿斯哈石英闪长岩岩石地球化学、锆石 U-Pb 年龄与 Hf 同位素特征 [J]. 地质通报，2019，38 (2－3)：328－338.

岳远刚. 东昆仑南缘三叠系沉积特征及其对阿尼玛卿洋闭合时限的约束 [D]. 西安：西北大学，2014.

詹天宇，张学海，王聚胜，等. 新疆东昆仑卡尔瓦西地区马尔争组牙形石的发现及地质意义 [J]. 地质学刊，2018，42 (2)：216－221.

张爱奎. 青海野马泉地区晚古生代-早中生代岩浆作用与成矿研究 [D]. 北京：中国地质大学（北京），2012.

张春宇，赵越，刘金，等. 柴达木盆地北缘牦牛山组物源分析及其构造意义 [J]. 地质学报，2019，93（3）：712－723.

张国伟，郭安林，姚安平. 中国大陆构造中的西秦岭—松潘大陆构造结 [J]. 地学前缘，2004（3）：23－32.

张建新，李怀坤，孟繁聪，等. 塔里木盆地东南缘（阿尔金山）“变质基底”记录的多期构造热事件：锆石 U-Pb 年代学的制约 [J]. 岩石学报，2011，27（1）：23－46.

张建新，孟繁聪，万渝生，等. 柴达木盆地南缘金水口群的早古生代构造热事件：锆石 U-Pb SHRIMP 年龄证据 [J]. 地质通报，2003，22（6）：397－404.

张克信，黄继春，骆满生，等. 东昆仑阿尼玛卿混杂岩带沉积地球化学特征 [J]. 地球科学，1999a，24（2）：111－115.

张克信，黄继春，殷鸿福，等. 放射虫等生物群在非史密斯地层研究中的应用——以东昆仑阿尼玛卿混杂岩带为例 [J]. 中国科学（D 辑：地球科学），1999b（3）：542－550.

张明东，马昌前，王连训，等. 后碰撞阶段的“俯冲型”岩浆岩：来自东昆仑瑙木浑沟晚三叠世闪长份岩的证据 [J]. 地球科学，2018，43（4）：1183－1206.

张强，丁清峰，宋凯，等. 东昆仑洪水河铁矿区狼牙山组千枚岩碎屑锆石 U-Pb 年龄、Hf 同位素及其地质意义 [J]. 吉林大学学报（地球科学版），2018，48（4）：1085－1104.

张新远，李五福，欧阳光文，等. 东昆仑东段青海战红山地区早三叠世火山岩的发现及其地质意义 [J]. 地质通报，2020，39（5）：631－641.

张亚峰，裴先治，丁仁平，等. 东昆仑都兰县可可沙地区加里东期石英闪长岩锆石 LA-ICP-MSU-Pb 年龄及其意义 [J]. 地质通报，2010，29（1）：79－85.

张耀玲，胡道功，吴珍汉，等. 青藏高原北部巴颜喀拉山群英安质沉凝灰岩 LA－ICP－MS 锆石 U-Pb 年龄 [J]. 地质通报，2015，34（5）：809－814.

张耀玲，倪晋宇，沈燕绪，等. 柴北缘牦牛山组火山岩锆石 U-Pb 年龄及其地质意义 [J]. 现代地质，2018，32（2）：329－334.

张耀玲，张绪教，胡道功，等. 东昆仑造山带纳赤台群流纹岩 SHRIMP 锆石 U-Pb 年龄 [J]. 地质力学学报，2010，16（1）：21－27.

赵志刚，杨兵，黄兴，等. 青海玛多县长石头山中二叠世蜓类的发现及其地质意义 [J]. 地层学杂志，2013，37（3）：292－296.

周春景，胡道功，Barosh P J，等. 东昆仑三道湾流纹英安斑岩锆石 U-Pb 年龄及其地质意义 [J]. 地质力学学报，2010，16（1）：28－35.

周敬勇，秦松，雷停，等. 新疆刀锋山地区水系沉积物地球化学特征及找矿方向 [J]. 四川地质学报，2019，39（3）：496－502.

朱云海，张克信，王国灿，等. 东昆仑复合造山带蛇绿岩、岩浆岩及构造岩浆演化 [M]. 武汉：中国地质大学出版社，2002.

Altherr R，Holl A，Hegner E，et al. High-potassium，calc-alkaline I-type plutonism in the European Variscides：northern Vosges（France）and northern Schwarzwald (Germany) [J]. Lithos，2000，50 (1—3)：51—73.

Andersen T. Correction of common lead in U-Pb analyses that do not report 204Pb [J]. Chemical Geology，2002，192：59—79.

Barber A J，Crow M J. Structure of Su Matra and its implications for the tectonic assembly of Southeast Asia and the destruction of Paleotethys [J]. Island Arc，2009，18 (1)：3—20.

Barth M G，McDonough W F，Rudnick R L. Tracking the budget of Nb and Ta in the continental crust [J]. Chemical Geology，2000，165：197—213.

Bhatia M R，Crook K A. Trace element characteristics of graywackes and tectonic setting discrimination of sedimentary basins [J]. Contributions to Mineralogy and Petrology，1986，92 (2)：181—193.

Bhatia M R. Plate tectonics and geochemical composition of sandstones [J]. The Journal of Geology，1983，91 (6)：611—627.

Bhatia M R. Rare earth element geochemistry of Australian Paleozoic graywackes and mudrocks：provenance and tectonic control [J]. Sedimentary Geology，1985，45：97—113.

Bhatia M R，Crook K A W. Trace-element characteristics of graywackes and tectonic setting discrimination of sedimentary basins [J]. Contributions to Mineralogy and Petrology，1986，92：181—193.

Bi H，Song S，Yang L，et al. UHP metamorphism recorded by coesite-bearing metapelite in the East Kunlun Orogen (NW China) [J]. Geological Magazine，2020，157：160—172.

Bian Q T，Li D H，Pospelov I，et al. Age，geochemistry and tectonic setting of Buqingshan ophiolites，north Qinghai—Tibet Plateau，China [J]. Journal of Asian Earth Sciences，2004，23：577—596.

Bruguier O，Lancelot J R，Malavieille J. U-Pb dating on single detrital zircon grains from the Triassic Songpan-Ganze flysch (Central China)：provenance and tectonic correlations [J]. Earth and Planetary Science Letters，1997，152 (1—4)：217—231.

Cai H M，Zhang H F，Xu W C，et al. Petrogenesis of Indosinian volcanic rocks in Songpan-Garze fold belt of the northeastern Tibetan Plateau：new evidence for lithospheric delamination [J]. Science China Earth Sciences，2010，53 (9)：1316—1328.

Castillo P R. An overview of adakite petrogenesis [J]. Chinese Science Bulletin，2006，51 (3)：257—268

Castro A，Douce A E P，Corretge L G，et al. Origin of peraluminous granites and granodiorites，Iberian Massif，Spain：an experimental test of granite petrogenesis

[J]. Contributions to mineralogy and petrology, 1999, 135 (2-3): 255-276.

Cawood P A, Hawkesworth C J, Dhuime B. Detrital zircon record and tectonic setting [J]. Geology, 2012, 40 (10): 875-878.

Chang E Z. Geology and tectonics of the Songpan-Ganzi fold belt, southwestern China [J]. International Geology Review, 2000, 42 (9): 813-831.

Chen G C, Pei X Z, Li R B, et al. Paleo-Tethyanoceanic crust subduction in the eastern section of the East Kunlun orogenic belt: geochronology and petrogenesis of the Qushi' ang granodiorite [J]. Acta Geologica Sinica, 2017, 91 (2): 565-580.

Chen N S, Sun M, Wang Q Y, et al. U-Pb dating of zircon from the Central Zone of the East Kunlun Orogen and its implications for tectonic evolution [J]. Science in China Series D-Earth Sciences, 2008, 51: 929-938.

Condie K C. High field strength element ratios in Archean basalts: a window to evolving sources of mantle plumes? [J]. Lithos, 2005, 79 (3-4): 491-504.

Cox R, Lowe D R, Cullers R. The influence of sediment recycling and basement composition on evolution of mudrock chemistry in the southwestern United States [J]. Geochimica et Cosmochimica Acta, 1995, 59 (14): 2919-2940.

Cullers R L. The controls on Major-and trace-element evolution of shales, siltstones and sandstones of Ordovician toTertiary age in the Wet Mountains region, Colorado, USA [J]. Chemical Geology, 1995, 123 (1): 107-131.

De S J, Vanderhaeghe O, Duchêne S, et al. Generation and emplacement of Triassic granitoids within the Songpan Ganze accretionary-orogenic wedge in a context of slab retreat accommodated by tear faulting, Eastern Tibetan plateau, China [J]. Journal of Asian Earth Sciences, 2014, 88: 192-216.

Defant M J, Drummond M S. Derivation of some modern arc Mag Mas by melting of young subducted lithosphere [J]. Nature, 1990, 347 (6294): 662-665.

Defant M J, Kepezhinskas P. Evidence suggests slab melting in arc Mag Mas [J]. Eos, Transactions American Geophysical Union, 2001, 82 (6): 65-69.

Dickinson W R, Beard L S. Provenance of North American Phanerozoic sandstones in relation totectonic setting [J]. Geological Society of America Bulletin, 1983, 94: 222-235.

Ding Q F, Jiang S Y, Sun F Y. Zircon U-Pb geochronology, geochemical and Sr-Nd-Hf isotopic compositions of the Triassic granite and diorite dikes from the Wulonggou mining area in the Eastern Kunlun Orogen, NW China: petrogenesis and tectonic implications [J]. Lithos, 2014, 205: 266-283.

Ding L, Yang D, Cai F L, et al. Provenance analysis of the Mesozoic Hoh-Xil-Songpan-Ganzi turbidites in northern Tibet: implications for the tectonic evolution of the eastern Paleo-Tethys Ocean [J]. Tectonics, 2013, 32 (1): 34-48.

Dong Y P, He D F, Sun S S, et al. Subduction and accretionary tectonics of the East

Kunlun orogen, western segment of the Central China Orogenic System [J]. Earth-Science Reviews, 2018, 186: 231—261.

Fan W, Yuejun W, Aimei Z, et al. Permian arc-back-arc basin development along the Ailaoshan tectonic zone: geochemical, isotopic and geochronological evidence from the Mojiang volcanic rocks, Southwest China [J]. Lithos, 2010, 119 (3—4): 553—568.

Faure M, Lepvrier C, Nguyen V V, et al. The South China block-Indochina collision: where, when, and how? [J]. Journal of Asian Earth Sciences, 2014, 79: 260—274.

Fedo C M, Nesbitt H W, Young G M. Unraveling the effects of potassium metaso Matism in sedimentary rocks and paleosols, with implications for paleoweathering conditions and provenance [J]. Geology, 1995, 23 (10): 921—924.

Feng C Y, Qu W J, Zhang D Q, et al. Re-Os dating of pyrite from the Tuolugou stratabound Co (Au) deposit, eastern Kunlun Orogenic Belt, northwestern China [J]. Ore Geology Reviews, 2009, 36: 213—220.

Floyd P A, Leveridge B E. Tectonic environments of Devonian Gramscatho basin, south Cornwall: framework mode and geochemical evidence from turbiditic sandstones [J]. Journal of the Geological Society, London, 1987, 144: 181—204.

Floyd P A, Winchester J A, Park R G. Geochemistry and tectonic setting of Lewisian clastic metasediments from the Early Proterozoic Loch Maree Group of Gairloch, NW Scotland [J]. Precambrian Research, 1989, 45: 203—214.

Garcia D, Coelho J, Perrin M. Fractionation between $TiO_2$ and Zr as a measure of sorting within shale and sandstone series (Northern Poriugal) [J]. European Journal of Mineralogy, 1991, 3 (2) : 401—414.

Garzanti E, Padoan M, Setti M, et al. Provenance versus weathering control on the composition of tropical river mud (southern Africa) [J]. Chemical Geology, 2014, 366 (3): 61—74.

Gehrels G E, Yin A, Wang X F. Magmatic history of the northeastern Tibetan Plateau [J]. Journal of Geophysical Research: Solid Earth, 2003, 108 (B9): 2423.

Green D H. Experimental testing of "equilibrium" partial melting of peridotite under water-saturated, high-pressure conditions [J]. The Canadian Mineralogist, 1976, 14 (3), 255—268.

Gromet L P, Haskin L A, Korotev R L, et al. The "North American shale composite": its compilation, Major and trace element characteristics [J]. Geochimica et Cosmochimica Acta, 1984, 48: 2469—2482.

Gu X X, Liu J M, Zheng M H, et al. Provenance and tectonic setting of the proterozoic turbidites in Hunan, south China: geochemical evidence [J]. Journal of Sedimentary Research, 2002, 72: 393—407.

Harris N B W, Xu R, Lewis C L, et al. Isotope geochemistry of the 1985 Tibet Geotraverse, Lhasa to Golmud [J]. Philosophical Transactions of the Royal Society of London, series A, 1988, 327: 263—285.

Heckel P H. Recognition of ancient shallow Marine environments [M] //Rigby J K, Hamblin W K. Recognition of Ancient Sedimentary Environments. Soc. Econ. Paleont. Mener. Spec. Publ. , 16, Tulsa, 1972: 226—296.

Hsü K J, Pan G T, Sengör A M C. Tectonic evolution of the Tibetan Plateau: A working hypothesis based on the archipelago model of orogenesis [J]. International Geology Review, 1995, 37 (6): 473—508.

Huang B, Yan Y, Piper J D A, et al. Paleo Magnetic constraints on the paleogeography of the East Asian blocks during Late Paleozoic and Early Mesozoic times [J]. Earth-Science Reviews, 2018, 186: 8—36.

Huang H, Niu Y, Nowell G, et al. Geochemical constraints on the petrogenesis of granitoids in the East Kunlun Orogenic belt, northern Tibetan Plateau: implications for continental crust growth through syn-collisional felsic Mag Matism [J]. Chemical Geology, 2014, 370: 1—18.

Kamei A, Owada M, Nagao T, et al. High-Mg diorites derived from sanukitic HMA magmas, Kyushu Island, southwest Japan arc: evidence from clinopyroxene and whole rock compositions [J]. Lithos, 2004, 75 (3): 359—371.

Kay R W. Aleutian magnesian andesites: melts from subducted Pacific Ocean crust [J]. Journal of Volcanology and Geothermal Research, 1978, 4 (1—2), 117—132.

Konstantinovskaia E A, Brunel M, Malavieille J. Decouvertede peridotites residuelles, temoins de l'ocean Paled-Tethys, dans la suture A'nye Maqen-Kunlun (Nord Tibet) [J]. Comptes Rendus Geosciences, 2003, 335 (8): 709—719.

Koto B. On the volcanoes of Japan (V) [J]. The Journal of the Geological Society of Japan, 1916, 23: 95—127.

La Fléche M R, Camiréb G, Jenner G A. Geochemistry of post-Acadian, Carboniferous continental intraplate basalts from the Maritimes Basin, Magdalen Islands, Quebec, Canada [J]. Chemical Geology, 1998, 148 (3—4): 115—136.

Li N, Chen Y J, Santosh M, et al. Compositional polarity of Triassic granitoids in the Qinling Orogen, China: implication for termination of the northernmost paleo-Tethys [J]. Gondwana Research, 2015a, 27: 244—257.

Li R, Pei X, Li Z, et al. Geochemistry and zircon U-Pb geochronology of granitic rocks in the Buqingshan tectonic mélange belt, northern Tibet Plateau, China and its implications for Prototethyan evolution [J]. Journal of Asian Earth Sciences, 2015b, 105: 374—389.

Li R, Pei X, Li Z, et al. Regional tectonic transformation in East Kunlun Orogenic Belt in Early Paleozoic: constraints from the geochronology and geochemistry of

Helegangnaren Alkali-feldspar granite [J]. Acta Geologica Sinica，2013，87：333—345.

Li X W，Huang X F，Luo M F，et al. Petrogenesis and geodynamic implications of the Mid-Triassic lavas from East Kunlun [J]. Journal of Asian Earth Sciences，2015c，105：32—47.

Liu Z，Jiang Y H，Jia R Y，et al. Origin of Late Triassic high-K calc-alkaline granitoids and their potassic microgranular enclaves from the western Tibet Plateau，northwest China：Implications for Paleo-Tethys evolution [J]. Gondwana Research，2015，27 (27)：326—341.

Liu Z，Pei X，Li R，et al. La-ICP-MS zircon U-Pb dating of two suits of ophiolites at the Buqingshan area of the A'nye Maqen Orogenic belt in the Southern Margin of the East Kunlun and its tectonic implication [J]. Acta Geologica Sinica，2011，85：185—194.

Liu Y，Xiao W J，Windley B F，et al. Late Triassic ridge subduction of Paleotethys：Insights from high-Mg granitoids in the Songpan-Ganzi area of northern Tibet [J]. Lithos，2019a，334—335：254—272.

Liu Y，Xiao W J，Windley B F，et al. Late Silurian to Late Triassic seamount/oceanic plateau series accretion in Jinshajiang subduction mélange，Central Tibet，SW China [J]. Geological Journal，2019b，54 (2)：961—977.

Lu L，Zhang K J，Yan L L，et al. Was Late Triassic Tanggula granitoid (central Tibet，western China) a product of melting of underthrust Songpan-Ganzi flysch sediments? [J]. Tectonics，2017，36 (5)：902—928.

Ludwing K. User's Manual for Isoplot 3.00 [J]. A Geochronological Toolkit for Microsoft Excel，2003，4：1—70.

Maniar P D，Piccoli P M. Tectonic discrimination of granitoids [J]. Geological Society of America Bulletin，1989，101 (5)：635—643.

McLennan S M. Rare earth elements in sedimentary rocks：influence of provenance and sedimentary processes [J]. Reviews in Mineralogy，1989，21 (8)：169—200.

McLennan S，Hemming S，McDaniel D，et al. Geochemical approaches to sedimentation provenance，and tectonics [J]. Geological Society of America Special Papers，1993，284：21—40.

McLennan S M. Rare-earth elements in sedimentary rocks：influence of provenance and sedimentary processes [J]. Geochemistry and Mineralogy of Rare Earth Elements，1989，21：169—200.

McLennan S M，Hemming S，McDaniel D K，et al. Geochemical approaches to sedimentation，provenance and tectonics [J] Geological Society America Special Paper，1993，284：21—40.

McLennan S M，Taylor S R，McCulloch M T，et al. Geochemical and Nd-Sr isotopic composition of deep-sea turbidites: crustal evolution and plate tectonic associations [J]. Geochimica et Cosmochimica Acta, 1990, 54: 2015—2050.

Meng F C, Zhang J X, Cui M H. Discovery of Early Paleozoic eclogite from the East Kunlun, western china and its tectonic significance [J]. Gondwana Research, 2013, 23 (2): 825—836.

Meng F C, Cui M H, Wu X K, et al. Heishan mafic-ultramafic rocks in the Qimantag area of Eastern Kunlun, NW China: Remnants of an early Paleozoic incipient island arc [J]. Gondwana Research, 2015, 27: 745—759.

Metcalfe I. Southeast Asian terranes: gondwanaland origins and evolution [J]. Gondwana Research, 1993, 8: 181—200.

Metcalfe I. Gondwanaland origin, dispersion, and accretion of East and Southeast Asian continental terranes [J]. Journal of South American Earth Sciences, 1994, 7 (3): 333—347.

Metcalfe I. Gondwanaland dispersion, Asian accretion and evolution of eastern Tethys [J]. Australian Journal of Earth Sciences, 1996, 43 (6): 605—623.

Metcalfe I. The Bentong-Raub Suture Zone [J]. Jouranl of Asian Earth Sciences, 2000, 18 (6): 691—712.

Metcalfe I. Permian tectonic framework and palaeogeography of SE Asia [J]. Journal of Asian Earth Sciences, 2002, 20 (6): 551—566.

Metcalfe I. Palaeozoic and Mesozoic tectonic evolution and palaeogeography of East Asian crustal fragments: the Korean Peninsula in context [J]. Gondwana Research, 2006, 9 (1—2): 24—46.

Metcalfe I. Gondwana dispersion and Asian accretion: tectonic and palaeogeographic evolution of eastern Tethys [J]. Journal of Asian Earth Sciences, 2013, 66: 1—33.

Metcalfe I, Henderson C M, Wakita K. Lower permian conodonts from palaeo-tethys ocean plate stratigraphy in the chiang mai-chiang rai suture zone, northern Thailand [J]. Gondwana Research, 2017, 44: 54—66.

Pan G T, Wang L Q, Li R S, et al. Tectonic evolution of the Qinghai-Tibet Plateau [J]. Journal of Asian Earth Science, 2012, 53: 4—3.

Pearce J A. Geochemical fingerprinting of oceanic basalts with applications to ophiolite classification and the search for Archean oceanic crust [J]. Lithos, 2008, 100 (1—4): 14—48.

Pearce J A, Harris N B, Tindle A G. Trace element discrimination diagrams for the tectonic interpretation of granitic rocks [J]. Journal of Petrology, 1984, 25 (4): 956—983.

Plank T, Langmuir C H. The chemical composition of subducting sediment and its consequences for the crust and mantle [J]. Chemical Geology, 1998, 145 (3): 325—394.

Qi L, Hu J, Gregoire D C. Determination of trace elements in granites by inductively coupled plas Ma Mass spectrometry. Talanta [J], Chemical Geology, 2000, 51: 507—513.

Rapp R P, Watson E B. Dehydration melting of metabasalt at 8-32 kbar: implications for continental growth and crust-mantle recycling [J]. Journal of Petrology, 1995, 36 (4): 891—931.

Rapp R P, Shimizu N, Norman M D, et al. Reaction between slab-derived melts and peridotite in the mantle wedge: experimental constraints at 3. 8 GPa [J]. Chemical Geology, 1999, 160 (4): 335—356.

Roger F, Jolivet M, Malavieille J. The tectonic evolution of the Songpan-Garzê (North Tibet) and adjacent areas from Proterozoic to Present: a synthesis [J]. Journal of Asian Earth Sciences, 2010, 39 (4): 254—269.

Roger F, Malavieille J, Leloup P H, et al. Timing of granite emplacement and cooling in the Songpan-Garzê Fold Belt (eastern Tibetan Plateau) with tectonic implications [J]. Journal of Asian Earth Sciences, 2004, 22 (5): 465—481.

Rollinson H R, Tarney J. Aakites-the key to understanding LILE depletion in granulites [J]. Lithos, 2005, 79 (1): 61—81.

Roser B, Korsch R. Provenance signatures of sandstone-mudstone suites determined using discriminant function analysis of Major-element data [J]. Chemical Geology, 1988, 67 (1—2): 119—139.

Rudnick R, Gao S. Composition of the continental crust [J]. Treatise on geochemistry, 2003, 3: 1—64.

Sawant S S, Ku Mar K V, Balaram V, et al. Geochemistry and genesis of craton-derived sediments from active continental margins: insights from the Mizoram Foreland Basin, NE India [J]. Chemical Geology, 2017, 470: 13—32.

Shimoda G, Tatsumi Y, Nohda S, et al. Setouchi high-Mg andesites revisited: geochemical evidence for melting of subducting sediments [J]. Earth and Planetary Science Letters, 1998, 160 (3): 479—492.

Shirey S B, Hanson G N. Mantle-derived Archaean monozodiorites and trachyandesites [J]. Nature, 1984, 310 (5974), 222—224.

Slá Ma J, Košler J, Condon D J, et al. Plešovice zircon—A new natural reference Material for U-Pb and Hf isotopic microanalysis [J]. Chemical Geology, 2008, 249: 1—35.

Sone M, Metcalfe I. Parallel Tethyan sutures in Mainland Southeast Asia: new insights for Palaeo-Tethys closure and implications for the Indosinian orogeny [J]. Comptes Rendus Geoscience, 2008, 340 (2—3): 166—179.

Song S, Bi H, Qi S, et al. HP-UHP metamorphic belt in the east kunlun orogen: final closure of the Proto-Tethys ocean and formation of the Pan-North-China

Continent [J]. Journal of Petrology, 2018, 59: 2043－2060.

Sun S S, McDonough W. Chemical and isotopic syste Matics of oceanic basalts: implications for Mantle composition and processes [J]. Geological Society, London, Special Publications, 1989, 42: 313－345.

Taylor S R, Mc Lennan S M. The continental crust: its composition and evolution [M]. Oxford, UK: Blackwell Scientific Publication, 1985.

Tatsumi Y, Ishikawa N, Anno K, et al. Tectonic setting of high-Mg andesite magmatism in the SW Japan arc: K-Ar chronology of the Setouchi volcanic belt [J]. Geophysical Journal International, 2001, 144 (3): 625－631.

Wakita K, Metcalfe I. Ocean plate stratigraphy in East and Southeast Asia [J]. Journal of Asian Earth Sciences, 2005, 24 (6): 679－702.

Wang K L, Chung S L, O'reilly S Y, et al. Geochemical constraints for the genesis of post-collisional Mag Matism and the geodynamic evolution of the northern Taiwan region [J]. Journal of Petrology, 2004, 45 (5): 975－1011.

Wang X F, Metcalfe I, Jian P, et al. The Jinshajiang-Ailaoshan suture zone, China; tectonostratigraphy, age and evolution [J]. Journal of Asian Earth Sciences, 2000, 18 (6): 675－690.

Wang P, Zhao G, Han Y, et al. Timing of the final closure of the Proto-Tethys Ocean: constraints from provenance of early Paleozoic sedimentary rocks in West Kunlun, NW China [J]. Gondwana Research, 2020, 84: 151－162.

Wang Q, Li Z X, Chung S L, et al. Late Triassic high-Mg andesite/dacite suites from northern Hohxil, North Tibet: geochronology, geochemical characteristics, petrogenetic processes and tectonic implications [J]. Lithos, 2011, 126 (1－2): 54－67.

Wang Q, McDermott F, Xu J F, et al. Cenozoic K-rich adakitic volcanic rocks in the Hohxil area, northern Tibet: lower-crustal melting in an intracontinental setting [J]. Geology, 2005, 33: 465－468.

Wang Q, Wyman D A, Xu J F, et al. Early Cretaceous adakitic granites in the Northern Dabie complex, central China: implications for partial melting and delamination of thickened lower crust [J]. Geochimica Cosmochimica Acta, 2007, 71: 2609－2636.

Watson E, Harrison T. Zircon thermometer reveals minimum melting conditions on earliest Earth [J]. Science, 2005, 308 (5723): 841－844.

Weinschenk E. Beiträge zur Petrographie Japans: neues jahrbuch für mineralogie [J]. Geologie Und Paläontologie, 1891, 7: 133－151.

Weislogel A L. Tectonostratigraphic and geochronologic constraints on evolution of the northeast Paleotethys from the Songpan-Ganzi complex, central China [J]. Tectonophysics, 2008, 451 (1－4): 331－345.

Weller O M，StOnge M R，Waters D J，et al. Quantifying Barrovian metamorphism in the Danba structural culmination of eastern Tibet [J]. Journal of Metamorphic Geology，2013，31 (9)：909—935.

Williamson B，Shaw A，Downes H，et al. Geochemical constraints on the genesis of Hercynian two-mica leucogranites from the Massif Central，France [J]. Chemical Geology，1996，127 (1)：25—42.

Wood D A. The application of a Th-Hf-Ta diagram to problems of tectonomagmatic classification and to establishing the nature of crustal contamination of basaltic lavas of the British Tertiary Volcanic Province [J]. Earth and Planetary Science Letters，1980，50 (1)：11—30.

Wu C L，Wooden J L，Yang J S，et al. Granitic Mag Matism in the North Qaidam early Paleozoic ultrahigh-pressure metamorphic belt，Northwest China [J]. International Geology Review，2006，48 (3)：223—240.

Wu H，Boulter C，Ke B，et al. The changning-menglian suture zone：a segment of the major cathaysian-gondwana divide in Southeast Asia [J]. Tectonophysics，1995，242 (3)：267—280.

Xia R，Wang C，Deng J，et al. Crustal thickening prior to 220 ma in the east kunlun orogenic belt：insights from the late triassic granitoids in the Xiao-Nuomuhong pluton [J]. Journal of Asian Earth Sciences，2014，93：193—210.

Xia R，Deng J，Qing M，et al. Petrogenesis of ca. 240 Ma intermediate and felsic intrusions in the Nan'getan：implications for crust-mantle interaction and geodynamic process of the East Kunlun Orogen [J]. Ore Geology Reviews，2017，90：1099—1117.

Xiao W J，Windley B F，Chen H L，et al. Carboniferous-Triassic subduction and accretion in the western Kunlun，China：implications for the collisional and accretionary tectonics of the northern Tibetan plateau [J]. Geology，2002a，30：295—298.

Xiao W J，Windley B F，Hao J，et al. Arc-ophiolite obduction in the Western Kunlun Range (China)：implications for the Palaeozoic evolution of central Asia [J]. Journal of the Geological Society，London，2002b，159 (5)：517—528.

Xiong F H，Ma C Q，Jiang H G，et al. Geochronology and geochemistry of Middle Devonian Mafic dykes in the East Kunlun orogenic belt，Northern Tibet Plateau：implications for the transition from Prototethys to Paleotethys orogeny [J]. Chemie der Erde-Geochemistry，2014，74 (2)：225—235.

Xiong F H，Ma C Q，Zhang J Y，et al. The origin of Mafic microgranular enclaves and their host granodiorites from East Kunlun，Northern Qinghai-Tibet Plateau：implications for Mag Ma mixing duringsubduction of Paleo-Tethyan lithosphere [J]. Mineralogy and Petrology，2012，104：211—224.

Xiong F, Ma C, Wu L, et al. Geochemistry, zircon U-Pb ages and Sr-Nd-Hf isotopes of an Ordovician appinitic pluton in the East Kunlun orogen: new evidence for Proto-Tethyan subduction [J]. Journal of Asian Earth Sciences, 2015, 111: 681—697.

Yang J S, Robinson P T, Jiang C F, et al. Ophiolites of the Kunlun Mountains, China and their tectonic implicatons [J]. Tectonophysics, 1996, 258 (1—4): 215—231.

Yang J S, Shi R D, Wu C L, et al. Dur'ngoi Ophiolite in East Kunlun, Northeast Tibetan Plateau: evidence for Paleo-Tethyan Suture in Northwest China [J]. Journal of Earth Science, 2009, 20 (2): 303—331.

Yang J S, Xu Z Q, Zhu J X, et al. Early Palaeozoic North Qaidam UHP metamorphic belt on the north-eastern Tibetan plateau and a paired subduction model [J]. Terra Nova, 2002, 14 (5): 397—404.

Yin A, Harrison T M. Geologic evolution of the Himalayan-Tibetan orogen [J]. Annual Review of Earth and Planetary Sciences, 2000, 28 (1): 211—280.

Yogodzinski G M, Lees J M, Churikova T G, et al. Geochemical evidence for the melting of subducting oceanic lithosphere at plate edges [J]. Nature, 2001, 409 (6819): 500—504.

Yuan C, Sun M, Xiao W J, et al. Garnet-bearing tonalitic porphyry from East Kunlun, Northeast Tibetan Plateau: implications for adakite and magmas from the MASH Zone [J]. International Journal of Earth Sciences, 2009, 98: 1489—1510.

Zaw K, Meffre S, Lai C K, et al. Tectonics and metallogeny of Mainland Southeast Asia—A review and contribution [J]. Gondwana Research, 2014, 26 (1): 5—30.

Zhang J Y, Ma C Q, Xiong F H, et al. Petrogenesis and tectonic significance of the Late Permian-Middle Triassic calc-alkaline granites in the Balong region, eastern Kunlun Orogen, China [J]. Geological Magazine, 2012, 149 (5): 892—908.

Zhang H F, Parrish R, Zhang L, et al. A-type granite and adakitic magmatism association in Songpan-Garze fold belt, eastern Tibetan Plateau: implication for lithospheric delamination [J]. Lithos, 2007, 97 (3—4): 323—335.

Zhang L Y, Ding L, Pullen A, et al. Age and geochemistry of western Hoh-Xil-Songpan-Ganzi granitoids, northern Tibet: implications for the Mesozoic closure of the Paleo-Tethys ocean [J]. Lithos, 2014, 190—191: 328—348.

Zheng Z, Chen Y J, Deng X H, et al. Origin of the Bashierxi monzogranite, Qiman Tagh, East Kunlun orogen, NW China: a magmatic response to the evolution of the proto-Tethys ocean [J]. Lithos, 2018, 296: 181—194.

# 附　录

附表 1　刀锋山地区岩石样品锆石 U-Pb 同位素年龄测试结果（LA-ICP-MS）

| 样品测试点号 | Th (ppm) | U (ppm) | Th/U | Pb (ppm) | 普通铅（$^{208}$法）校对后同位素比值 | | | | | | 普通铅（$^{208}$法）校对后表生年龄(Ma) | | | | | | 谐和度 |
|---|---|---|---|---|---|---|---|---|---|---|---|---|---|---|---|---|---|
| | | | | | $^{207}Pb/^{206}Pb$ | ±1σ | $^{207}Pb/^{235}U$ | ±1σ | $^{206}Pb/^{238}U$ | ±1σ | $^{207}Pb/^{206}Pb$ | ±1σ | $^{207}Pb/^{235}U$ | ±1σ | $^{206}Pb/^{238}U$ | ±1σ | |
| P03(10)(钙质粉砂岩、马尔争组) | | | | | | | | | | | | | | | | | |
| P03(10)-01 | 114 | 115 | 0.99 | 208 | 0.10826 | 0.00164 | 4.91401 | 0.07995 | 0.32922 | 0.00429 | 1770 | 14 | 1805 | 14 | 1835 | 21 | 96 |
| P03(10)-02 | 45.5 | 98.8 | 0.46 | 66.2 | 0.06205 | 0.00184 | 1.14722 | 0.03413 | 0.13408 | 0.00189 | 676 | 40 | 776 | 16 | 811 | 11 | 96 |
| P03(10)-03 | 135 | 259 | 0.52 | 62.6 | 0.05060 | 0.00268 | 0.34005 | 0.01777 | 0.04874 | 0.00082 | 223 | 90 | 297 | 13 | 307 | 5 | 97 |
| P03(10)-04 | 69.4 | 383 | 0.18 | 89.6 | 0.05458 | 0.00225 | 0.36624 | 0.01496 | 0.04866 | 0.00074 | 395 | 64 | 317 | 11 | 306 | 5 | 104 |
| P03(10)-05 | 379 | 607 | 0.62 | 147 | 0.05327 | 0.00242 | 0.35591 | 0.01615 | 0.04845 | 0.00069 | 340 | 77 | 309 | 12 | 305 | 4 | 101 |
| P03(10)-06 | 483 | 519 | 0.93 | 105 | 0.05161 | 0.00285 | 0.26364 | 0.01405 | 0.03705 | 0.00054 | 268 | 129 | 238 | 11 | 235 | 3 | 101 |
| P03(10)-07 | 208 | 308 | 0.67 | 237 | 0.06924 | 0.00110 | 1.43495 | 0.02437 | 0.15029 | 0.00190 | 906 | 17 | 904 | 10 | 903 | 11 | 100 |
| P03(10)-08 | 89.5 | 367 | 0.24 | 172 | 0.06510 | 0.00185 | 0.84725 | 0.02148 | 0.09439 | 0.00122 | 778 | 61 | 623 | 12 | 581 | 7 | 107 |
| P03(10)-09 | 308 | 745 | 0.41 | 333 | 0.06912 | 0.00165 | 0.86151 | 0.02082 | 0.09038 | 0.00122 | 902 | 28 | 631 | 11 | 558 | 7 | 113 |
| P03(10)-10 | 85.5 | 375 | 0.23 | 289 | 0.07102 | 0.00122 | 1.56339 | 0.02826 | 0.15963 | 0.00203 | 958 | 18 | 956 | 11 | 955 | 11 | 100 |
| P03(10)-11 | 506 | 386 | 1.31 | 182 | 0.06862 | 0.00165 | 0.81304 | 0.01982 | 0.08592 | 0.00115 | 887 | 29 | 604 | 11 | 531 | 7 | 114 |
| P03(10)-12 | 140 | 515 | 0.27 | 196 | 0.06273 | 0.00196 | 0.64902 | 0.01838 | 0.07504 | 0.00098 | 699 | 68 | 508 | 11 | 466 | 6 | 109 |

续表

| 样品测试点号 | Th (ppm) | U (ppm) | Th/U | Pb (ppm) | 普通铅($^{208}$法)校对后同位素比值 | | | | | | 普通铅($^{208}$法)校对后表生年龄(Ma) | | | | | | 谐和度 |
|---|---|---|---|---|---|---|---|---|---|---|---|---|---|---|---|---|---|
| | | | | | $^{207}Pb/^{206}Pb$ | ±1σ | $^{207}Pb/^{235}U$ | ±1σ | $^{206}Pb/^{238}U$ | ±1σ | $^{207}Pb/^{206}Pb$ | ±1σ | $^{207}Pb/^{235}U$ | ±1σ | $^{206}Pb/^{238}U$ | ±1σ | |
| P03(10)-13 | 120 | 334 | 0.36 | 151 | 0.06251 | 0.00123 | 0.78756 | 0.01601 | 0.09137 | 0.00117 | 692 | 23 | 590 | 9 | 564 | 7 | 105 |
| P03(10)-14 | 205 | 352 | 0.58 | 266 | 0.07206 | 0.00107 | 1.48854 | 0.02394 | 0.14981 | 0.00187 | 988 | 15 | 926 | 10 | 900 | 10 | 103 |
| P03(10)-15 | 48.0 | 267 | 0.18 | 156 | 0.06377 | 0.00169 | 1.06115 | 0.02461 | 0.12069 | 0.00153 | 734 | 57 | 734 | 12 | 735 | 9 | 100 |
| P03(10)-16 | 106 | 179 | 0.59 | 77.1 | 0.06168 | 0.00167 | 0.73261 | 0.02003 | 0.08613 | 0.00116 | 663 | 36 | 558 | 12 | 533 | 7 | 105 |
| P03(10)-17 | 327 | 504 | 0.65 | 1185 | 0.17095 | 0.00371 | 9.82032 | 0.17054 | 0.41662 | 0.00542 | 2567 | 37 | 2418 | 16 | 2245 | 25 | 114 |
| P03(10)-18 | 178 | 122 | 1.46 | 63.1 | 0.05613 | 0.00298 | 0.73148 | 0.03862 | 0.09451 | 0.00151 | 458 | 89 | 557 | 23 | 582 | 9 | 96 |
| P03(10)-19 | 39.6 | 107 | 0.37 | 22.8 | 0.05202 | 0.00482 | 0.34869 | 0.03198 | 0.04861 | 0.00090 | 286 | 174 | 304 | 24 | 306 | 6 | 99 |
| P03(10)-20 | 261 | 158 | 1.65 | 136 | 0.07294 | 0.00173 | 1.71083 | 0.04087 | 0.17010 | 0.00215 | 1012 | 28 | 1013 | 15 | 1013 | 12 | 100 |
| P03(10)-21 | 202 | 233 | 0.87 | 96.5 | 0.05985 | 0.00177 | 0.73372 | 0.02158 | 0.08891 | 0.00116 | 598 | 41 | 559 | 13 | 549 | 7 | 102 |
| P03(10)-22 | 140 | 152 | 0.93 | 204 | 0.09661 | 0.00152 | 3.62180 | 0.05937 | 0.27185 | 0.00323 | 1560 | 15 | 1554 | 13 | 1550 | 16 | 101 |
| P03(10)-23 | 448 | 468 | 0.96 | 201 | 0.05906 | 0.00189 | 0.73007 | 0.02326 | 0.08964 | 0.00120 | 569 | 46 | 557 | 14 | 553 | 7 | 101 |
| P03(10)-24 | 133 | 343 | 0.39 | 74.1 | 0.05312 | 0.00250 | 0.35656 | 0.01667 | 0.04867 | 0.00066 | 334 | 81 | 310 | 12 | 306 | 4 | 101 |
| P03(10)-25 | 107 | 366 | 0.29 | 144 | 0.05897 | 0.00123 | 0.72482 | 0.01540 | 0.08914 | 0.00107 | 566 | 26 | 554 | 9 | 550 | 6 | 101 |
| P03(10)-26 | 155 | 442 | 0.35 | 94.7 | 0.05315 | 0.00122 | 0.35609 | 0.00828 | 0.04858 | 0.00059 | 335 | 31 | 309 | 6 | 306 | 4 | 101 |
| P03(10)-27 | 35.1 | 107 | 0.33 | 42.5 | 0.05782 | 0.00314 | 0.71026 | 0.03818 | 0.08908 | 0.00140 | 523 | 90 | 545 | 23 | 550 | 8 | 99 |
| P03(10)-28 | 154 | 220 | 0.70 | 389 | 0.14377 | 0.00343 | 6.74473 | 0.13676 | 0.34024 | 0.00426 | 2273 | 42 | 2079 | 18 | 1888 | 20 | 120 |
| P03(10)-29 | 62.8 | 117 | 0.54 | 82.0 | 0.07070 | 0.00196 | 1.46982 | 0.04063 | 0.15076 | 0.00200 | 949 | 35 | 918 | 17 | 905 | 11 | 101 |
| P03(10)-30 | 101 | 349 | 0.29 | 103 | 0.05685 | 0.00125 | 0.52687 | 0.01175 | 0.06720 | 0.00081 | 486 | 28 | 430 | 8 | 419 | 5 | 103 |

续表

| 样品测试点号 | Th (ppm) | U (ppm) | Th/U | Pb (ppm) | 普通铅($^{208}$法)校对后同位素比值 | | | | | | 普通铅($^{208}$法)校对后表生年龄(Ma) | | | | | | 谐和度 |
|---|---|---|---|---|---|---|---|---|---|---|---|---|---|---|---|---|---|
| | | | | | $^{207}Pb/^{206}Pb$ | ±1σ | $^{207}Pb/^{235}U$ | ±1σ | $^{206}Pb/^{238}U$ | ±1σ | $^{207}Pb/^{206}Pb$ | ±1σ | $^{207}Pb/^{235}U$ | ±1σ | $^{206}Pb/^{238}U$ | ±1σ | |
| D1800-2(玄武安山岩、马尔争组) | | | | | | | | | | | | | | | | | |
| D1800-2-01 | 566 | 1175 | 0.48 | 222 | 0.05187 | 0.00099 | 0.30832 | 0.00525 | 0.04312 | 0.00030 | 280 | 26 | 273 | 4 | 272 | 2 | 100 |
| D1800-2-02 | 346 | 665 | 0.52 | 127 | 0.04996 | 0.00212 | 0.29738 | 0.01212 | 0.04317 | 0.00048 | 193 | 74 | 264 | 9 | 272 | 3 | 97 |
| D1800-2-03 | 250 | 603 | 0.41 | 113 | 0.05032 | 0.00125 | 0.30132 | 0.00696 | 0.04344 | 0.00034 | 210 | 39 | 267 | 5 | 274 | 2 | 97 |
| D1800-2-04 | 170 | 511 | 0.33 | 94.5 | 0.05412 | 0.00122 | 0.32077 | 0.00661 | 0.04299 | 0.00032 | 376 | 33 | 282 | 5 | 271 | 2 | 104 |
| D1800-2-05 | 406 | 720 | 0.56 | 138 | 0.05252 | 0.00149 | 0.31321 | 0.00838 | 0.04326 | 0.00037 | 308 | 45 | 277 | 6 | 273 | 2 | 101 |
| D1800-2-06 | 690 | 752 | 0.92 | 151 | 0.05435 | 0.00118 | 0.32379 | 0.00643 | 0.04322 | 0.00032 | 386 | 31 | 285 | 5 | 273 | 2 | 104 |
| D1800-2-07 | 95.2 | 286 | 0.33 | 53.0 | 0.05072 | 0.00219 | 0.30202 | 0.01257 | 0.04320 | 0.00047 | 228 | 76 | 268 | 10 | 273 | 3 | 98 |
| D1800-2-08 | 161 | 403 | 0.40 | 75.6 | 0.05884 | 0.00265 | 0.35128 | 0.01522 | 0.04331 | 0.00053 | 561 | 73 | 306 | 11 | 273 | 3 | 112 |
| D1800-2-09 | 89.9 | 313 | 0.29 | 58.1 | 0.05491 | 0.00257 | 0.32817 | 0.01484 | 0.04335 | 0.00053 | 409 | 79 | 288 | 11 | 274 | 3 | 105 |
| D1800-2-10 | 134 | 261 | 0.51 | 49.5 | 0.05368 | 0.00211 | 0.31978 | 0.01208 | 0.04322 | 0.00046 | 358 | 66 | 282 | 9 | 273 | 3 | 103 |
| D1800-2-11 | 136 | 531 | 0.26 | 99.4 | 0.06208 | 0.00197 | 0.37053 | 0.01113 | 0.04330 | 0.00042 | 677 | 48 | 320 | 8 | 273 | 3 | 117 |
| D1800-2-12 | 222 | 376 | 0.59 | 71.9 | 0.05204 | 0.00124 | 0.31159 | 0.00689 | 0.04343 | 0.00033 | 287 | 37 | 275 | 5 | 274 | 2 | 100 |
| D1800-2-13 | 105 | 206 | 0.51 | 157 | 0.07418 | 0.00117 | 1.76772 | 0.02365 | 0.17286 | 0.00122 | 1046 | 16 | 1034 | 9 | 1028 | 7 | 102 |
| D1800-2-14 | 137 | 304 | 0.45 | 63.3 | 0.05649 | 0.00148 | 0.37274 | 0.00915 | 0.04786 | 0.00039 | 472 | 40 | 322 | 7 | 301 | 2 | 107 |
| D1800-2-15 | 199 | 571 | 0.35 | 258 | 0.06300 | 0.00090 | 0.91532 | 0.01075 | 0.10539 | 0.00069 | 708 | 14 | 660 | 6 | 646 | 4 | 102 |
| D1800-2-16 | 302 | 723 | 0.42 | 137 | 0.05444 | 0.00156 | 0.32464 | 0.00877 | 0.04326 | 0.00038 | 389 | 45 | 285 | 7 | 273 | 2 | 104 |
| D1800-2-17 | 305 | 682 | 0.45 | 127 | 0.05313 | 0.00130 | 0.31609 | 0.00716 | 0.04315 | 0.00034 | 334 | 37 | 279 | 6 | 272 | 2 | 103 |
| D1800-2-18 | 296 | 785 | 0.38 | 144 | 0.05344 | 0.00105 | 0.31987 | 0.00565 | 0.04342 | 0.00031 | 348 | 27 | 282 | 4 | 274 | 2 | 103 |
| D1800-2-19 | 148 | 591 | 0.25 | 107 | 0.05447 | 0.00198 | 0.32322 | 0.01122 | 0.04304 | 0.00044 | 391 | 59 | 284 | 9 | 272 | 3 | 104 |

续表

| 样品测试点号 | Th (ppm) | U (ppm) | Th/U | Pb (ppm) | 普通铅($^{208}$法)校对后同位素比值 | | | | | | 普通铅($^{208}$法)校对后表生年龄(Ma) | | | | | | 谐和度 |
|---|---|---|---|---|---|---|---|---|---|---|---|---|---|---|---|---|---|
| | | | | | $^{207}Pb/^{206}Pb$ | ±1σ | $^{207}Pb/^{235}U$ | ±1σ | $^{206}Pb/^{238}U$ | ±1σ | $^{207}Pb/^{206}Pb$ | ±1σ | $^{207}Pb/^{235}U$ | ±1σ | $^{206}Pb/^{238}U$ | ±1σ | |
| D1800-2-20 | 218 | 621 | 0.35 | 116 | 0.05463 | 0.00211 | 0.32863 | 0.01213 | 0.04363 | 0.00047 | 397 | 63 | 289 | 9 | 275 | 3 | 105 |
| D1800-2-21 | 120 | 326 | 0.37 | 60.0 | 0.05549 | 0.00293 | 0.32985 | 0.01685 | 0.04312 | 0.00059 | 432 | 90 | 289 | 13 | 272 | 4 | 106 |
| D1800-2-22 | 314 | 708 | 0.44 | 131 | 0.05253 | 0.00101 | 0.31593 | 0.00542 | 0.04362 | 0.00030 | 309 | 26 | 279 | 4 | 275 | 2 | 101 |
| D1800-2-23 | 201 | 686 | 0.29 | 124 | 0.05806 | 0.00132 | 0.34574 | 0.00720 | 0.04319 | 0.00033 | 532 | 32 | 302 | 5 | 273 | 2 | 111 |
| D1800-2-24 | 146 | 475 | 0.31 | 88.9 | 0.05448 | 0.00293 | 0.32475 | 0.01712 | 0.04323 | 0.00048 | 391 | 124 | 286 | 13 | 273 | 3 | 105 |
| P03(110)(流纹岩、马尔争组) | | | | | | | | | | | | | | | | | |
| P03(110)-01 | 186 | 285 | 0.65 | 558 | 0.14542 | 0.00193 | 8.28224 | 0.09349 | 0.41307 | 0.00289 | 2293 | 23 | 2262 | 10 | 2229 | 13 | 103 |
| P03(110)-02 | 356 | 361 | 0.99 | 84 | 0.05829 | 0.00130 | 0.40738 | 0.00836 | 0.05070 | 0.00039 | 541 | 31 | 347 | 6 | 319 | 2 | 109 |
| P03(110)-03 | 374 | 592 | 0.63 | 110 | 0.04962 | 0.00140 | 0.29040 | 0.00776 | 0.04245 | 0.00036 | 177 | 46 | 259 | 6 | 268 | 2 | 97 |
| P03(110)-04 | 122 | 133 | 0.92 | 25 | 0.05171 | 0.00345 | 0.30255 | 0.01973 | 0.04244 | 0.00063 | 273 | 123 | 268 | 15 | 268 | 4 | 100 |
| P03(110)-05 | 346 | 1518 | 0.23 | 200 | 0.06877 | 0.00147 | 0.27537 | 0.00554 | 0.02904 | 0.00021 | 892 | 45 | 247 | 4 | 185 | 1 | 134 |
| P03(110)-06 | 216 | 583 | 0.37 | 122 | 0.05248 | 0.00133 | 0.35813 | 0.00870 | 0.04949 | 0.00036 | 306 | 59 | 311 | 7 | 311 | 2 | 100 |
| P03(110)-07 | 123 | 192 | 0.64 | 54 | 0.05285 | 0.00149 | 0.47970 | 0.01284 | 0.06584 | 0.00056 | 322 | 45 | 398 | 9 | 411 | 3 | 97 |
| P03(110)-08 | 560 | 597 | 0.94 | 140 | 0.10353 | 0.00317 | 0.64830 | 0.01889 | 0.04541 | 0.00043 | 1688 | 58 | 507 | 12 | 286 | 3 | 177 |
| P03(110)-09 | 147 | 411 | 0.36 | 212 | 0.06793 | 0.00100 | 1.15299 | 0.01432 | 0.12312 | 0.00085 | 866 | 15 | 779 | 7 | 748 | 5 | 104 |
| P03(110)-10 | 349 | 569 | 0.61 | 95 | 0.06400 | 0.00245 | 0.33299 | 0.01233 | 0.03773 | 0.00036 | 742 | 83 | 292 | 9 | 239 | 2 | 122 |
| P03(110)-11 | 409 | 503 | 0.81 | 221 | 0.06296 | 0.00095 | 0.88146 | 0.01130 | 0.10155 | 0.00069 | 707 | 16 | 642 | 6 | 623 | 4 | 103 |
| P03(110)-12 | 69 | 240 | 0.29 | 104 | 0.06147 | 0.00121 | 0.88636 | 0.01584 | 0.10459 | 0.00079 | 656 | 25 | 644 | 9 | 641 | 5 | 100 |
| P03(110)-13 | 492 | 1055 | 0.47 | 310 | 0.05505 | 0.00076 | 0.52729 | 0.00589 | 0.06947 | 0.00045 | 414 | 14 | 430 | 4 | 433 | 3 | 99 |
| P03(110)-14 | 101 | 302 | 0.33 | 46 | 0.05656 | 0.00185 | 0.27613 | 0.00860 | 0.03541 | 0.00033 | 474 | 52 | 248 | 7 | 224 | 2 | 111 |

续表

| 样品测试点号 | Th (ppm) | U (ppm) | Th/U | Pb (ppm) | 普通铅($^{208}$法)校对后同位素比值 | | | | | | 普通铅($^{208}$法)校对后表生年龄(Ma) | | | | | | 谐和度 |
|---|---|---|---|---|---|---|---|---|---|---|---|---|---|---|---|---|---|
| | | | | | $^{207}Pb/^{206}Pb$ | ±1σ | $^{207}Pb/^{235}U$ | ±1σ | $^{206}Pb/^{238}U$ | ±1σ | $^{207}Pb/^{206}Pb$ | ±1σ | $^{207}Pb/^{235}U$ | ±1σ | $^{206}Pb/^{238}U$ | ±1σ | |
| P03(110)-15 | 100 | 235 | 0.43 | 96 | 0.05943 | 0.00119 | 0.78906 | 0.01429 | 0.09630 | 0.00073 | 583 | 26 | 591 | 8 | 593 | 4 | 100 |
| P03(110)-16 | 219 | 601 | 0.36 | 106 | 0.05601 | 0.00120 | 0.32348 | 0.00634 | 0.04189 | 0.00032 | 453 | 30 | 285 | 5 | 265 | 2 | 108 |
| P03(110)-17 | 113 | 276 | 0.41 | 41 | 0.04883 | 0.00216 | 0.23996 | 0.01029 | 0.03565 | 0.00039 | 140 | 79 | 218 | 8 | 226 | 2 | 96 |
| P03(110)-18 | 275 | 394 | 0.70 | 73 | 0.05174 | 0.00139 | 0.29983 | 0.00757 | 0.04203 | 0.00035 | 274 | 42 | 266 | 6 | 265 | 2 | 100 |
| P03(127)(流纹岩、马尔争组) | | | | | | | | | | | | | | | | | |
| P03(127)-01 | 448 | 984 | 0.45 | 333 | 0.06119 | 0.00084 | 0.66206 | 0.00723 | 0.07848 | 0.00051 | 646 | 13 | 516 | 4 | 487 | 3 | 106 |
| P03(127)-02 | 589 | 740 | 0.80 | 137 | 0.05996 | 0.00201 | 0.31973 | 0.01042 | 0.03867 | 0.00030 | 602 | 74 | 282 | 8 | 245 | 2 | 115 |
| P03(127)-03 | 285 | 1042 | 0.27 | 242 | 0.08986 | 0.00542 | 0.39819 | 0.02370 | 0.03214 | 0.00032 | 1422 | 118 | 340 | 17 | 204 | 2 | 167 |
| P03(127)-04 | 210 | 257 | 0.82 | 45.4 | 0.20200 | 0.00947 | 0.61911 | 0.02757 | 0.02223 | 0.00033 | 2842 | 78 | 489 | 17 | 142 | 2 | 344 |
| P03(127)-05 | 731 | 483 | 1.51 | 99.0 | 0.07617 | 0.00226 | 0.44140 | 0.01225 | 0.04203 | 0.00041 | 1100 | 40 | 371 | 9 | 265 | 3 | 140 |
| P03(127)-06 | 731 | 997 | 0.73 | 319 | 0.05764 | 0.00106 | 0.57509 | 0.00934 | 0.07237 | 0.00052 | 516 | 23 | 461 | 6 | 450 | 3 | 102 |
| P03(127)-07 | 624 | 439 | 1.42 | 360 | 0.07204 | 0.00098 | 1.67447 | 0.01829 | 0.16859 | 0.00113 | 987 | 12 | 999 | 7 | 1004 | 6 | 98 |
| P03(127)-08 | 37.3 | 542 | 0.07 | 151 | 0.05856 | 0.00108 | 0.54094 | 0.00922 | 0.06699 | 0.00047 | 551 | 41 | 439 | 6 | 418 | 3 | 105 |
| P03(127)-09 | 280 | 352 | 0.79 | 34.0 | 0.04925 | 0.00217 | 0.14696 | 0.00628 | 0.02164 | 0.00021 | 160 | 81 | 139 | 6 | 138 | 1 | 101 |
| P03(127)-10 | 741 | 691 | 1.07 | 131 | 0.05154 | 0.00152 | 0.29894 | 0.00832 | 0.04207 | 0.00037 | 265 | 48 | 266 | 7 | 266 | 2 | 100 |
| P03(127)-11 | 400 | 458 | 0.87 | 88.1 | 0.05105 | 0.00312 | 0.29531 | 0.01752 | 0.04196 | 0.00063 | 243 | 109 | 263 | 14 | 265 | 4 | 99 |
| P03(127)-12 | 166 | 235 | 0.71 | 47.9 | 0.06568 | 0.00400 | 0.37790 | 0.02251 | 0.04173 | 0.00052 | 796 | 131 | 325 | 17 | 264 | 3 | 123 |
| P03(127)-13 | 174 | 239 | 0.73 | 43.8 | 0.05317 | 0.00289 | 0.30953 | 0.01632 | 0.04222 | 0.00055 | 336 | 96 | 274 | 13 | 267 | 3 | 103 |
| P03(127)-14 | 1016 | 945 | 1.08 | 182 | 0.05379 | 0.00197 | 0.31090 | 0.01090 | 0.04193 | 0.00043 | 362 | 61 | 275 | 8 | 265 | 3 | 104 |
| P03(127)-15 | 69.1 | 387 | 0.18 | 86.6 | 0.05655 | 0.00130 | 0.42977 | 0.00913 | 0.05513 | 0.00043 | 474 | 33 | 363 | 6 | 346 | 3 | 105 |

**续表**

| 样品测试点号 | Th (ppm) | U (ppm) | Th/U | Pb (ppm) | 普通铅($^{208}$法)校对后同位素比值 | | | | | | 普通铅($^{208}$法)校对后表生年龄(Ma) | | | | | | 谐和度 |
|---|---|---|---|---|---|---|---|---|---|---|---|---|---|---|---|---|---|
| | | | | | $^{207}Pb/^{206}Pb$ | ±1σ | $^{207}Pb/^{235}U$ | ±1σ | $^{206}Pb/^{238}U$ | ±1σ | $^{207}Pb/^{206}Pb$ | ±1σ | $^{207}Pb/^{235}U$ | ±1σ | $^{206}Pb/^{238}U$ | ±1σ | |
| P03(127)-16 | 440 | 613 | 0.72 | 111 | 0.05376 | 0.00282 | 0.31161 | 0.01582 | 0.04204 | 0.00057 | 361 | 90 | 275 | 12 | 265 | 4 | 104 |
| P03(127)-17 | 1469 | 1156 | 1.27 | 225 | 0.05671 | 0.00201 | 0.33075 | 0.01119 | 0.04231 | 0.00043 | 480 | 57 | 290 | 9 | 267 | 3 | 109 |
| P03(127)-18 | 282 | 373 | 0.76 | 65.6 | 0.05065 | 0.00160 | 0.28243 | 0.00847 | 0.04045 | 0.00036 | 225 | 53 | 253 | 7 | 256 | 2 | 99 |
| D1732（长石石英砂岩、库孜贡苏组） | | | | | | | | | | | | | | | | | |
| D1732-01 | 69.6 | 367 | 0.19 | 278 | 0.08134 | 0.00117 | 2.05017 | 0.02424 | 0.18287 | 0.00127 | 1230 | 13 | 1132 | 8 | 1083 | 7 | 114 |
| D1732-02 | 107 | 195 | 0.55 | 83.9 | 0.04813 | 0.00654 | 0.41703 | 0.05620 | 0.06284 | 0.00113 | 106 | 272 | 354 | 40 | 393 | 7 | 90 |
| D1732-03 | 237 | 604 | 0.39 | 98.1 | 0.05315 | 0.00124 | 0.28415 | 0.00611 | 0.03879 | 0.00030 | 335 | 35 | 254 | 5 | 245 | 2 | 104 |
| D1732-04 | 69.0 | 326 | 0.21 | 1055 | 0.31055 | 0.00318 | 26.99830 | 0.17886 | 0.63073 | 0.00403 | 3524 | 5 | 3383 | 6 | 3152 | 16 | 112 |
| D1732-05 | 169 | 277 | 0.61 | 88.7 | 0.05520 | 0.00129 | 0.55114 | 0.01191 | 0.07244 | 0.00057 | 420 | 34 | 446 | 8 | 451 | 3 | 99 |
| D1732-06 | 90.5 | 181 | 0.50 | 55.6 | 0.05501 | 0.00152 | 0.54782 | 0.01425 | 0.07224 | 0.00061 | 413 | 43 | 444 | 9 | 450 | 4 | 99 |
| D1732-07 | 127 | 196 | 0.65 | 61.2 | 0.04816 | 0.00315 | 0.47776 | 0.03050 | 0.07197 | 0.00116 | 107 | 112 | 397 | 21 | 448 | 7 | 89 |
| D1732-08 | 109 | 180 | 0.60 | 31.3 | 0.06003 | 0.00721 | 0.31934 | 0.03737 | 0.03859 | 0.00115 | 605 | 205 | 281 | 29 | 244 | 7 | 115 |
| D1732-09 | 75.9 | 254 | 0.30 | 40.3 | 0.04746 | 0.00628 | 0.25154 | 0.03266 | 0.03844 | 0.00109 | 72 | 226 | 228 | 26 | 243 | 7 | 94 |
| D1732-10 | 184 | 326 | 0.57 | 54.4 | 0.05159 | 0.00206 | 0.27483 | 0.01053 | 0.03865 | 0.00040 | 267 | 69 | 247 | 8 | 244 | 2 | 101 |
| D1732-11 | 162 | 404 | 0.40 | 78.2 | 0.07736 | 0.00159 | 0.47831 | 0.00884 | 0.04485 | 0.00035 | 1130 | 24 | 397 | 6 | 283 | 2 | 140 |
| D1732-12 | 60.3 | 117 | 0.52 | 22.8 | 0.06596 | 0.00525 | 0.40773 | 0.03152 | 0.04484 | 0.00094 | 805 | 127 | 347 | 23 | 283 | 6 | 123 |
| D1732-13 | 455 | 377 | 1.21 | 127 | 0.05704 | 0.00134 | 0.56677 | 0.01231 | 0.07207 | 0.00058 | 493 | 34 | 456 | 8 | 449 | 3 | 102 |
| D1732-14 | 215 | 681 | 0.32 | 206 | 0.05660 | 0.00089 | 0.56202 | 0.00755 | 0.07202 | 0.00048 | 476 | 18 | 453 | 5 | 448 | 3 | 101 |
| D1732-15 | 98.4 | 186 | 0.53 | 35.6 | 0.05278 | 0.00394 | 0.32503 | 0.02367 | 0.04467 | 0.00078 | 319 | 134 | 286 | 18 | 282 | 5 | 101 |
| D1732-16 | 1044 | 821 | 1.27 | 236 | 0.05898 | 0.00192 | 0.50029 | 0.01548 | 0.06152 | 0.00061 | 566 | 50 | 412 | 10 | 385 | 4 | 107 |

续表

| 样品测试点号 | Th (ppm) | U (ppm) | Th/U | Pb (ppm) | 普通铅($^{208}$法)校对后同位素比值 | | | | | | 普通铅($^{208}$法)校对后表生年龄(Ma) | | | | | | 谐和度 |
|---|---|---|---|---|---|---|---|---|---|---|---|---|---|---|---|---|---|
| | | | | | $^{207}Pb/^{206}Pb$ | ±1σ | $^{207}Pb/^{235}U$ | ±1σ | $^{206}Pb/^{238}U$ | ±1σ | $^{207}Pb/^{206}Pb$ | ±1σ | $^{207}Pb/^{235}U$ | ±1σ | $^{206}Pb/^{238}U$ | ±1σ | |
| D1732-17 | 260 | 473 | 0.55 | 238 | 0.06775 | 0.00100 | 1.07079 | 0.01312 | 0.11464 | 0.00078 | 861 | 14 | 739 | 6 | 700 | 5 | 106 |
| D1732-18 | 75.3 | 162 | 0.46 | 50.4 | 0.05288 | 0.00170 | 0.52641 | 0.01617 | 0.07220 | 0.00065 | 324 | 53 | 429 | 11 | 449 | 4 | 96 |
| D1732-19 | 151 | 388 | 0.39 | 84.7 | 0.05630 | 0.00222 | 0.39173 | 0.01484 | 0.05046 | 0.00056 | 464 | 64 | 336 | 11 | 317 | 3 | 106 |
| D1732-20 | 112 | 239 | 0.47 | 217 | 0.08718 | 0.00122 | 2.47346 | 0.02851 | 0.20578 | 0.00144 | 1364 | 12 | 1264 | 8 | 1206 | 8 | 113 |
| D1732-21 | 86 | 145 | 0.59 | 46.6 | 0.05854 | 0.00219 | 0.58348 | 0.02093 | 0.07229 | 0.00077 | 550 | 60 | 467 | 13 | 450 | 5 | 104 |
| D1732-22 | 261 | 380 | 0.69 | 122 | 0.05465 | 0.00107 | 0.54386 | 0.00963 | 0.07217 | 0.00052 | 398 | 27 | 441 | 6 | 449 | 3 | 98 |
| D1732-23 | 208 | 423 | 0.49 | 131 | 0.05258 | 0.00117 | 0.52108 | 0.01072 | 0.07187 | 0.00055 | 311 | 33 | 426 | 7 | 447 | 3 | 95 |
| D1732-24 | 281 | 232 | 1.21 | 214 | 0.13357 | 0.03700 | 0.93704 | 0.25643 | 0.05088 | 0.00217 | 2145 | 582 | 671 | 134 | 320 | 13 | 210 |
| D1596(闪长玢岩、侵入至黄羊岭组) | | | | | | | | | | | | | | | | | |
| D1596-01 | 68.9 | 116 | 0.60 | 74.5 | 0.08128 | 0.00267 | 1.54671 | 0.04883 | 0.13801 | 0.00124 | 1228 | 66 | 949 | 19 | 833 | 7 | 114 |
| D1596-02 | 638 | 1048 | 0.61 | 174 | 0.06894 | 0.00294 | 0.30633 | 0.01280 | 0.03223 | 0.00028 | 897 | 90 | 271 | 10 | 204 | 2 | 133 |
| D1596-03 | 60.7 | 392 | 0.15 | 121 | 0.06671 | 0.00158 | 0.65323 | 0.01418 | 0.07113 | 0.00058 | 829 | 32 | 510 | 9 | 443 | 3 | 115 |
| D1596-04 | 223 | 521 | 0.43 | 164 | 0.05600 | 0.00097 | 0.55045 | 0.00828 | 0.07140 | 0.00048 | 452 | 21 | 445 | 5 | 445 | 3 | 100 |
| D1596-05 | 228 | 703 | 0.32 | 222 | 0.05683 | 0.00143 | 0.55964 | 0.01312 | 0.07151 | 0.00059 | 485 | 37 | 451 | 9 | 445 | 4 | 101 |
| D1596-06 | 194 | 301 | 0.64 | 57.6 | 0.05123 | 0.00279 | 0.29065 | 0.01557 | 0.04115 | 0.00038 | 251 | 127 | 259 | 12 | 260 | 2 | 100 |
| D1596-07 | 162 | 197 | 0.82 | 147 | 0.07174 | 0.00123 | 1.58413 | 0.02370 | 0.16027 | 0.00116 | 979 | 19 | 964 | 9 | 958 | 6 | 101 |
| D1596-08 | 96.7 | 420 | 0.23 | 72.6 | 0.05270 | 0.00202 | 0.29705 | 0.01089 | 0.04091 | 0.00042 | 316 | 65 | 264 | 9 | 258 | 3 | 102 |
| D1596-09 | 44.6 | 114 | 0.39 | 24.5 | 0.05230 | 0.00245 | 0.35793 | 0.01626 | 0.04967 | 0.00054 | 299 | 84 | 311 | 12 | 312 | 3 | 100 |
| D1596-10 | 104 | 255 | 0.41 | 45.0 | 0.04956 | 0.00160 | 0.27805 | 0.00857 | 0.04071 | 0.00034 | 174 | 56 | 249 | 7 | 257 | 2 | 97 |
| D1596-11 | 150 | 287 | 0.52 | 324 | 0.09175 | 0.00124 | 3.16722 | 0.03451 | 0.25045 | 0.00172 | 1462 | 11 | 1449 | 8 | 1441 | 9 | 101 |

续表

| 样品测试点号 | Th (ppm) | U (ppm) | Th/U | Pb (ppm) | 普通铅($^{208}$法)校对后同位素比值 | | | | | | 普通铅($^{208}$法)校对后表生年龄(Ma) | | | | | | 谐和度 |
|---|---|---|---|---|---|---|---|---|---|---|---|---|---|---|---|---|---|
| | | | | | $^{207}Pb/^{206}Pb$ | ±1σ | $^{207}Pb/^{235}U$ | ±1σ | $^{206}Pb/^{238}U$ | ±1σ | $^{207}Pb/^{206}Pb$ | ±1σ | $^{207}Pb/^{235}U$ | ±1σ | $^{206}Pb/^{238}U$ | ±1σ | |
| D1596-12 | 113 | 242 | 0.47 | 43.3 | 0.05074 | 0.00222 | 0.28562 | 0.01205 | 0.04084 | 0.00044 | 229 | 78 | 255 | 10 | 258 | 3 | 99 |
| D1596-13 | 390 | 824 | 0.47 | 145 | 0.05321 | 0.00121 | 0.29930 | 0.00624 | 0.04078 | 0.00031 | 338 | 33 | 266 | 5 | 258 | 2 | 103 |
| D1596-14 | 155 | 385 | 0.40 | 118 | 0.05685 | 0.00194 | 0.55859 | 0.01817 | 0.07124 | 0.00073 | 486 | 54 | 451 | 12 | 444 | 4 | 102 |
| D1596-15 | 96.4 | 265 | 0.36 | 80.5 | 0.05559 | 0.00141 | 0.54649 | 0.01295 | 0.07127 | 0.00058 | 436 | 38 | 443 | 9 | 444 | 3 | 100 |
| D1596-16 | 68.8 | 150 | 0.46 | 58.0 | 0.08722 | 0.01196 | 0.54868 | 0.07455 | 0.04562 | 0.00084 | 1365 | 279 | 444 | 49 | 288 | 5 | 154 |
| D1596-17 | 178 | 325 | 0.55 | 110 | 0.07815 | 0.00247 | 0.76608 | 0.02285 | 0.07105 | 0.00076 | 1151 | 42 | 578 | 13 | 442 | 5 | 131 |
| D1596-18 | 50.0 | 129 | 0.39 | 22.5 | 0.05116 | 0.00383 | 0.28860 | 0.02110 | 0.04088 | 0.00071 | 248 | 135 | 257 | 17 | 258 | 4 | 100 |
| D1800-1（辉绿岩、侵入至马尔争组） | | | | | | | | | | | | | | | | | |
| D1800-1-01 | 403 | 614 | 0.66 | 128 | 0.05756 | 0.00433 | 0.25962 | 0.01939 | 0.03271 | 0.00030 | 513 | 171 | 234 | 16 | 207 | 2 | 113 |
| D1800-1-02 | 285 | 880 | 0.32 | 297 | 0.06402 | 0.00163 | 0.66495 | 0.01614 | 0.07533 | 0.00056 | 742 | 55 | 518 | 10 | 468 | 3 | 111 |
| D1800-1-03 | 407 | 1407 | 0.29 | 287 | 0.06534 | 0.00402 | 0.29375 | 0.01788 | 0.03261 | 0.00029 | 785 | 133 | 262 | 14 | 207 | 2 | 127 |
| D1800-1-04 | 1242 | 1594 | 0.78 | 229 | 0.05914 | 0.00108 | 0.26043 | 0.00416 | 0.03194 | 0.00022 | 572 | 23 | 235 | 3 | 203 | 1 | 116 |
| D1800-1-05 | 269 | 342 | 0.79 | 57.3 | 0.07618 | 0.00364 | 0.34513 | 0.01614 | 0.03286 | 0.00033 | 1100 | 98 | 301 | 12 | 208 | 2 | 145 |
| D1800-1-06 | 280 | 530 | 0.53 | 151 | 0.06344 | 0.00173 | 0.55157 | 0.01454 | 0.06306 | 0.00046 | 723 | 59 | 446 | 10 | 394 | 3 | 113 |
| D1800-1-07 | 122 | 286 | 0.43 | 132 | 0.06142 | 0.00184 | 0.83848 | 0.02428 | 0.09901 | 0.00074 | 654 | 66 | 618 | 13 | 609 | 4 | 101 |
| D1800-1-08 | 125 | 179 | 0.70 | 318 | 0.12646 | 0.00233 | 6.48262 | 0.10906 | 0.37180 | 0.00279 | 2049 | 33 | 2044 | 15 | 2038 | 13 | 101 |
| D1800-1-09 | 228 | 526 | 0.43 | 157 | 0.05831 | 0.00101 | 0.54328 | 0.00820 | 0.06757 | 0.00046 | 541 | 21 | 441 | 5 | 421 | 3 | 105 |
| D1800-1-10 | 144 | 507 | 0.28 | 78.9 | 0.05227 | 0.00188 | 0.26158 | 0.00913 | 0.03630 | 0.00031 | 297 | 84 | 236 | 7 | 230 | 2 | 103 |
| D1800-1-11 | 129 | 273 | 0.47 | 111 | 0.06671 | 0.00129 | 0.84094 | 0.01458 | 0.09142 | 0.00068 | 829 | 24 | 620 | 8 | 564 | 4 | 110 |
| D1800-1-12 | 772 | 632 | 1.22 | 308 | 0.10726 | 0.00137 | 1.46299 | 0.01420 | 0.09892 | 0.00064 | 1753 | 9 | 915 | 6 | 608 | 4 | 150 |

续表

| 样品测试点号 | Th (ppm) | U (ppm) | Th/U | Pb (ppm) | 普通铅($^{208}$法)校对后同位素比值 | | | | | | 普通铅($^{208}$法)校对后表生年龄(Ma) | | | | | | 谐和度 |
|---|---|---|---|---|---|---|---|---|---|---|---|---|---|---|---|---|---|
| | | | | | $^{207}Pb/^{206}Pb$ | ±1σ | $^{207}Pb/^{235}U$ | ±1σ | $^{206}Pb/^{238}U$ | ±1σ | $^{207}Pb/^{206}Pb$ | ±1σ | $^{207}Pb/^{235}U$ | ±1σ | $^{206}Pb/^{238}U$ | ±1σ | |
| D1800-1-13 | 86. 6 | 382 | 0. 23 | 422 | 0. 09382 | 0. 00122 | 3. 24784 | 0. 03683 | 0. 25107 | 0. 00162 | 1504 | 25 | 1469 | 9 | 1444 | 8 | 104 |
| D1800-1-14 | 133 | 228 | 0. 58 | 147 | 0. 07451 | 0. 00213 | 1. 41196 | 0. 03882 | 0. 13743 | 0. 00105 | 1055 | 59 | 894 | 16 | 830 | 6 | 108 |
| D1800-1-15 | 199 | 328 | 0. 61 | 49. 8 | 0. 05588 | 0. 00181 | 0. 26243 | 0. 00808 | 0. 03406 | 0. 00031 | 448 | 52 | 237 | 6 | 216 | 2 | 110 |
| D1800-1-16 | 29. 6 | 60. 0 | 0. 49 | 158 | 0. 18560 | 0. 00245 | 13. 50312 | 0. 14902 | 0. 52774 | 0. 00438 | 2704 | 9 | 2716 | 10 | 2732 | 18 | 99 |
| D1800-1-17 | 144 | 170 | 0. 84 | 139 | 0. 07203 | 0. 00138 | 1. 76372 | 0. 03053 | 0. 17761 | 0. 00141 | 987 | 22 | 1032 | 11 | 1054 | 8 | 94 |
| D1800-1-18 | 296 | 685 | 0. 43 | 124 | 0. 05694 | 0. 00123 | 0. 32476 | 0. 00641 | 0. 04137 | 0. 00031 | 489 | 30 | 286 | 5 | 261 | 2 | 110 |
| D1800-1-19 | 174 | 326 | 0. 53 | 99 | 0. 05061 | 0. 00317 | 0. 47199 | 0. 02882 | 0. 06767 | 0. 00109 | 223 | 111 | 393 | 20 | 422 | 7 | 93 |
| D1800-1-20 | 170 | 712 | 0. 24 | 103 | 0. 05936 | 0. 00417 | 0. 27449 | 0. 01869 | 0. 03355 | 0. 00062 | 580 | 116 | 246 | 15 | 213 | 4 | 115 |
| D1800-1-21 | 195 | 423 | 0. 46 | 125 | 0. 05834 | 0. 00204 | 0. 54197 | 0. 01845 | 0. 06738 | 0. 00054 | 542 | 78 | 440 | 12 | 420 | 3 | 105 |
| D1800-1-22 | 334 | 300 | 1. 12 | 30 | 0. 04525 | 0. 00217 | 0. 13294 | 0. 00620 | 0. 02132 | 0. 00022 | -7 | 78 | 127 | 6 | 136 | 1 | 93 |
| D1800-1-23 | 192 | 407 | 0. 47 | 75. 8 | 0. 05577 | 0. 00183 | 0. 32437 | 0. 01010 | 0. 04221 | 0. 00041 | 443 | 52 | 285 | 8 | 267 | 3 | 107 |
| D1800-1-24 | 801 | 1747 | 0. 46 | 509 | 0. 05510 | 0. 00068 | 0. 51439 | 0. 00487 | 0. 06776 | 0. 00042 | 416 | 11 | 421 | 3 | 423 | 3 | 100 |
| D1801（辉绿岩、侵入至马尔争组） | | | | | | | | | | | | | | | | | |
| D1801-01 | 192 | 252 | 0. 76 | 80. 2 | 0. 05656 | 0. 00151 | 0. 54926 | 0. 01373 | 0. 07045 | 0. 00059 | 474 | 40 | 445 | 9 | 439 | 4 | 101 |
| D1801-02 | 439 | 321 | 1. 37 | 110 | 0. 05927 | 0. 00139 | 0. 57520 | 0. 01243 | 0. 07040 | 0. 00056 | 577 | 33 | 461 | 8 | 439 | 3 | 105 |
| D1801-04 | 694 | 404 | 1. 72 | 144 | 0. 05903 | 0. 00130 | 0. 57181 | 0. 01146 | 0. 07027 | 0. 00054 | 568 | 30 | 459 | 7 | 438 | 3 | 105 |
| D1801-05 | 1337 | 1960 | 0. 68 | 623 | 0. 06140 | 0. 00125 | 0. 59593 | 0. 01090 | 0. 07040 | 0. 00053 | 653 | 26 | 475 | 7 | 439 | 3 | 108 |
| D1801-06 | 154 | 753 | 0. 20 | 135 | 0. 05704 | 0. 00216 | 0. 33273 | 0. 01201 | 0. 04231 | 0. 00045 | 493 | 61 | 292 | 9 | 267 | 3 | 109 |
| D1801-07 | 137 | 308 | 0. 45 | 64. 3 | 0. 05415 | 0. 00197 | 0. 34771 | 0. 01208 | 0. 04657 | 0. 00047 | 377 | 60 | 303 | 9 | 293 | 3 | 103 |
| D1801-08 | 164 | 268 | 0. 61 | 338 | 0. 09919 | 0. 00129 | 3. 78052 | 0. 03855 | 0. 27647 | 0. 00189 | 1609 | 10 | 1589 | 8 | 1574 | 10 | 102 |

续表

| 样品测试点号 | Th (ppm) | U (ppm) | Th/U | Pb (ppm) | 普通铅($^{208}$法)校对后同位素比值 | | | | | | 普通铅($^{208}$法)校对后表生年龄(Ma) | | | | | | 谐和度 |
|---|---|---|---|---|---|---|---|---|---|---|---|---|---|---|---|---|---|
| | | | | | $^{207}Pb/^{206}Pb$ | ±1σ | $^{207}Pb/^{235}U$ | ±1σ | $^{206}Pb/^{238}U$ | ±1σ | $^{207}Pb/^{206}Pb$ | ±1σ | $^{207}Pb/^{235}U$ | ±1σ | $^{206}Pb/^{238}U$ | ±1σ | |
| D1801-09 | 100 | 111 | 0.90 | 64.1 | 0.06600 | 0.00165 | 1.15136 | 0.02682 | 0.12653 | 0.00109 | 806 | 34 | 778 | 13 | 768 | 6 | 101 |
| D1801-10 | 251 | 288 | 0.87 | 66.4 | 0.05663 | 0.00213 | 0.39726 | 0.01429 | 0.05089 | 0.00053 | 477 | 61 | 340 | 10 | 320 | 3 | 106 |
| D1801-11 | 280 | 746 | 0.38 | 113 | 0.04746 | 0.00113 | 0.23349 | 0.00516 | 0.03569 | 0.00027 | 72 | 38 | 213 | 4 | 226 | 2 | 94 |
| D1801-12 | 56.0 | 425 | 0.13 | 296 | 0.07255 | 0.00102 | 1.65545 | 0.02074 | 0.16550 | 0.00108 | 1001 | 29 | 992 | 8 | 987 | 6 | 101 |
| D1801-13 | 197 | 709 | 0.28 | 108 | 0.05314 | 0.00237 | 0.26244 | 0.01129 | 0.03582 | 0.00042 | 335 | 76 | 237 | 9 | 227 | 3 | 104 |
| D1801-14 | 63.0 | 97.3 | 0.65 | 21.5 | 0.05205 | 0.00641 | 0.36390 | 0.04398 | 0.05072 | 0.00136 | 288 | 223 | 315 | 33 | 319 | 8 | 99 |
| D1801-15 | 276 | 276 | 1.00 | 89.4 | 0.05731 | 0.00192 | 0.55364 | 0.01765 | 0.07007 | 0.00069 | 503 | 53 | 447 | 12 | 437 | 4 | 102 |
| D1801-16 | 780 | 634 | 1.23 | 186 | 0.07557 | 0.00310 | 0.65615 | 0.02566 | 0.06298 | 0.00082 | 1084 | 57 | 512 | 16 | 394 | 5 | 130 |
| D1801-17 | 365 | 379 | 0.96 | 41.3 | 0.06156 | 0.00216 | 0.20062 | 0.00670 | 0.02364 | 0.00023 | 659 | 55 | 186 | 6 | 151 | 1 | 123 |
| D1801-18 | 277 | 277 | 1.00 | 90.0 | 0.06324 | 0.00238 | 0.61158 | 0.02205 | 0.07014 | 0.00079 | 716 | 57 | 485 | 14 | 437 | 5 | 111 |
| D1801-19 | 179 | 404 | 0.44 | 75.8 | 0.05909 | 0.00183 | 0.34725 | 0.01016 | 0.04263 | 0.00039 | 570 | 48 | 303 | 8 | 269 | 2 | 113 |
| D1801-20 | 279 | 416 | 0.67 | 65.5 | 0.05359 | 0.00322 | 0.26531 | 0.01546 | 0.03591 | 0.00054 | 354 | 105 | 239 | 12 | 227 | 3 | 105 |
| D1801-21 | 210 | 436 | 0.48 | 79.8 | 0.05361 | 0.00197 | 0.31444 | 0.01107 | 0.04255 | 0.00043 | 355 | 61 | 278 | 9 | 269 | 3 | 103 |
| D1801-22 | 273 | 300 | 0.91 | 98.9 | 0.05782 | 0.00179 | 0.55974 | 0.01642 | 0.07021 | 0.00066 | 523 | 48 | 451 | 11 | 437 | 4 | 103 |
| D1801-23 | 120 | 221 | 0.54 | 134 | 0.06663 | 0.00129 | 1.25555 | 0.02180 | 0.13668 | 0.00104 | 826 | 24 | 826 | 10 | 826 | 6 | 100 |
| D1801-24 | 258 | 217 | 1.19 | 245 | 0.09331 | 0.00136 | 3.06376 | 0.03749 | 0.23816 | 0.00173 | 1494 | 13 | 1424 | 9 | 1377 | 9 | 108 |
| P07(10)(二长花岗岩、侵入至马尔争组) | | | | | | | | | | | | | | | | | |
| P07(10)-01 | 262 | 398 | 0.66 | 61.7 | 0.05173 | 0.00359 | 0.23616 | 0.01614 | 0.03310 | 0.00065 | 273 | 121 | 215 | 13 | 210 | 4 | 102 |
| P07(10)-02 | 217 | 498 | 0.44 | 74.2 | 0.04938 | 0.00154 | 0.22393 | 0.00701 | 0.03289 | 0.00046 | 166 | 47 | 205 | 6 | 209 | 3 | 98 |
| P07(10)-03 | 652 | 1281 | 0.51 | 183 | 0.05820 | 0.00277 | 0.21008 | 0.00956 | 0.02618 | 0.00037 | 537 | 107 | 194 | 8 | 167 | 2 | 116 |

续表

| 样品测试点号 | Th (ppm) | U (ppm) | Th/U | Pb (ppm) | 普通铅($^{208}$法)校对后同位素比值 | | | | | | 普通铅($^{208}$法)校对后表生年龄(Ma) | | | | | | 谐和度 |
|---|---|---|---|---|---|---|---|---|---|---|---|---|---|---|---|---|---|
| | | | | | $^{207}Pb/^{206}Pb$ | ±1σ | $^{207}Pb/^{235}U$ | ±1σ | $^{206}Pb/^{238}U$ | ±1σ | $^{207}Pb/^{206}Pb$ | ±1σ | $^{207}Pb/^{235}U$ | ±1σ | $^{206}Pb/^{238}U$ | ±1σ | |
| P07(10)-04 | 317 | 564 | 0.56 | 111 | 0.05441 | 0.00456 | 0.22024 | 0.01814 | 0.02936 | 0.00046 | 388 | 192 | 202 | 15 | 187 | 3 | 108 |
| P07(10)-05 | 704 | 740 | 0.95 | 561 | 0.07289 | 0.00089 | 1.55749 | 0.02187 | 0.15497 | 0.00197 | 1011 | 13 | 953 | 9 | 929 | 11 | 103 |
| P07(10)-06 | 703 | 1002 | 0.70 | 196 | 0.06824 | 0.00581 | 0.23164 | 0.01936 | 0.02462 | 0.00041 | 876 | 183 | 212 | 16 | 157 | 3 | 135 |
| P07(10)-07 | 265 | 668 | 0.40 | 101 | 0.04958 | 0.00123 | 0.22624 | 0.00571 | 0.03310 | 0.00044 | 175 | 35 | 207 | 5 | 210 | 3 | 99 |
| P07(10)-08 | 149 | 281 | 0.53 | 43.4 | 0.04901 | 0.00317 | 0.22471 | 0.01432 | 0.03326 | 0.00061 | 148 | 110 | 206 | 12 | 211 | 4 | 98 |
| P07(10)-09 | 706 | 1072 | 0.66 | 176 | 0.07265 | 0.00479 | 0.22912 | 0.01467 | 0.02287 | 0.00036 | 1004 | 138 | 209 | 12 | 146 | 2 | 143 |
| P07(10)-10 | 646 | 576 | 1.12 | 106 | 0.12143 | 0.00255 | 0.55293 | 0.01174 | 0.03303 | 0.00046 | 1977 | 19 | 447 | 8 | 209 | 3 | 214 |
| P07(10)-11 | 111 | 251 | 0.44 | 38.5 | 0.04943 | 0.00168 | 0.22576 | 0.00767 | 0.03313 | 0.00047 | 168 | 53 | 207 | 6 | 210 | 3 | 99 |
| P07(10)-12 | 250 | 489 | 0.51 | 3302 | 0.65804 | 0.65601 | 5.50088 | 4.42283 | 0.06063 | 0.03574 | 4642 | 4092 | 1901 | 691 | 379 | 217 | 502 |
| P07(10)-13 | 256 | 683 | 0.37 | 103 | 0.04966 | 0.00265 | 0.22494 | 0.01181 | 0.03286 | 0.00056 | 179 | 90 | 206 | 10 | 208 | 3 | 99 |
| P07(10)-14 | 278 | 471 | 0.59 | 74.2 | 0.04988 | 0.00180 | 0.22644 | 0.00814 | 0.03293 | 0.00047 | 189 | 57 | 207 | 7 | 209 | 3 | 99 |
| P07(10)-15 | 131 | 267 | 0.49 | 41.7 | 0.04760 | 0.00248 | 0.21716 | 0.01121 | 0.03309 | 0.00053 | 79 | 85 | 200 | 9 | 210 | 3 | 95 |
| P07(10)-16 | 244 | 458 | 0.53 | 71.5 | 0.05072 | 0.00362 | 0.23246 | 0.01637 | 0.03324 | 0.00063 | 228 | 126 | 212 | 13 | 211 | 4 | 100 |
| P07(10)-17 | 174 | 543 | 0.32 | 84.4 | 0.05203 | 0.00459 | 0.23730 | 0.02067 | 0.03308 | 0.00069 | 287 | 159 | 216 | 17 | 210 | 4 | 103 |
| P07(10)-18 | 383 | 680 | 0.56 | 217 | 0.05487 | 0.00073 | 0.49989 | 0.00731 | 0.06608 | 0.00082 | 407 | 15 | 412 | 5 | 412 | 5 | 100 |
| P07(10)-19 | 686 | 897 | 0.77 | 157 | 0.09853 | 0.00587 | 0.32853 | 0.01892 | 0.02418 | 0.00037 | 1597 | 114 | 288 | 14 | 154 | 2 | 187 |
| P07(10)-20 | 85.2 | 255 | 0.33 | 36.5 | 0.04882 | 0.00293 | 0.22272 | 0.01322 | 0.03309 | 0.00051 | 139 | 105 | 204 | 11 | 210 | 3 | 97 |
| P07(10)-21 | 646 | 897 | 0.72 | 136 | 0.05040 | 0.00253 | 0.23049 | 0.01151 | 0.03317 | 0.00046 | 213 | 90 | 211 | 9 | 210 | 3 | 100 |
| P07(10)-22 | 282 | 817 | 0.35 | 118 | 0.05014 | 0.00251 | 0.22803 | 0.01132 | 0.03298 | 0.00048 | 201 | 88 | 209 | 9 | 209 | 3 | 100 |
| P07(10)-23 | 450 | 764 | 0.59 | 155 | 0.07542 | 0.00596 | 0.29036 | 0.02250 | 0.02792 | 0.00043 | 1080 | 164 | 259 | 18 | 178 | 3 | 146 |

续表

| 样品测试点号 | Th (ppm) | U (ppm) | Th/U | Pb (ppm) | 普通铅($^{208}$法)校对后同位素比值 | | | | | | 普通铅($^{208}$法)校对后表生年龄(Ma) | | | | | | 谐和度 |
|---|---|---|---|---|---|---|---|---|---|---|---|---|---|---|---|---|---|
| | | | | | $^{207}Pb/^{206}Pb$ | ±1σ | $^{207}Pb/^{235}U$ | ±1σ | $^{206}Pb/^{238}U$ | ±1σ | $^{207}Pb/^{206}Pb$ | ±1σ | $^{207}Pb/^{235}U$ | ±1σ | $^{206}Pb/^{238}U$ | ±1σ | |
| P07(10)-24 | 504 | 915 | 0.55 | 157 | 0.07216 | 0.00374 | 0.28103 | 0.01406 | 0.02824 | 0.00038 | 991 | 108 | 251 | 11 | 180 | 2 | 139 |
| P07(10)-25 | 295 | 839 | 0.35 | 120 | 0.04910 | 0.00362 | 0.22171 | 0.01621 | 0.03275 | 0.00051 | 153 | 135 | 203 | 13 | 208 | 3 | 98 |
| P07(10)-26 | 10166 | 11129 | 0.91 | 1224 | 0.12237 | 0.02093 | 0.10773 | 0.01819 | 0.00638 | 0.00017 | 1991 | 327 | 104 | 17 | 41 | 1 | 254 |
| P07(10)-27 | 156 | 418 | 0.37 | 60.5 | 0.04940 | 0.00191 | 0.22483 | 0.00868 | 0.03301 | 0.00043 | 167 | 66 | 206 | 7 | 209 | 3 | 99 |
| P07(10)-28 | 370 | 628 | 0.59 | 93.7 | 0.05111 | 0.00349 | 0.23336 | 0.01574 | 0.03311 | 0.00056 | 246 | 123 | 213 | 13 | 210 | 3 | 101 |
| P07(10)-29 | 315 | 1033 | 0.31 | 164 | 0.05851 | 0.00274 | 0.23245 | 0.01050 | 0.02881 | 0.00036 | 549 | 105 | 212 | 9 | 183 | 2 | 116 |
| P07(10)-30 | 202 | 513 | 0.39 | 75.0 | 0.04937 | 0.00155 | 0.22415 | 0.00702 | 0.03293 | 0.00041 | 165 | 50 | 205 | 6 | 209 | 3 | 98 |
| D232(碱长花岗岩、侵入至马尔争组和P07(10)花岗质岩基) | | | | | | | | | | | | | | | | | |
| D232-01 | 186 | 457 | 0.41 | 66.4 | 0.04968 | 0.00169 | 0.20109 | 0.00683 | 0.02936 | 0.00040 | 180 | 54 | 186 | 6 | 187 | 3 | 99 |
| D232-02 | 275 | 828 | 0.33 | 131 | 0.08237 | 0.00177 | 0.33297 | 0.00722 | 0.02932 | 0.00038 | 1254 | 23 | 292 | 5 | 186 | 2 | 157 |
| D232-03 | 125 | 206 | 0.61 | 30.6 | 0.04943 | 0.00360 | 0.19943 | 0.01436 | 0.02926 | 0.00051 | 168 | 130 | 185 | 12 | 186 | 3 | 99 |
| D232-04 | 98.3 | 248 | 0.40 | 36.0 | 0.05033 | 0.00252 | 0.20297 | 0.01005 | 0.02925 | 0.00045 | 210 | 86 | 188 | 8 | 186 | 3 | 101 |
| D232-05 | 118 | 275 | 0.43 | 40.0 | 0.04810 | 0.00410 | 0.19417 | 0.01626 | 0.02928 | 0.00062 | 104 | 146 | 180 | 14 | 186 | 4 | 97 |
| D232-06 | 461 | 789 | 0.58 | 149 | 0.04771 | 0.00465 | 0.14378 | 0.01384 | 0.02186 | 0.00033 | 85 | 217 | 136 | 12 | 139 | 2 | 98 |
| D232-07 | 232 | 303 | 0.77 | 70.1 | 0.05468 | 0.00603 | 0.25977 | 0.02822 | 0.03445 | 0.00065 | 399 | 251 | 234 | 23 | 218 | 4 | 107 |
| D232-08 | 173 | 381 | 0.45 | 184 | 0.04605 | 0.00551 | 0.18570 | 0.02208 | 0.02925 | 0.00040 | | 238 | 173 | 19 | 186 | 3 | 93 |
| D232-09 | 324 | 1039 | 0.31 | 181 | 0.10968 | 0.00235 | 0.44607 | 0.00959 | 0.02950 | 0.00039 | 1794 | 21 | 375 | 7 | 187 | 2 | 201 |
| D232-10 | 225 | 481 | 0.47 | 70.8 | 0.05014 | 0.00191 | 0.20285 | 0.00768 | 0.02935 | 0.00042 | 201 | 61 | 188 | 6 | 186 | 3 | 101 |
| D232-11 | 140 | 331 | 0.42 | 48.6 | 0.04986 | 0.00238 | 0.20173 | 0.00951 | 0.02935 | 0.00045 | 188 | 81 | 187 | 8 | 186 | 3 | 101 |
| D232-12 | 142 | 327 | 0.43 | 47.7 | 0.05033 | 0.00289 | 0.20194 | 0.01146 | 0.02910 | 0.00047 | 210 | 101 | 187 | 10 | 185 | 3 | 101 |

续表

| 样品测试点号 | Th (ppm) | U (ppm) | Th/U | Pb (ppm) | 普通铅($^{208}$法)校对后同位素比值 | | | | | | 普通铅($^{208}$法)校对后表生年龄(Ma) | | | | | | 谐和度 |
|---|---|---|---|---|---|---|---|---|---|---|---|---|---|---|---|---|---|
| | | | | | $^{207}Pb/^{206}Pb$ | ±1σ | $^{207}Pb/^{235}U$ | ±1σ | $^{206}Pb/^{238}U$ | ±1σ | $^{207}Pb/^{206}Pb$ | ±1σ | $^{207}Pb/^{235}U$ | ±1σ | $^{206}Pb/^{238}U$ | ±1σ | |
| D232-13 | 211 | 366 | 0.58 | 205 | 0.04605 | 0.00597 | 0.20591 | 0.02648 | 0.03243 | 0.00051 | | 242 | 190 | 22 | 206 | 3 | 92 |
| D232-14 | 462 | 1371 | 0.34 | 221 | 0.13064 | 0.00255 | 0.45898 | 0.00902 | 0.02549 | 0.00034 | 2107 | 17 | 384 | 6 | 162 | 2 | 237 |
| D232-15 | 141 | 408 | 0.35 | 59.9 | 0.05031 | 0.00246 | 0.20292 | 0.00978 | 0.02926 | 0.00046 | 209 | 82 | 188 | 8 | 186 | 3 | 101 |
| D232-16 | 233 | 470 | 0.49 | 71.1 | 0.04930 | 0.00226 | 0.20168 | 0.00915 | 0.02968 | 0.00044 | 162 | 78 | 187 | 8 | 189 | 3 | 99 |
| D232-17 | 1221 | 1984 | 0.62 | 413 | 0.04605 | 0.00548 | 0.11392 | 0.01346 | 0.01794 | 0.00027 | | 236 | 110 | 12 | 115 | 2 | 96 |
| D232-18 | 58.8 | 175 | 0.34 | 29.7 | 0.05143 | 0.00400 | 0.21739 | 0.01675 | 0.03066 | 0.00053 | 260 | 143 | 200 | 14 | 195 | 3 | 103 |
| D232-19 | 243 | 451 | 0.54 | 82.7 | 0.05694 | 0.00407 | 0.23225 | 0.01626 | 0.02958 | 0.00042 | 489 | 163 | 212 | 13 | 188 | 3 | 113 |
| D232-20 | 217 | 539 | 0.40 | 100 | 0.05009 | 0.00396 | 0.20013 | 0.01557 | 0.02898 | 0.00040 | 199 | 180 | 185 | 13 | 184 | 3 | 101 |
| D232-21 | 182 | 382 | 0.48 | 65.0 | 0.05540 | 0.00295 | 0.25653 | 0.01324 | 0.03358 | 0.00045 | 429 | 122 | 232 | 11 | 213 | 3 | 109 |
| D232-22 | 200 | 386 | 0.52 | 56.6 | 0.05173 | 0.00328 | 0.23370 | 0.01467 | 0.03276 | 0.00050 | 273 | 116 | 213 | 12 | 208 | 3 | 102 |
| D232-23 | 182 | 413 | 0.44 | 68.4 | 0.04952 | 0.00593 | 0.15283 | 0.01812 | 0.02238 | 0.00038 | 172 | 260 | 144 | 16 | 143 | 2 | 101 |
| D232-24 | 215 | 559 | 0.38 | 84.2 | 0.06480 | 0.00172 | 0.29382 | 0.00786 | 0.03289 | 0.00040 | 768 | 36 | 262 | 6 | 209 | 2 | 125 |
| D233(碱长花岗岩、侵入至马尔争组和P07(10)花岗质岩基) | | | | | | | | | | | | | | | | | |
| D233-01 | 249 | 412 | 0.60 | 56.4 | 0.05058 | 0.00379 | 0.20332 | 0.01520 | 0.02915 | 0.00044 | 222 | 142 | 188 | 13 | 185 | 3 | 102 |
| D233-02 | 170 | 383 | 0.45 | 81.0 | 0.05706 | 0.00894 | 0.22982 | 0.03557 | 0.02921 | 0.00071 | 494 | 351 | 210 | 29 | 186 | 4 | 113 |
| D233-03 | 1937 | 5632 | 0.34 | 449 | 0.04605 | 0.00366 | 0.05593 | 0.00438 | 0.00881 | 0.00012 | | 175 | 55 | 4 | 56.5 | 0.8 | 97 |
| D233-04 | 302 | 517 | 0.58 | 71.7 | 0.05006 | 0.00234 | 0.20282 | 0.00950 | 0.02938 | 0.00041 | 198 | 83 | 188 | 8 | 187 | 3 | 101 |
| D233-05 | 207 | 354 | 0.58 | 49.5 | 0.05172 | 0.00503 | 0.20998 | 0.02026 | 0.02944 | 0.00056 | 273 | 183 | 194 | 17 | 187 | 4 | 104 |
| D233-06 | 527 | 928 | 0.57 | 118 | 0.08170 | 0.00254 | 0.26273 | 0.00738 | 0.02332 | 0.00031 | 1238 | 62 | 237 | 6 | 149 | 2 | 159 |
| D233-07 | 208 | 404 | 0.51 | 74.2 | 0.11800 | 0.00268 | 0.52105 | 0.01179 | 0.03203 | 0.00046 | 1926 | 21 | 426 | 8 | 203 | 3 | 210 |

续表

| 样品测试点号 | Th (ppm) | U (ppm) | Th/U | Pb (ppm) | 普通铅($^{208}$法)校对后同位素比值 | | | | | | 普通铅($^{208}$法)校对后表生年龄(Ma) | | | | | | 谐和度 |
|---|---|---|---|---|---|---|---|---|---|---|---|---|---|---|---|---|---|
| | | | | | $^{207}Pb/^{206}Pb$ | ±1σ | $^{207}Pb/^{235}U$ | ±1σ | $^{206}Pb/^{238}U$ | ±1σ | $^{207}Pb/^{206}Pb$ | ±1σ | $^{207}Pb/^{235}U$ | ±1σ | $^{206}Pb/^{238}U$ | ±1σ | |
| D233-08 | 400 | 713 | 0.56 | 96.9 | 0.05209 | 0.00252 | 0.21035 | 0.01017 | 0.02929 | 0.00041 | 289 | 85 | 194 | 9 | 186 | 3 | 104 |
| D233-09 | 243 | 478 | 0.51 | 73.9 | 0.05207 | 0.00138 | 0.23618 | 0.00632 | 0.03290 | 0.00045 | 288 | 37 | 215 | 5 | 209 | 3 | 103 |
| D233-10 | 138 | 290 | 0.47 | 58.9 | 0.04605 | 0.00559 | 0.16588 | 0.01995 | 0.02613 | 0.00044 | | 239 | 156 | 17 | 166 | 3 | 94 |
| D233-11 | 183 | 483 | 0.38 | 88.0 | 0.10669 | 0.00162 | 0.49160 | 0.00795 | 0.03342 | 0.00043 | 1744 | 14 | 406 | 5 | 212 | 3 | 192 |
| D233-12 | 227 | 622 | 0.36 | 84.2 | 0.04995 | 0.00130 | 0.20312 | 0.00535 | 0.02950 | 0.00040 | 193 | 36 | 188 | 5 | 187 | 3 | 101 |
| D234-2 | 1197 | 1446 | 0.83 | 250 | 0.05003 | 0.00246 | 0.21672 | 0.01022 | 0.03142 | 0.00044 | 196 | 114 | 199 | 9 | 199 | 3 | 100 |
| D234-3 | 316 | 815 | 0.39 | 139 | 0.05520 | 0.00324 | 0.23307 | 0.01322 | 0.03062 | 0.00047 | 420 | 135 | 213 | 11 | 194 | 3 | 110 |
| D233-15 | 222 | 532 | 0.42 | 72.4 | 0.04974 | 0.00140 | 0.20330 | 0.00576 | 0.02965 | 0.00041 | 183 | 41 | 188 | 5 | 188 | 3 | 100 |
| D233-16 | 87.2 | 90.7 | 0.96 | 227 | 0.15960 | 0.00171 | 10.29760 | 0.13053 | 0.46810 | 0.00599 | 2451 | 10 | 2462 | 12 | 2475 | 26 | 99 |
| D233-17 | 874 | 521 | 1.68 | 51.8 | 0.04905 | 0.00124 | 0.12738 | 0.00329 | 0.01884 | 0.00025 | 150 | 36 | 122 | 3 | 120 | 2 | 102 |
| D233-18 | 330 | 735 | 0.45 | 129 | 0.09902 | 0.00139 | 0.45255 | 0.00696 | 0.03316 | 0.00043 | 1606 | 13 | 379 | 5 | 210 | 3 | 180 |
| D233-19 | 885 | 5705 | 0.16 | 404 | 0.05385 | 0.00614 | 0.06486 | 0.00733 | 0.00874 | 0.00013 | 365 | 261 | 64 | 7 | 56.1 | 0.8 | 114 |
| D233-20 | 1218 | 504 | 2.42 | 53.3 | 0.04967 | 0.00178 | 0.13131 | 0.00470 | 0.01917 | 0.00024 | 180 | 60 | 125 | 4 | 122 | 2 | 102 |
| D233-21 | 290 | 745 | 0.39 | 109 | 0.05069 | 0.00179 | 0.23009 | 0.00814 | 0.03292 | 0.00040 | 227 | 59 | 210 | 7 | 209 | 2 | 100 |
| D233-22 | 162 | 321 | 0.50 | 48.2 | 0.05089 | 0.00298 | 0.23296 | 0.01360 | 0.03320 | 0.00044 | 236 | 110 | 213 | 11 | 211 | 3 | 101 |
| D233-23 | 446 | 1017 | 0.44 | 184 | 0.06353 | 0.00368 | 0.25573 | 0.01442 | 0.02920 | 0.00039 | 726 | 126 | 231 | 12 | 186 | 2 | 124 |
| D233-24 | 91.7 | 115 | 0.80 | 278 | 0.16327 | 0.00454 | 10.19016 | 0.24504 | 0.45266 | 0.00629 | 2490 | 48 | 2452 | 22 | 2407 | 28 | 103 |
| P16(38)(含黑云母石英岩、刀锋山组) | | | | | | | | | | | | | | | | | |
| P16(38)-01 | 127 | 347 | 0.37 | 161 | 0.06397 | 0.00152 | 0.95305 | 0.02106 | 0.10810 | 0.00092 | 741 | 32 | 680 | 11 | 662 | 5 | 103 |
| P16(38)-02 | 205 | 380 | 0.54 | 304 | 0.07219 | 0.00113 | 1.81006 | 0.02422 | 0.18193 | 0.00130 | 991 | 16 | 1049 | 9 | 1078 | 7 | 92 |

续表

| 样品测试点号 | Th (ppm) | U (ppm) | Th/U | Pb (ppm) | 普通铅($^{208}$法)校对后同位素比值 | | | | | | 普通铅($^{208}$法)校对后表生年龄(Ma) | | | | | | 谐和度 |
|---|---|---|---|---|---|---|---|---|---|---|---|---|---|---|---|---|---|
| | | | | | $^{207}Pb/^{206}Pb$ | ±1σ | $^{207}Pb/^{235}U$ | ±1σ | $^{206}Pb/^{238}U$ | ±1σ | $^{207}Pb/^{206}Pb$ | ±1σ | $^{207}Pb/^{235}U$ | ±1σ | $^{206}Pb/^{238}U$ | ±1σ | |
| P16(38)-03 | 192 | 119 | 1.62 | 62.7 | 0.06126 | 0.00381 | 0.91355 | 0.05538 | 0.10820 | 0.00192 | 648 | 100 | 659 | 29 | 662 | 11 | 100 |
| P16(38)-04 | 53.9 | 116 | 0.46 | 87.0 | 0.07019 | 0.00157 | 1.65478 | 0.03434 | 0.17105 | 0.00148 | 934 | 28 | 991 | 13 | 1018 | 8 | 92 |
| P16(38)-05 | 76.0 | 225 | 0.34 | 124 | 0.06751 | 0.00156 | 1.20113 | 0.02567 | 0.12909 | 0.00111 | 854 | 30 | 801 | 12 | 783 | 6 | 102 |
| P16(38)-06 | 108 | 157 | 0.69 | 75.6 | 0.06336 | 0.00207 | 0.94383 | 0.02943 | 0.10809 | 0.00112 | 720 | 48 | 675 | 15 | 662 | 7 | 102 |
| P16(38)-07 | 253 | 204 | 1.24 | 169 | 0.07274 | 0.00125 | 1.71496 | 0.02594 | 0.17106 | 0.00128 | 1007 | 19 | 1014 | 10 | 1018 | 7 | 99 |
| P16(38)-08 | 106 | 223 | 0.47 | 105 | 0.05747 | 0.00264 | 0.85838 | 0.03825 | 0.10838 | 0.00146 | 510 | 74 | 629 | 21 | 663 | 8 | 95 |
| P16(38)-09 | 267 | 550 | 0.49 | 381 | 0.06837 | 0.00093 | 1.50341 | 0.01643 | 0.15954 | 0.00106 | 880 | 12 | 932 | 7 | 954 | 6 | 98 |
| P16(38)-10 | 136 | 216 | 0.63 | 89.2 | 0.05941 | 0.00170 | 0.76883 | 0.02083 | 0.09389 | 0.00087 | 582 | 43 | 579 | 12 | 579 | 5 | 100 |
| P16(38)-11 | 52.0 | 146 | 0.36 | 58.4 | 0.06628 | 0.00272 | 0.85827 | 0.03391 | 0.09395 | 0.00116 | 815 | 62 | 629 | 19 | 579 | 7 | 109 |
| P16(38)-12 | 143 | 183 | 0.78 | 120 | 0.06621 | 0.00131 | 1.31673 | 0.02350 | 0.14429 | 0.00112 | 813 | 24 | 853 | 10 | 869 | 6 | 98 |
| P16(38)-13 | 65.7 | 68.0 | 0.97 | 196 | 0.19840 | 0.00252 | 15.38555 | 0.16060 | 0.56264 | 0.00459 | 2813 | 8 | 2839 | 10 | 2878 | 19 | 98 |
| P16(38)-14 | 195 | 406 | 0.48 | 167 | 0.06097 | 0.00243 | 0.78512 | 0.03014 | 0.09343 | 0.00113 | 638 | 62 | 588 | 17 | 576 | 7 | 102 |
| P16(38)-15 | 36.5 | 171 | 0.21 | 224 | 0.11500 | 0.00153 | 4.74274 | 0.05084 | 0.29923 | 0.00215 | 1880 | 10 | 1775 | 9 | 1687 | 11 | 111 |
| P16(38)-16 | 329 | 573 | 0.57 | 270 | 0.06049 | 0.00114 | 0.90339 | 0.01519 | 0.10835 | 0.00080 | 621 | 24 | 654 | 8 | 663 | 5 | 99 |
| P16(38)-17 | 130 | 376 | 0.35 | 235 | 0.06954 | 0.00108 | 1.39991 | 0.01858 | 0.14605 | 0.00102 | 915 | 16 | 889 | 8 | 879 | 6 | 101 |
| P16(38)-18 | 174 | 340 | 0.51 | 212 | 0.06397 | 0.00106 | 1.25998 | 0.01805 | 0.14292 | 0.00101 | 741 | 18 | 828 | 8 | 861 | 6 | 96 |
| P16(38)-19 | 372 | 656 | 0.57 | 1081 | 0.13117 | 0.00138 | 6.47262 | 0.04532 | 0.35802 | 0.00224 | 2114 | 5 | 2042 | 6 | 1973 | 11 | 107 |
| P16(38)-20 | 174 | 341 | 0.51 | 159 | 0.06009 | 0.00194 | 0.89318 | 0.02749 | 0.10784 | 0.00112 | 607 | 48 | 648 | 15 | 660 | 7 | 98 |
| P16(38)-21 | 63.7 | 183 | 0.35 | 73.4 | 0.06070 | 0.00147 | 0.78509 | 0.01765 | 0.09385 | 0.00078 | 629 | 34 | 588 | 10 | 578 | 5 | 102 |
| P16(38)-22 | 195 | 424 | 0.46 | 313 | 0.07179 | 0.00097 | 1.67733 | 0.01819 | 0.16952 | 0.00113 | 980 | 12 | 1000 | 7 | 1009 | 6 | 97 |

续表

| 样品测试点号 | Th (ppm) | U (ppm) | Th/U | Pb (ppm) | 普通铅($^{208}$法)校对后同位素比值 | | | | | | 普通铅($^{208}$法)校对后表生年龄(Ma) | | | | | | 谐和度 |
|---|---|---|---|---|---|---|---|---|---|---|---|---|---|---|---|---|---|
| | | | | | $^{207}Pb/^{206}Pb$ | ±1σ | $^{207}Pb/^{235}U$ | ±1σ | $^{206}Pb/^{238}U$ | ±1σ | $^{207}Pb/^{206}Pb$ | ±1σ | $^{207}Pb/^{235}U$ | ±1σ | $^{206}Pb/^{238}U$ | ±1σ | |
| P16(38)-23 | 164 | 186 | 0.88 | 90.7 | 0.06034 | 0.00347 | 0.89930 | 0.05030 | 0.10813 | 0.00178 | 616 | 92 | 651 | 27 | 662 | 10 | 98 |
| P16(38)-24 | 208 | 315 | 0.66 | 493 | 0.11118 | 0.00129 | 5.19379 | 0.04461 | 0.33893 | 0.00224 | 1819 | 7 | 1852 | 7 | 1882 | 11 | 97 |
| P16(38)-25 | 164 | 158 | 1.04 | 282 | 0.11898 | 0.00153 | 6.00331 | 0.06179 | 0.36608 | 0.00264 | 1941 | 9 | 1976 | 9 | 2011 | 12 | 97 |
| P16(38)-26 | 141 | 311 | 0.45 | 461 | 0.11767 | 0.00137 | 5.29952 | 0.04534 | 0.32676 | 0.00216 | 1921 | 7 | 1869 | 7 | 1823 | 10 | 105 |
| P16(38)-27 | 80.3 | 444 | 0.18 | 175 | 0.06081 | 0.00128 | 0.78619 | 0.01513 | 0.09381 | 0.00073 | 633 | 28 | 589 | 9 | 578 | 4 | 102 |
| P16(38)-28 | 52.2 | 204 | 0.26 | 80.8 | 0.06110 | 0.00233 | 0.79148 | 0.02894 | 0.09399 | 0.00108 | 643 | 59 | 592 | 16 | 579 | 6 | 102 |
| P16(38)-29 | 136 | 139 | 0.98 | 106 | 0.07638 | 0.00147 | 1.70829 | 0.02951 | 0.16227 | 0.00129 | 1105 | 22 | 1012 | 11 | 969 | 7 | 104 |
| P16(38)-30 | 65.3 | 170 | 0.38 | 372 | 0.16052 | 0.00185 | 10.34327 | 0.08897 | 0.46751 | 0.00326 | 2461 | 7 | 2466 | 8 | 2473 | 14 | 100 |
| P16(38)-31 | 125 | 284 | 0.44 | 133 | 0.06133 | 0.00145 | 0.91398 | 0.02005 | 0.10812 | 0.00091 | 651 | 33 | 659 | 11 | 662 | 5 | 100 |
| P16(38)-32 | 179 | 166 | 1.08 | 72.3 | 0.05726 | 0.00176 | 0.74076 | 0.02160 | 0.09385 | 0.00089 | 502 | 47 | 563 | 13 | 578 | 5 | 97 |
| P16(38)-33 | 405 | 793 | 0.51 | 300 | 0.06324 | 0.00093 | 0.78320 | 0.00954 | 0.08985 | 0.00060 | 716 | 15 | 587 | 5 | 555 | 4 | 106 |
| P16(38)-34 | 421 | 245 | 1.72 | 125 | 0.06277 | 0.00182 | 0.88540 | 0.02431 | 0.10234 | 0.00099 | 700 | 42 | 644 | 13 | 628 | 6 | 103 |
| P16(38)-35 | 71.0 | 179 | 0.40 | 71.2 | 0.05804 | 0.00194 | 0.74952 | 0.02390 | 0.09370 | 0.00095 | 531 | 52 | 568 | 14 | 577 | 6 | 98 |
| P16(38)-36 | 14.6 | 429 | 0.03 | 188 | 0.05977 | 0.00196 | 0.89299 | 0.02800 | 0.10840 | 0.00114 | 595 | 50 | 648 | 15 | 663 | 7 | 98 |
| P16(38)-37 | 51.2 | 122 | 0.42 | 57.4 | 0.06521 | 0.00279 | 0.97360 | 0.04016 | 0.10832 | 0.00142 | 781 | 65 | 690 | 21 | 663 | 8 | 104 |
| P16(38)-38 | 151 | 420 | 0.36 | 193 | 0.06082 | 0.00105 | 0.90691 | 0.01369 | 0.10819 | 0.00077 | 633 | 20 | 655 | 7 | 662 | 4 | 99 |
| P16(38)-39 | 80.4 | 50.1 | 1.61 | 26.9 | 0.06133 | 0.00323 | 0.91571 | 0.04707 | 0.10833 | 0.00149 | 651 | 87 | 660 | 25 | 663 | 9 | 100 |
| P16(38)-40 | 137 | 142 | 0.96 | 66.8 | 0.05750 | 0.00168 | 0.81137 | 0.02250 | 0.10238 | 0.00093 | 511 | 45 | 603 | 13 | 628 | 5 | 96 |
| P16(38)-41 | 116 | 813 | 0.14 | 309 | 0.05916 | 0.00105 | 0.76512 | 0.01199 | 0.09383 | 0.00067 | 573 | 22 | 577 | 7 | 578 | 4 | 100 |
| P16(38)-42 | 69.4 | 181 | 0.38 | 138 | 0.07237 | 0.00126 | 1.76527 | 0.02701 | 0.17696 | 0.00133 | 996 | 19 | 1033 | 10 | 1050 | 7 | 95 |

续表

| 样品测试点号 | Th (ppm) | U (ppm) | Th/U | Pb (ppm) | 普通铅($^{208}$法)校对后同位素比值 | | | | | | 普通铅($^{208}$法)校对后表生年龄(Ma) | | | | | | 谐和度 |
|---|---|---|---|---|---|---|---|---|---|---|---|---|---|---|---|---|---|
| | | | | | $^{207}$Pb/$^{206}$Pb | ±1σ | $^{207}$Pb/$^{235}$U | ±1σ | $^{206}$Pb/$^{238}$U | ±1σ | $^{207}$Pb/$^{206}$Pb | ±1σ | $^{207}$Pb/$^{235}$U | ±1σ | $^{206}$Pb/$^{238}$U | ±1σ | |
| P16(38)-43 | 518 | 267 | 1.94 | 670 | 0.15847 | 0.00174 | 9.95144 | 0.07748 | 0.45559 | 0.00302 | 2439 | 6 | 2430 | 7 | 2420 | 13 | 101 |
| P16(38)-44 | 144 | 155 | 0.93 | 73.1 | 0.06121 | 0.00156 | 0.86182 | 0.02052 | 0.10215 | 0.00087 | 647 | 36 | 631 | 11 | 627 | 5 | 101 |
| P16(38)-45 | 188 | 257 | 0.73 | 117 | 0.06018 | 0.00192 | 0.84767 | 0.02572 | 0.10219 | 0.00103 | 610 | 48 | 623 | 14 | 627 | 6 | 99 |
| P16(38)-46 | 196 | 181 | 1.09 | 84.9 | 0.06082 | 0.00226 | 0.85600 | 0.03050 | 0.10211 | 0.00117 | 633 | 57 | 628 | 17 | 627 | 7 | 100 |
| P16(38)-47 | 161 | 267 | 0.60 | 205 | 0.07418 | 0.00112 | 1.77078 | 0.02268 | 0.17318 | 0.00122 | 1046 | 15 | 1035 | 8 | 1030 | 7 | 102 |
| P16(38)-48 | 330 | 318 | 1.04 | 160 | 0.06068 | 0.00110 | 0.90536 | 0.01452 | 0.10825 | 0.00078 | 628 | 22 | 655 | 8 | 663 | 5 | 99 |

**附表 2　刀锋山地区岩石样品主量元素（wt%）和微量元素（ppm）测试结果**

| 样品编号 | P04(25) | P08(89) | P08(92) | P09(29) | P09(38) | P09(39) | D1738 | D1800-2 |
|---|---|---|---|---|---|---|---|---|
| 岩石类型 | 玄武岩 | 玄武岩 | 玄武安山岩 | 玄武岩 | 玄武安山岩 | 玄武安山岩 | 玄武安山岩 | 玄武安山岩 |
| $SiO_2$ | 51.97 | 51.57 | 52.17 | 46.43 | 52.15 | 52.63 | 53.72 | 56.30 |
| $TiO_2$ | 1.00 | 1.58 | 1.22 | 1.16 | 1.39 | 1.15 | 1.22 | 1.06 |
| $Al_2O_3$ | 15.55 | 15.06 | 14.98 | 12.80 | 15.65 | 14.72 | 14.36 | 12.92 |
| TFeO | 7.89 | 11.19 | 10.47 | 10.43 | 10.49 | 10.06 | 9.85 | 8.05 |
| FeO | 3.44 | 4.92 | 4.88 | 4.96 | 4.98 | 4.60 | 4.16 | 3.44 |
| $Fe_2O_3$ | 4.94 | 6.97 | 6.21 | 6.08 | 6.12 | 6.07 | 6.33 | 5.12 |
| MnO | 0.14 | 0.21 | 0.19 | 0.23 | 0.20 | 0.19 | 0.19 | 0.14 |
| MgO | 6.38 | 5.44 | 6.42 | 11.45 | 5.75 | 6.63 | 5.96 | 4.71 |
| CaO | 8.23 | 7.30 | 7.28 | 7.61 | 8.57 | 7.60 | 7.68 | 6.01 |
| $Na_2O$ | 3.24 | 3.69 | 3.32 | 2.56 | 2.92 | 3.24 | 3.45 | 3.69 |
| $K_2O$ | 0.68 | 0.53 | 0.54 | 1.14 | 0.71 | 0.65 | 0.56 | 1.06 |
| $P_2O_5$ | 0.10 | 0.15 | 0.11 | 0.13 | 0.14 | 0.11 | 0.13 | 0.12 |
| LOI | 4.05 | 1.54 | 1.80 | 4.20 | 0.98 | 1.80 | 0.98 | 4.20 |
| Total | 99.74 | 98.97 | 99.12 | 98.75 | 99.54 | 99.38 | 98.73 | 98.77 |
| $Mg^{\#}$ | 0.72 | 0.61 | 0.67 | 0.79 | 0.65 | 0.68 | 0.65 | 0.65 |
| A/CNK | 0.74 | 0.76 | 0.78 | 0.66 | 0.74 | 0.74 | 0.71 | 0.71 |
| A/NK | 2.56 | 2.27 | 2.48 | 2.35 | 2.81 | 2.44 | 2.29 | 1.79 |
| La | 18.75 | 27.25 | 20.76 | 26.47 | 27.97 | 25.66 | 56.44 | 23.43 |
| Ce | 32.01 | 44.59 | 34.52 | 40.02 | 44.49 | 40.24 | 86.59 | 37.93 |
| Pr | 3.987 | 5.468 | 4.409 | 4.609 | 5.569 | 4.730 | 9.529 | 5.028 |
| Nd | 15.50 | 21.77 | 17.94 | 16.96 | 21.76 | 17.85 | 32.96 | 20.22 |
| Sm | 3.307 | 4.862 | 3.993 | 3.122 | 4.615 | 3.877 | 5.242 | 4.186 |
| Eu | 0.947 | 1.430 | 1.173 | 1.114 | 1.243 | 1.103 | 1.328 | 1.249 |
| Gd | 3.504 | 5.192 | 4.250 | 3.497 | 4.758 | 4.192 | 5.525 | 4.226 |
| Tb | 0.635 | 0.995 | 0.825 | 0.627 | 0.898 | 0.776 | 0.900 | 0.752 |
| Dy | 4.313 | 6.856 | 5.522 | 4.040 | 5.998 | 5.156 | 5.615 | 4.719 |
| Ho | 0.911 | 1.437 | 1.156 | 0.871 | 1.246 | 1.126 | 1.189 | 1.002 |
| Er | 2.581 | 4.142 | 3.308 | 2.550 | 3.646 | 3.259 | 3.415 | 2.879 |
| Tm | 0.385 | 0.631 | 0.501 | 0.397 | 0.565 | 0.483 | 0.510 | 0.438 |
| Yb | 2.543 | 4.006 | 3.240 | 2.489 | 3.632 | 3.122 | 3.316 | 2.740 |
| Lu | 0.394 | 0.593 | 0.484 | 0.388 | 0.513 | 0.483 | 0.499 | 0.431 |
| Y | 21.42 | 34.77 | 28.20 | 20.87 | 30.12 | 26.80 | 28.03 | 24.24 |
| V | 119.3 | 135.9 | 125.1 | 126.6 | 133.1 | 124.2 | 124.0 | 119.6 |

**续表**

| | | | | | | | | |
|---|---|---|---|---|---|---|---|---|
| Cr | 280.0 | 199.2 | 229.3 | 382.0 | 175.3 | 210.5 | 233.3 | 139.9 |
| Ni | 81.75 | 72.28 | 65.04 | 274.3 | 68.91 | 86.34 | 65.73 | 50.59 |
| Sr | 261.9 | 183.5 | 191.2 | 189.5 | 195.3 | 184.2 | 215.1 | 289.8 |
| Co | 34.27 | 39.98 | 35.95 | 53.50 | 36.20 | 36.91 | 32.03 | 27.72 |
| Rb | 24.76 | 23.81 | 29.45 | 60.94 | 41.69 | 53.35 | 37.68 | 33.46 |
| Zr | 310.4 | 251.0 | 240.4 | 184.8 | 235.4 | 190.2 | 227.3 | 322.0 |
| Nb | 9.063 | 10.10 | 10.45 | 12.20 | 8.527 | 7.693 | 9.294 | 8.207 |
| Ba | 171.1 | 114.4 | 168.4 | 166.0 | 123.0 | 136.3 | 189.0 | 258.7 |
| Hf | 8.624 | 6.032 | 6.100 | 4.825 | 5.122 | 4.419 | 5.406 | 8.351 |
| Ta | 1.156 | 1.416 | 1.508 | 1.238 | 1.161 | 1.166 | 1.238 | 1.032 |
| Th | 4.420 | 4.664 | 4.261 | 1.925 | 3.389 | 2.662 | 4.952 | 4.170 |
| U | 1.327 | 0.798 | 0.709 | 0.454 | 0.729 | 0.624 | 0.767 | 1.508 |
| δEu | 0.85 | 0.87 | 0.87 | 1.03 | 0.81 | 0.84 | 0.75 | 0.91 |
| $(La/Yb)_N$ | 5.29 | 4.88 | 4.59 | 7.63 | 5.52 | 5.90 | 12.21 | 6.13 |
| $(La/Sm)_N$ | 3.66 | 3.62 | 3.36 | 5.47 | 3.91 | 4.27 | 6.95 | 3.61 |
| $(Gd/Yb)_N$ | 1.14 | 1.07 | 1.09 | 1.16 | 1.08 | 1.11 | 1.38 | 1.28 |

| 样品编号 | P03(23) | P03(25) | P03(29) | P03(43) | P03(110) | D275 | D286 | D1768 |
|---|---|---|---|---|---|---|---|---|
| 岩石类型 | 英安岩 | 英安岩 | 流纹岩 | 流纹岩 | 流纹岩 | 流纹岩 | 流纹岩 | 流纹岩 |
| $SiO_2$ | 70.52 | 73.52 | 71.82 | 71.24 | 75.75 | 72.80 | 71.20 | 73.62 |
| $TiO_2$ | 0.18 | 0.20 | 0.01 | 0.01 | 0.05 | 0.04 | 0.05 | 0.07 |
| $Al_2O_3$ | 12.76 | 11.52 | 14.10 | 13.88 | 13.07 | 14.42 | 14.19 | 13.14 |
| TFeO | 2.72 | 2.10 | 1.48 | 1.71 | 1.61 | 1.66 | 1.37 | 1.47 |
| FeO | 0.51 | 1.01 | 0.94 | 0.63 | 0.30 | 0.45 | 0.45 | 0.34 |
| $Fe_2O_3$ | 2.47 | 1.21 | 0.61 | 1.20 | 1.45 | 1.35 | 1.02 | 1.26 |
| MnO | 0.06 | 0.07 | 0.05 | 0.05 | 0.01 | 0.06 | 0.05 | 0.02 |
| MgO | 0.71 | 0.42 | 0.04 | 0.02 | 0.39 | 0.01 | 0.11 | 0.53 |
| CaO | 2.51 | 0.28 | 1.98 | 1.51 | 0.24 | 1.68 | 2.22 | 1.19 |
| $Na_2O$ | 4.74 | 2.31 | 3.35 | 4.22 | 3.06 | 4.47 | 2.56 | 3.08 |
| $K_2O$ | 1.97 | 1.91 | 2.98 | 3.09 | 2.70 | 2.02 | 3.73 | 2.76 |
| $P_2O_5$ | 0.05 | 0.06 | 0.02 | 0.02 | 0.03 | 0.03 | 0.02 | 0.02 |
| LOI | 3.72 | 7.68 | 2.57 | 2.34 | 2.96 | 2.58 | 2.91 | 3.19 |
| Total | 100.2 | 100.2 | 98.47 | 98.22 | 100.01 | 99.89 | 98.51 | 99.22 |
| $Mg^{\#}$ | 0.36 | 0.41 | 0.11 | 0.04 | 0.35 | 0.01 | 0.17 | 0.46 |
| A/CNK | 0.88 | 1.80 | 1.14 | 1.07 | 1.56 | 1.14 | 1.15 | 1.29 |
| A/NK | 1.29 | 1.96 | 1.61 | 1.35 | 1.64 | 1.51 | 1.72 | 1.63 |

续表

| La | 34.52 | 19.40 | 4.261 | 4.798 | 41.62 | 7.759 | 7.192 | 15.43 |
|---|---|---|---|---|---|---|---|---|
| Ce | 54.71 | 34.58 | 8.969 | 12.03 | 57.48 | 15.51 | 14.54 | 24.14 |
| Pr | 6.731 | 4.554 | 1.171 | 1.360 | 6.063 | 1.888 | 1.793 | 2.773 |
| Nd | 23.81 | 17.03 | 5.031 | 5.871 | 18.87 | 7.420 | 7.254 | 9.864 |
| Sm | 4.215 | 3.508 | 1.830 | 2.163 | 2.279 | 1.871 | 1.937 | 1.903 |
| Eu | 1.057 | 0.975 | 0.450 | 0.350 | 0.701 | 0.640 | 0.771 | 0.806 |
| Gd | 4.114 | 3.311 | 1.128 | 1.404 | 2.269 | 1.130 | 1.181 | 1.309 |
| Tb | 0.624 | 0.525 | 0.112 | 0.149 | 0.167 | 0.125 | 0.127 | 0.116 |
| Dy | 3.222 | 3.016 | 0.318 | 0.354 | 0.323 | 0.440 | 0.443 | 0.291 |
| Ho | 0.593 | 0.586 | 0.037 | 0.034 | 0.048 | 0.073 | 0.074 | 0.045 |
| Er | 1.662 | 1.620 | 0.114 | 0.100 | 0.215 | 0.227 | 0.235 | 0.173 |
| Tm | 0.234 | 0.222 | 0.014 | 0.013 | 0.018 | 0.028 | 0.035 | 0.015 |
| Yb | 1.499 | 1.445 | 0.118 | 0.103 | 0.116 | 0.185 | 0.261 | 0.106 |
| Lu | 0.212 | 0.220 | 0.017 | 0.014 | 0.019 | 0.028 | 0.041 | 0.016 |
| Y | 16.04 | 15.91 | 1.160 | 1.143 | 1.238 | 2.606 | 2.334 | 1.078 |
| V | 83.15 | 82.81 | 60.25 | 65.10 | 87.36 | 71.38 | 75.83 | 80.63 |
| Cr | 15.39 | 21.03 | 18.25 | 28.70 | 12.18 | 19.27 | 26.20 | 20.35 |
| Ni | 4.049 | 9.135 | 4.875 | 10.86 | 3.629 | 2.481 | 4.668 | 9.426 |
| Sr | 217.3 | 205.5 | 80.40 | 57.59 | 64.19 | 122.0 | 149.4 | 103.7 |
| Co | 3.436 | 3.604 | 1.230 | 0.698 | 1.037 | 0.636 | 0.520 | 1.524 |
| Rb | 72.48 | 72.85 | 189.7 | 174.7 | 103.7 | 103.2 | 168.7 | 101.8 |
| Zr | 211.5 | 196.1 | 55.09 | 51.03 | 172.0 | 54.55 | 54.45 | 174.2 |
| Nb | 9.528 | 6.723 | 13.47 | 12.13 | 11.92 | 11.38 | 10.79 | 12.00 |
| Ba | 520.4 | 519.0 | 221.0 | 197.8 | 210.5 | 188.3 | 651.3 | 263.4 |
| Hf | 7.191 | 6.315 | 2.632 | 2.825 | 6.575 | 2.546 | 2.537 | 6.677 |
| Ta | 1.167 | 0.966 | 1.468 | 1.505 | 1.332 | 1.313 | 1.160 | 1.213 |
| Th | 11.75 | 8.539 | 4.101 | 5.338 | 5.343 | 5.396 | 4.958 | 3.717 |
| U | 4.161 | 3.310 | 3.647 | 4.208 | 2.660 | 3.475 | 2.762 | 2.932 |
| δEu | 0.78 | 0.87 | 0.96 | 0.61 | 0.94 | 1.35 | 1.56 | 1.56 |
| $(La/Yb)_N$ | 16.52 | 9.63 | 25.90 | 33.41 | 257.33 | 30.08 | 19.77 | 104.41 |
| $(La/Sm)_N$ | 5.29 | 3.57 | 1.50 | 1.43 | 11.79 | 2.68 | 2.40 | 5.23 |
| $(Gd/Yb)_N$ | 2.27 | 1.90 | 7.91 | 11.28 | 16.18 | 5.05 | 3.74 | 10.22 |
| 样品编号 | D1596 | D1800-1 | D1801 | D1737 | P07(10) | P07(15) | P07(19) | P07(35) |
| 岩石类型 | 闪长玢岩 | 辉绿岩 | 辉绿岩 | 辉绿岩 | 二长花岗岩 | 二长花岗岩 | 二长花岗岩 | 二长花岗岩 |
| $SiO_2$ | 53.32 | 53.77 | 53.35 | 51.64 | 75.84 | 74.36 | 75.04 | 75.47 |
| $TiO_2$ | 0.83 | 1.67 | 1.49 | 1.46 | 0.08 | 0.07 | 0.14 | 0.12 |

续表

| $Al_2O_3$ | 14.45 | 13.76 | 14.96 | 15.76 | 12.27 | 11.98 | 12.55 | 12.66 |
|---|---|---|---|---|---|---|---|---|
| TFeO | 7.23 | 11.05 | 8.83 | 10.64 | 1.60 | 1.30 | 1.89 | 1.62 |
| FeO | 3.00 | 4.16 | 3.77 | 4.51 | 0.68 | 0.63 | 0.97 | 0.84 |
| $Fe_2O_3$ | 4.70 | 7.66 | 5.62 | 6.81 | 1.02 | 0.75 | 1.02 | 0.87 |
| MnO | 0.14 | 0.17 | 0.16 | 0.17 | 0.05 | 0.07 | 0.07 | 0.06 |
| MgO | 6.87 | 5.05 | 5.74 | 5.58 | 0.07 | 0.03 | 0.14 | 0.04 |
| CaO | 5.54 | 5.92 | 7.59 | 8.06 | 0.90 | 1.95 | 0.85 | 1.03 |
| $Na_2O$ | 5.05 | 3.32 | 2.30 | 2.76 | 3.35 | 3.25 | 3.27 | 3.22 |
| $K_2O$ | 0.36 | 1.17 | 1.16 | 0.88 | 3.94 | 4.61 | 4.93 | 4.73 |
| $P_2O_5$ | 0.17 | 0.22 | 0.19 | 0.13 | 0.02 | 0.02 | 0.04 | 0.03 |
| LOI | 5.73 | 2.90 | 3.45 | 1.28 | 1.38 | 1.66 | 0.78 | 0.70 |
| Total | 100.2 | 99.76 | 99.77 | 99.04 | 99.60 | 99.37 | 99.80 | 99.76 |
| $Mg^{\#}$ | 0.74 | 0.57 | 0.67 | 0.62 | 0.12 | 0.06 | 0.22 | 0.08 |
| A/CNK | 0.77 | 0.79 | 0.79 | 0.78 | 1.08 | 0.86 | 1.02 | 1.03 |
| A/NK | 1.66 | 2.05 | 2.97 | 2.87 | 1.25 | 1.16 | 1.17 | 1.21 |
| La | 22.18 | 28.94 | 22.49 | 30.43 | 12.17 | 11.77 | 21.36 | 18.22 |
| Ce | 38.17 | 49.21 | 38.96 | 46.90 | 28.27 | 27.67 | 47.70 | 41.60 |
| Pr | 4.890 | 6.331 | 5.168 | 5.548 | 3.485 | 3.610 | 6.000 | 5.202 |
| Nd | 18.83 | 26.02 | 21.07 | 20.77 | 13.24 | 14.03 | 23.24 | 20.21 |
| Sm | 3.630 | 5.762 | 4.607 | 4.301 | 4.680 | 4.952 | 6.566 | 5.763 |
| Eu | 1.340 | 1.497 | 1.270 | 1.294 | 0.081 | 0.073 | 0.285 | 0.202 |
| Gd | 3.528 | 6.047 | 4.910 | 4.720 | 5.617 | 4.933 | 6.477 | 5.659 |
| Tb | 0.548 | 1.121 | 0.909 | 0.884 | 1.593 | 1.243 | 1.434 | 1.314 |
| Dy | 3.350 | 7.478 | 5.933 | 5.997 | 12.21 | 8.549 | 10.06 | 9.042 |
| Ho | 0.687 | 1.543 | 1.250 | 1.282 | 2.629 | 1.734 | 2.070 | 1.863 |
| Er | 1.987 | 4.370 | 3.636 | 3.678 | 8.499 | 5.391 | 6.194 | 5.603 |
| Tm | 0.291 | 0.684 | 0.553 | 0.553 | 1.537 | 1.011 | 1.050 | 0.993 |
| Yb | 1.902 | 4.442 | 3.520 | 3.630 | 10.40 | 7.236 | 7.035 | 6.888 |
| Lu | 0.296 | 0.669 | 0.548 | 0.546 | 1.610 | 1.119 | 1.078 | 1.056 |
| Y | 16.93 | 37.42 | 30.52 | 30.83 | 76.02 | 49.56 | 58.29 | 52.78 |
| V | 120.0 | 120.1 | 122.5 | 134.7 | 42.80 | 77.88 | 76.80 | 80.05 |
| Cr | 269.1 | 76.89 | 281.5 | 203.4 | 21.98 | 26.44 | 22.93 | 21.37 |
| Ni | 144.4 | 34.48 | 84.39 | 77.00 | 4.451 | 5.654 | 4.178 | 2.582 |
| Sr | 598.7 | 179.5 | 244.0 | 167.8 | 23.80 | 33.84 | 46.20 | 33.88 |
| Co | 31.71 | 31.87 | 34.06 | 36.26 | 1.308 | 0.750 | 1.727 | 1.240 |
| Rb | 11.98 | 47.53 | 31.36 | 48.15 | 428.8 | 498.6 | 351.4 | 393.6 |

续表

| Zr | 287.8 | 413.5 | 368.4 | 212.3 | 65.75 | 45.36 | 72.61 | 65.62 |
|---|---|---|---|---|---|---|---|---|
| Nb | 12.55 | 9.957 | 10.207 | 8.986 | 9.194 | 9.921 | 8.588 | 8.640 |
| Ba | 588.0 | 214.0 | 214.1 | 222.1 | 42.88 | 48.92 | 166.63 | 94.45 |
| Hf | 7.494 | 10.97 | 9.673 | 5.200 | 3.698 | 2.511 | 3.133 | 2.759 |
| Ta | 1.159 | 1.106 | 1.132 | 1.281 | 2.601 | 3.768 | 2.607 | 2.218 |
| Th | 5.820 | 5.492 | 4.146 | 4.057 | 17.01 | 17.81 | 22.68 | 21.80 |
| U | 1.631 | 1.489 | 1.087 | 0.766 | 4.863 | 5.384 | 3.782 | 6.623 |
| $\delta Eu$ | 1.14 | 0.78 | 0.82 | 0.88 | 0.05 | 0.05 | 0.13 | 0.11 |
| $(La/Yb)_N$ | 8.36 | 4.67 | 4.58 | 6.01 | 0.84 | 1.17 | 2.18 | 1.90 |
| $(La/Sm)_N$ | 3.94 | 3.24 | 3.15 | 4.57 | 1.68 | 1.53 | 2.10 | 2.04 |
| $(Gd/Yb)_N$ | 1.53 | 1.13 | 1.15 | 1.08 | 0.45 | 0.56 | 0.76 | 0.68 |

| 样品编号 | P07(39) | P07(40) | D266 | D267-1 | D267-2 | D271-1 | D271-2 | D288-1 |
|---|---|---|---|---|---|---|---|---|
| 岩石类型 | 二长花岗岩 | 二长花岗岩 | 二长花岗岩 | 二长花岗岩 | 二长花岗岩 | 斑状二长花岗岩 | 斑状二长花岗岩 | 二长花岗岩 |
| $SiO_2$ | 76.70 | 72.04 | 73.61 | 76.26 | 72.44 | 77.69 | 75.00 | 73.84 |
| $TiO_2$ | 0.08 | 0.16 | 0.07 | 0.05 | 0.06 | 0.30 | 0.07 | 0.04 |
| $Al_2O_3$ | 12.08 | 12.25 | 11.64 | 11.88 | 11.09 | 9.79 | 12.30 | 12.87 |
| TFeO | 1.48 | 2.11 | 1.30 | 1.21 | 1.62 | 2.05 | 1.35 | 1.66 |
| FeO | 0.63 | 1.16 | 0.72 | 0.09 | 0.99 | 0.45 | 0.85 | 1.12 |
| $Fe_2O_3$ | 0.95 | 1.07 | 0.65 | 1.25 | 0.70 | 1.77 | 0.56 | 0.61 |
| MnO | 0.06 | 0.12 | 0.05 | 0.20 | 0.05 | 0.05 | 0.05 | 0.07 |
| MgO | 0.06 | 0.18 | 0.10 | 0.04 | 0.03 | 0.20 | 0.02 | 0.02 |
| CaO | 0.76 | 2.62 | 2.28 | 0.72 | 3.06 | 0.73 | 1.03 | 1.60 |
| $Na_2O$ | 3.06 | 3.07 | 2.91 | 3.15 | 3.02 | 0.40 | 3.02 | 3.43 |
| $K_2O$ | 4.56 | 4.68 | 4.72 | 4.24 | 2.88 | 2.63 | 4.83 | 4.50 |
| $P_2O_5$ | 0.02 | 0.04 | 0.03 | 0.02 | 0.02 | 0.06 | 0.02 | 0.01 |
| LOI | 1.01 | 2.03 | 2.25 | 0.82 | 2.91 | 3.61 | 1.16 | 1.57 |
| Total | 99.96 | 99.41 | 99.03 | 98.71 | 97.25 | 97.67 | 98.92 | 99.70 |
| $Mg^{\#}$ | 0.11 | 0.25 | 0.23 | 0.05 | 0.07 | 0.18 | 0.08 | 0.07 |
| A/CNK | 1.06 | 0.82 | 0.83 | 1.07 | 0.81 | 2.02 | 1.02 | 0.96 |
| A/NK | 1.21 | 1.21 | 1.18 | 1.22 | 1.37 | 2.80 | 1.21 | 1.22 |
| La | 19.62 | 27.07 | 12.89 | 13.81 | 14.86 | 21.64 | 19.90 | 12.20 |
| Ce | 45.17 | 60.53 | 30.98 | 33.68 | 34.63 | 47.03 | 45.38 | 25.27 |
| Pr | 5.757 | 7.621 | 4.094 | 4.145 | 4.423 | 6.220 | 5.764 | 3.136 |
| Nd | 22.22 | 29.96 | 16.21 | 15.80 | 17.04 | 27.50 | 22.56 | 11.72 |
| Sm | 6.280 | 7.986 | 5.100 | 5.051 | 5.277 | 7.938 | 7.007 | 3.658 |

**续表**

| Eu | 0.129 | 0.291 | 0.168 | 0.106 | 0.108 | 0.947 | 0.175 | 0.111 |
|---|---|---|---|---|---|---|---|---|
| Gd | 6.024 | 7.855 | 4.916 | 5.244 | 5.583 | 7.865 | 7.256 | 3.583 |
| Tb | 1.322 | 1.717 | 1.171 | 1.394 | 1.423 | 1.720 | 1.764 | 1.161 |
| Dy | 9.115 | 11.60 | 8.270 | 10.33 | 10.48 | 11.03 | 12.61 | 8.465 |
| Ho | 1.904 | 2.431 | 1.707 | 2.157 | 2.238 | 2.269 | 2.685 | 2.110 |
| Er | 5.874 | 7.199 | 5.261 | 6.835 | 6.925 | 6.636 | 8.173 | 7.663 |
| Tm | 0.985 | 1.210 | 0.949 | 1.251 | 1.215 | 1.067 | 1.405 | 1.545 |
| Yb | 6.732 | 7.739 | 6.632 | 8.671 | 8.286 | 6.927 | 9.320 | 11.43 |
| Lu | 1.043 | 1.188 | 1.011 | 1.307 | 1.288 | 1.061 | 1.417 | 1.871 |
| Y | 55.08 | 67.81 | 48.21 | 61.68 | 64.38 | 62.34 | 76.72 | 57.62 |
| V | 80.99 | 76.10 | 74.71 | 79.93 | 73.47 | 69.79 | 68.97 | 74.24 |
| Cr | 18.08 | 20.73 | 23.01 | 40.05 | 19.66 | 49.54 | 18.58 | 23.81 |
| Ni | 1.845 | 3.456 | 5.562 | 13.29 | 3.982 | 36.81 | 2.845 | 3.418 |
| Sr | 27.59 | 49.45 | 38.47 | 33.46 | 51.54 | 179.53 | 38.43 | 37.61 |
| Co | 0.842 | 1.771 | 1.225 | 1.175 | 1.176 | 21.46 | 1.011 | 0.571 |
| Rb | 426.5 | 336.8 | 418.4 | 441.1 | 406.1 | 216.5 | 433.2 | 660.1 |
| Zr | 67.86 | 73.93 | 76.01 | 66.45 | 67.12 | 171.3 | 84.30 | 70.18 |
| Nb | 7.052 | 8.846 | 8.688 | 9.253 | 8.859 | 9.205 | 10.03 | 17.30 |
| Ba | 75.79 | 137.1 | 92.98 | 92.75 | 58.04 | 594.6 | 91.35 | 92.63 |
| Hf | 3.240 | 3.114 | 4.037 | 3.408 | 3.317 | 5.283 | 3.692 | 4.364 |
| Ta | 2.533 | 1.976 | 2.783 | 3.654 | 3.892 | 1.436 | 2.841 | 6.750 |
| Th | 22.91 | 25.74 | 17.10 | 19.85 | 18.59 | 15.87 | 21.88 | 24.68 |
| U | 18.28 | 3.487 | 5.039 | 5.334 | 4.923 | 17.85 | 6.264 | 6.245 |
| $\delta$Eu | 0.06 | 0.11 | 0.10 | 0.06 | 0.06 | 0.37 | 0.08 | 0.09 |
| $(La/Yb)_N$ | 2.09 | 2.51 | 1.39 | 1.14 | 1.29 | 2.24 | 1.53 | 0.77 |
| $(La/Sm)_N$ | 2.02 | 2.19 | 1.63 | 1.77 | 1.82 | 1.76 | 1.83 | 2.15 |
| $(Gd/Yb)_N$ | 0.74 | 0.84 | 0.61 | 0.50 | 0.56 | 0.94 | 0.64 | 0.26 |

| 样品编号 | D288-2 | D232 | D233 | D234 | D300 | P07(38) |
|---|---|---|---|---|---|---|
| 岩石类型 | 斑状二长花岗岩 | 碱长花岗岩 | 富石英碱长花岗岩 | | 二长花岗岩 | 二长花岗岩 |
| $SiO_2$ | 72.38 | 76.80 | 80.16 | 78.82 | 75.27 | 78.02 |
| $TiO_2$ | 0.03 | 0.09 | 0.06 | 0.06 | 0.03 | 0.05 |
| $Al_2O_3$ | 12.00 | 11.96 | 10.98 | 10.54 | 11.84 | 11.32 |
| TFeO | 1.21 | 1.21 | 1.02 | 1.32 | 1.01 | 1.17 |
| FeO | 0.63 | 0.58 | 0.47 | 0.27 | 0.47 | 0.45 |
| $Fe_2O_3$ | 0.65 | 0.71 | 0.61 | 1.17 | 0.60 | 0.80 |

续表

| | | | | | | |
|---|---|---|---|---|---|---|
| MnO | 0.07 | 0.06 | 0.05 | 0.05 | 0.07 | 0.04 |
| MgO | 0.02 | 0.12 | 0.00 | 0.08 | 0.01 | 0.06 |
| CaO | 2.75 | 0.92 | 1.40 | 1.90 | 1.56 | 0.68 |
| $Na_2O$ | 3.91 | 0.46 | 0.30 | 0.31 | 4.22 | 3.40 |
| $K_2O$ | 3.75 | 5.31 | 2.85 | 2.72 | 2.83 | 4.42 |
| $P_2O_5$ | 0.01 | 0.02 | 0.02 | 0.01 | 0.01 | 0.02 |
| LOI | 2.56 | 2.17 | 2.43 | 2.94 | 1.26 | 0.36 |
| Total | 98.75 | 99.20 | 99.33 | 98.87 | 98.17 | 99.62 |
| $Mg^{\#}$ | 0.05 | 0.25 | 0.01 | 0.12 | 0.03 | 0.13 |
| A/CNK | 0.77 | 1.46 | 1.79 | 1.53 | 0.92 | 0.97 |
| A/NK | 1.14 | 1.84 | 3.07 | 3.05 | 1.18 | 1.09 |
| La | 15.39 | 22.94 | 8.980 | 6.184 | 15.62 | 9.509 |
| Ce | 39.89 | 55.83 | 24.86 | 17.18 | 33.38 | 24.92 |
| Pr | 5.966 | 7.073 | 3.379 | 2.375 | 3.771 | 3.264 |
| Nd | 27.48 | 26.33 | 12.77 | 9.87 | 12.66 | 12.38 |
| Sm | 12.54 | 7.167 | 4.768 | 4.509 | 3.728 | 4.234 |
| Eu | 0.081 | 0.102 | 0.022 | 0.035 | 0.059 | 0.032 |
| Gd | 12.73 | 6.930 | 3.848 | 4.298 | 3.873 | 4.148 |
| Tb | 3.009 | 1.607 | 0.945 | 1.184 | 1.088 | 1.088 |
| Dy | 19.32 | 11.37 | 6.377 | 8.306 | 9.553 | 7.919 |
| Ho | 3.699 | 2.360 | 1.227 | 1.670 | 2.435 | 1.701 |
| Er | 10.867 | 7.215 | 3.869 | 5.162 | 9.170 | 5.355 |
| Tm | 1.918 | 1.215 | 0.777 | 0.995 | 1.950 | 1.013 |
| Yb | 13.590 | 8.070 | 6.089 | 7.289 | 15.12 | 7.401 |
| Lu | 2.150 | 1.202 | 0.955 | 1.138 | 2.542 | 1.159 |
| Y | 116.92 | 66.50 | 35.83 | 47.88 | 66.71 | 48.94 |
| V | 88.02 | 79.48 | 79.84 | 78.97 | 77.88 | 85.50 |
| Cr | 29.31 | 91.63 | 38.38 | 21.18 | 24.60 | 19.01 |
| Ni | 7.369 | 16.54 | 10.31 | 2.454 | 4.136 | 1.329 |
| Sr | 40.59 | 158.8 | 35.35 | 29.82 | 26.75 | 24.70 |
| Co | 1.012 | 0.977 | 0.660 | 0.642 | 0.809 | 0.543 |
| Rb | 818.2 | 516.0 | 334.2 | 298.3 | 310.5 | 340.5 |
| Zr | 62.59 | 76.09 | 45.75 | 50.57 | 50.72 | 61.55 |
| Nb | 16.71 | 12.36 | 9.671 | 5.151 | 5.786 | 17.11 |
| Ba | 58.80 | 52.56 | 20.40 | 33.41 | 31.03 | 32.60 |
| Hf | 4.216 | 3.489 | 2.867 | 3.044 | 3.770 | 3.291 |

续表

| Ta | 9.434 | 4.179 | 8.866 | 4.181 | 3.375 | 7.086 |
|---|---|---|---|---|---|---|
| Th | 21.99 | 28.07 | 13.04 | 14.16 | 14.00 | 15.40 |
| U | 13.19 | 4.610 | 5.119 | 5.407 | 3.442 | 11.86 |
| $\delta Eu$ | 0.02 | 0.04 | 0.02 | 0.02 | 0.05 | 0.02 |
| $(La/Yb)_N$ | 0.81 | 2.04 | 1.06 | 0.61 | 0.74 | 0.92 |
| $(La/Sm)_N$ | 0.79 | 2.07 | 1.22 | 0.89 | 2.71 | 1.45 |
| $(Gd/Yb)_N$ | 0.78 | 0.71 | 0.52 | 0.49 | 0.21 | 0.46 |

| 样品编号 | P03(10) | P03(12) | P03(15) | P04(33) | P08(95) | P08(101) |
|---|---|---|---|---|---|---|
| 岩石类型 | 砂质亮晶灰岩 | 钙泥质粉砂岩 | 钙泥质粉砂岩 | 长石石英砂岩 | 黑云母粉砂岩 | 斜长阳起石片岩 |
| $SiO_2$ | 29.58 | 33.94 | 34.07 | 61.90 | 57.22 | 50.40 |
| $TiO_2$ | 0.10 | 0.09 | 0.16 | 0.61 | 0.99 | 0.99 |
| $Al_2O_3$ | 2.37 | 1.81 | 3.20 | 10.53 | 15.44 | 16.67 |
| TFeO | 1.80 | 1.44 | 1.66 | 6.97 | 8.72 | 9.13 |
| FeO | 0.54 | 0.72 | 0.54 | 3.53 | 4.13 | 4.08 |
| $Fe_2O_3$ | 1.40 | 0.80 | 1.25 | 3.83 | 5.10 | 5.61 |
| MnO | 0.08 | 0.12 | 0.09 | 0.09 | 0.14 | 0.16 |
| MgO | 0.47 | 0.36 | 0.54 | 2.22 | 3.73 | 7.87 |
| CaO | 34.32 | 32.79 | 31.87 | 4.95 | 6.98 | 7.65 |
| $Na_2O$ | 0.57 | 0.58 | 0.58 | 3.58 | 2.68 | 2.87 |
| $K_2O$ | 0.43 | 0.39 | 0.83 | 2.30 | 1.43 | 0.63 |
| $P_2O_5$ | 0.11 | 0.09 | 0.10 | 0.08 | 0.11 | 0.09 |
| LOI | 28.93 | 27.17 | 26.57 | 5.16 | 1.69 | 2.62 |
| Total | 98.89 | 98.85 | 99.80 | 98.76 | 99.65 | 99.63 |
| $Mg^{\#}$ | 0.40 | 0.47 | 0.46 | 0.53 | 0.59 | 0.74 |
| A/CNK | 0.04 | 0.03 | 0.05 | 0.61 | 0.83 | 0.86 |
| A/NK | 1.69 | 1.32 | 1.72 | 1.26 | 2.59 | 3.08 |
| La | 8.525 | 8.128 | 9.743 | 16.56 | 25.83 | 12.14 |
| Ce | 14.04 | 11.95 | 16.60 | 27.93 | 44.96 | 20.11 |
| Pr | 1.886 | 1.740 | 2.168 | 4.035 | 5.882 | 2.680 |
| Nd | 7.416 | 7.10 | 8.45 | 16.47 | 23.26 | 11.22 |
| Sm | 1.542 | 1.421 | 1.687 | 3.214 | 4.734 | 2.737 |
| Eu | 0.385 | 0.358 | 0.432 | 1.172 | 1.289 | 0.965 |
| Gd | 1.546 | 1.435 | 1.658 | 2.999 | 4.642 | 2.934 |
| Tb | 0.275 | 0.252 | 0.270 | 0.484 | 0.795 | 0.589 |
| Dy | 1.686 | 1.589 | 1.586 | 2.873 | 4.895 | 3.973 |

续表

| Ho | 0.349 | 0.333 | 0.336 | 0.576 | 1.007 | 0.866 |
|---|---|---|---|---|---|---|
| Er | 1.032 | 0.966 | 0.977 | 1.699 | 2.926 | 2.523 |
| Tm | 0.156 | 0.151 | 0.147 | 0.250 | 0.456 | 0.390 |
| Yb | 1.018 | 0.985 | 0.947 | 1.641 | 2.855 | 2.464 |
| Lu | 0.161 | 0.147 | 0.147 | 0.259 | 0.422 | 0.382 |
| Y | 12.46 | 11.43 | 11.24 | 14.46 | 24.71 | 21.02 |
| V | 48.77 | 32.21 | 38.03 | 101.0 | 121.1 | 118.5 |
| Cr | 39.57 | 29.41 | 51.80 | 34.18 | 76.55 | 197.4 |
| Ni | 24.71 | 18.06 | 32.17 | 18.20 | 45.05 | 131.1 |
| Sr | 478.8 | 367.0 | 307.0 | 371.1 | 218.2 | 163.5 |
| Co | 4.769 | 4.879 | 6.196 | 12.53 | 27.00 | 37.79 |
| Rb | 26.70 | 23.56 | 36.71 | 70.52 | 90.50 | 40.44 |
| Zr | 44.93 | 43.48 | 64.30 | 249.8 | 285.5 | 134.1 |
| Nb | 2.960 | 2.863 | 3.910 | 8.539 | 11.25 | 6.855 |
| Ba | 304.8 | 192.6 | 381.4 | 478.9 | 295.6 | 111.1 |
| Hf | 1.272 | 1.265 | 1.833 | 7.220 | 7.575 | 3.799 |
| Ta | 0.363 | 0.302 | 0.337 | 1.100 | 1.293 | 1.179 |
| Th | 2.455 | 2.110 | 3.004 | 4.994 | 6.017 | 1.165 |
| U | 1.893 | 1.743 | 2.350 | 1.843 | 1.532 | 0.317 |
| $\delta Eu$ | 0.76 | 0.77 | 0.79 | 1.15 | 0.84 | 1.04 |
| $(La/Yb)_N$ | 6.01 | 5.92 | 7.38 | 7.24 | 6.49 | 3.53 |
| $(La/Sm)_N$ | 3.57 | 3.69 | 3.73 | 3.33 | 3.52 | 2.86 |
| $(Gd/Yb)_N$ | 1.26 | 1.21 | 1.45 | 1.51 | 1.35 | 0.99 |
| 样品编号 | P08(106) -2 | D1755 | D1732 | P16(37) | P16(38) | P17(9) |
| 岩石类型 | 黑云母粉砂岩 | 石英透辉石岩 | 长石石英砂岩 | 黑云石英砂岩 | 黑云石英砂岩 | 黑云石英砂岩 |
| $SiO_2$ | 61.67 | 47.03 | 62.75 | 85.31 | 82.43 | 81.13 |
| $TiO_2$ | 0.79 | 0.69 | 0.25 | 0.34 | 0.43 | 0.54 |
| $Al_2O_3$ | 13.71 | 10.98 | 6.48 | 4.75 | 4.96 | 7.51 |
| TFeO | 8.12 | 12.91 | 4.52 | 3.22 | 4.06 | 4.57 |
| FeO | 7.31 | 11.62 | 4.06 | 2.90 | 3.65 | 4.11 |
| $Fe_2O_3$ | 3.31 | 4.78 | 1.93 | 0.82 | 1.09 | 1.63 |
| MnO | 4.45 | 7.60 | 2.38 | 2.31 | 2.85 | 2.75 |
| MgO | 0.12 | 0.45 | 0.14 | 0.03 | 0.03 | 0.14 |
| CaO | 2.67 | 2.70 | 2.07 | 0.54 | 0.75 | 0.85 |
| $Na_2O$ | 5.63 | 20.88 | 8.14 | 0.52 | 0.66 | 0.64 |

续表

| $K_2O$ | 2.94 | 1.22 | 1.38 | 1.76 | 1.77 | 1.93 |
|---|---|---|---|---|---|---|
| $P_2O_5$ | 2.55 | 0.69 | 1.72 | 1.10 | 1.39 | 1.25 |
| LOI | 0.13 | 0.12 | 0.06 | 0.08 | 0.10 | 0.12 |
| Total | 1.50 | 1.69 | 12.28 | 2.46 | 2.84 | 1.58 |
| $Mg^{\#}$ | 99.44 | 98.83 | 99.58 | 100.01 | 99.31 | 100.08 |
| A/CNK | 0.77 | 0.27 | 0.34 | 0.94 | 0.88 | 1.32 |
| A/NK | 1.80 | 3.99 | 1.57 | 1.16 | 1.12 | 1.66 |
| La | 24.81 | 38.72 | 14.67 | 26.47 | 27.02 | 28.44 |
| Ce | 44.14 | 62.03 | 29.86 | 46.68 | 47.24 | 50.48 |
| Pr | 5.882 | 7.568 | 4.331 | 5.731 | 5.932 | 6.320 |
| Nd | 23.05 | 27.04 | 16.71 | 20.97 | 21.59 | 23.78 |
| Sm | 4.307 | 4.611 | 3.216 | 3.817 | 3.844 | 4.353 |
| Eu | 1.361 | 1.088 | 1.329 | 0.873 | 0.883 | 0.986 |
| Gd | 4.154 | 4.451 | 3.096 | 3.527 | 3.548 | 4.036 |
| Tb | 0.661 | 0.664 | 0.462 | 0.547 | 0.511 | 0.614 |
| Dy | 3.908 | 3.773 | 2.661 | 3.166 | 2.716 | 3.549 |
| Ho | 0.807 | 0.768 | 0.519 | 0.641 | 0.524 | 0.717 |
| Er | 2.361 | 2.172 | 1.473 | 1.831 | 1.510 | 2.071 |
| Tm | 0.362 | 0.315 | 0.195 | 0.276 | 0.215 | 0.310 |
| Yb | 2.329 | 2.138 | 1.207 | 1.752 | 1.442 | 2.058 |
| Lu | 0.378 | 0.333 | 0.186 | 0.265 | 0.220 | 0.316 |
| Y | 20.32 | 18.84 | 13.61 | 16.43 | 12.99 | 18.84 |
| V | 108.0 | 93.62 | 75.11 | 81.15 | 86.70 | 84.55 |
| Cr | 69.99 | 67.32 | 24.38 | 27.52 | 31.16 | 45.04 |
| Ni | 36.92 | 48.29 | 18.30 | 11.64 | 16.41 | 16.79 |
| Sr | 323.6 | 341.8 | 278.4 | 86.50 | 96.28 | 199.4 |
| Co | 16.73 | 13.04 | 8.67 | 4.237 | 6.305 | 7.943 |
| Rb | 85.87 | 41.67 | 66.60 | 40.37 | 54.15 | 57.17 |
| Zr | 251.5 | 216.1 | 163.4 | 220.2 | 231.1 | 203.8 |
| Nb | 13.31 | 7.529 | 3.948 | 5.866 | 7.007 | 8.773 |
| Ba | 638.9 | 166.0 | 385.3 | 219.7 | 253.6 | 260.6 |
| Hf | 7.056 | 6.193 | 4.144 | 5.780 | 6.150 | 5.487 |
| Ta | 1.328 | 1.099 | 0.838 | 0.949 | 0.937 | 0.999 |
| Th | 7.821 | 9.543 | 4.033 | 6.979 | 7.265 | 9.576 |
| U | 1.920 | 3.567 | 0.841 | 0.874 | 1.079 | 1.748 |
| $\delta Eu$ | 0.98 | 0.73 | 1.29 | 0.73 | 0.73 | 0.72 |

续表

| | | | | | | |
|---|---|---|---|---|---|---|
| $(La/Yb)_N$ | 7.64 | 12.99 | 8.72 | 10.84 | 13.44 | 9.91 |
| $(La/Sm)_N$ | 3.72 | 5.42 | 2.94 | 4.48 | 4.54 | 4.22 |
| $(Gd/Yb)_N$ | 1.48 | 1.72 | 2.12 | 1.67 | 2.04 | 1.62 |

注：TFeO=total FeO，TFeO=FeO+0.8998×$Fe_2O_3$。$Mg^{\#}=Mg/(Mg+TFe^{2+})$ 摩尔数，$\delta E=Eu_N/(Sm_N\times Gd_N)^{1/2}$，$(La/Yb)_N$、$(La/Sm)_N$ 和 $(Gd/Yb)_N$ 表示球粒陨石标准化后比值。

附表 3　刀锋山地区岩石样品锆石 Lu-Hf 同位素测试结果

| 样品测试点 | $T$(Ma) | 1σ | $^{176}Yb/^{177}Hf$ | 2σ | $^{176}Lu/^{177}Hf$ | 2σ | $^{176}Hf/^{177}Hf$ | 2σ | $^{176}Hf/^{177}Hf_i$ | $\varepsilon_{Hf}(t)$ | 2σ | $T_{DM}$(Hf) | $T_{2DM}$(Hf) | $f_{Lu/Hf}$ |
|---|---|---|---|---|---|---|---|---|---|---|---|---|---|---|
| P03(10)（钙质粉砂岩、马尔争组） | | | | | | | | | | | | | | |
| P03(10)-01 | 1835 | 21 | 0.023785 | 0.000160 | 0.000795 | 0.000002 | 0.281532 | 0.000027 | 0.281505 | −5.38 | 0.95 | 2393 | 2769 | −0.98 |
| P03(10)-02 | 811 | 11 | 0.054246 | 0.000633 | 0.001825 | 0.000003 | 0.282601 | 0.000028 | 0.282573 | 10.89 | 0.98 | 942 | 1016 | −0.95 |
| P03(10)-03 | 307 | 5 | 0.015434 | 0.000099 | 0.000629 | 0.000001 | 0.282800 | 0.000024 | 0.282796 | 7.61 | 0.85 | 635 | 834 | −0.98 |
| P03(10)-04 | 306 | 5 | 0.063948 | 0.000896 | 0.001897 | 0.000013 | 0.282343 | 0.000029 | 0.282332 | −8.84 | 1.04 | 1315 | 1875 | −0.94 |
| P03(10)-05 | 305 | 4 | 0.029371 | 0.000136 | 0.001124 | 0.000005 | 0.282545 | 0.000031 | 0.282538 | −1.56 | 1.08 | 1004 | 1415 | −0.97 |
| P03(10)-06 | 235 | 3 | 0.044092 | 0.000254 | 0.001871 | 0.000009 | 0.282906 | 0.000024 | 0.282898 | 9.63 | 0.86 | 502 | 650 | −0.94 |
| P03(10)-07 | 903 | 11 | 0.022262 | 0.000280 | 0.000909 | 0.000024 | 0.282404 | 0.000020 | 0.282388 | 6.41 | 0.71 | 1195 | 1370 | −0.97 |
| P03(10)-08 | 581 | 7 | 0.017097 | 0.000166 | 0.000705 | 0.000007 | 0.281943 | 0.000027 | 0.281936 | −16.79 | 0.97 | 1825 | 2580 | −0.98 |
| P03(10)-10 | 955 | 11 | 0.012582 | 0.000118 | 0.000464 | 0.000005 | 0.281868 | 0.000023 | 0.281860 | −11.15 | 0.82 | 1916 | 2509 | −0.99 |
| P03(10)-12 | 466 | 6 | 0.016704 | 0.000124 | 0.000717 | 0.000005 | 0.282319 | 0.000026 | 0.282313 | −5.99 | 0.92 | 1307 | 1817 | −0.98 |
| P03(10)-13 | 564 | 7 | 0.037244 | 0.000441 | 0.001230 | 0.000004 | 0.282407 | 0.000025 | 0.282394 | −0.94 | 0.89 | 1201 | 1573 | −0.96 |
| P03(10)-14 | 900 | 10 | 0.021689 | 0.000079 | 0.000894 | 0.000003 | 0.281857 | 0.000021 | 0.281841 | −13.04 | 0.74 | 1954 | 2585 | −0.97 |
| P03(10)-15 | 735 | 9 | 0.013428 | 0.000156 | 0.000412 | 0.000004 | 0.282236 | 0.000026 | 0.282230 | −2.95 | 0.94 | 1411 | 1830 | −0.99 |
| P03(10)-16 | 533 | 7 | 0.022604 | 0.000315 | 0.000735 | 0.000006 | 0.282241 | 0.000024 | 0.282234 | −7.31 | 0.83 | 1416 | 1950 | −0.98 |
| P03(10)-18 | 582 | 9 | 0.026637 | 0.000139 | 0.000841 | 0.000001 | 0.282188 | 0.000024 | 0.282179 | −8.15 | 0.84 | 1493 | 2040 | −0.97 |
| P03(10)-19 | 306 | 6 | 0.034935 | 0.000198 | 0.001192 | 0.000006 | 0.282772 | 0.000025 | 0.282765 | 6.48 | 0.88 | 684 | 906 | −0.96 |
| P03(10)-20 | 1013 | 12 | 0.059853 | 0.000341 | 0.001665 | 0.000007 | 0.282048 | 0.000035 | 0.282016 | −4.35 | 1.23 | 1725 | 2128 | −0.95 |
| P03(10)-21 | 549 | 7 | 0.035048 | 0.000397 | 0.001045 | 0.000015 | 0.282532 | 0.000030 | 0.282521 | 3.23 | 1.07 | 1020 | 1299 | −0.97 |
| P03(10)-22 | 1550 | 16 | 0.050931 | 0.000102 | 0.001804 | 0.000003 | 0.281718 | 0.000028 | 0.281665 | −4.48 | 0.98 | 2197 | 2553 | −0.95 |

续表

| 样品测试点 | $T$(Ma) | 1σ | $^{176}Yb/^{177}Hf$ | 2σ | $^{176}Lu/^{177}Hf$ | 2σ | $^{176}Hf/^{177}Hf$ | 2σ | $^{176}Hf/^{177}Hf_i$ | $\varepsilon_{Hf}(t)$ | 2σ | $T_{DM}$(Hf) | $T_{2DM}$(Hf) | $f_{Lu/Hf}$ |
|---|---|---|---|---|---|---|---|---|---|---|---|---|---|---|
| P03(10)-23 | 553 | 7 | 0.015163 | 0.000572 | 0.000433 | 0.000013 | 0.281953 | 0.000028 | 0.281949 | −16.95 | 1 | 1799 | 2569 | −0.99 |
| P03(10)-24 | 306 | 4 | 0.020360 | 0.000152 | 0.000764 | 0.000004 | 0.282607 | 0.000032 | 0.282602 | 0.73 | 1.12 | 908 | 1271 | −0.98 |
| P03(10)-25 | 550 | 6 | 0.024348 | 0.000439 | 0.000733 | 0.000010 | 0.282313 | 0.000028 | 0.282305 | −4.39 | 1 | 1316 | 1780 | −0.98 |
| P03(10)-26 | 306 | 4 | 0.023933 | 0.000131 | 0.000899 | 0.000003 | 0.282630 | 0.000028 | 0.282624 | 1.51 | 0.98 | 879 | 1222 | −0.97 |
| P03(10)-27 | 550 | 8 | 0.014672 | 0.000082 | 0.000463 | 0.000001 | 0.282473 | 0.000027 | 0.282468 | 1.36 | 0.95 | 1087 | 1417 | −0.99 |
| P03(10)-29 | 905 | 11 | 0.035259 | 0.000376 | 0.001206 | 0.000009 | 0.282297 | 0.000032 | 0.282276 | 2.49 | 1.12 | 1355 | 1618 | −0.96 |
| D1800-2（玄武安山岩、马尔争组） | | | | | | | | | | | | | | |
| D1800-2-01 | 272 | 2 | 0.036098 | 0.000136 | 0.001254 | 0.000004 | 0.282578 | 0.000020 | 0.282572 | −1.11 | 0.69 | 960 | 1362 | −0.96 |
| D1800-2-02 | 272 | 3 | 0.052513 | 0.000348 | 0.001900 | 0.000013 | 0.282705 | 0.000030 | 0.282695 | 3.26 | 1.08 | 794 | 1084 | −0.94 |
| D1800-2-03 | 274 | 2 | 0.048160 | 0.000152 | 0.001766 | 0.000007 | 0.282656 | 0.000027 | 0.282647 | 1.60 | 0.97 | 862 | 1191 | −0.95 |
| D1800-2-04 | 271 | 2 | 0.039026 | 0.000072 | 0.001399 | 0.000004 | 0.282668 | 0.000026 | 0.282661 | 2.04 | 0.9 | 835 | 1161 | −0.96 |
| D1800-2-05 | 273 | 2 | 0.038323 | 0.000105 | 0.001371 | 0.000006 | 0.282655 | 0.000026 | 0.282648 | 1.61 | 0.91 | 854 | 1190 | −0.96 |
| D1800-2-06 | 273 | 2 | 0.079963 | 0.000961 | 0.002880 | 0.000034 | 0.282742 | 0.000035 | 0.282727 | 4.43 | 1.24 | 760 | 1011 | −0.91 |
| D1800-2-07 | 273 | 3 | 0.035428 | 0.000118 | 0.001276 | 0.000003 | 0.282613 | 0.000025 | 0.282606 | 0.15 | 0.88 | 911 | 1283 | −0.96 |
| D1800-2-09 | 274 | 3 | 0.021305 | 0.000062 | 0.000811 | 0.000004 | 0.282669 | 0.000025 | 0.282665 | 2.23 | 0.89 | 822 | 1151 | −0.98 |
| D1800-2-10 | 273 | 3 | 0.044462 | 0.000098 | 0.001506 | 0.000004 | 0.282690 | 0.000026 | 0.282682 | 2.83 | 0.94 | 807 | 1113 | −0.95 |
| D1800-2-13 | 1028 | 7 | 0.032025 | 0.000467 | 0.001096 | 0.000006 | 0.281943 | 0.000022 | 0.281921 | −6.96 | 0.79 | 1845 | 2316 | −0.97 |
| D1800-2-15 | 646 | 4 | 0.019062 | 0.000232 | 0.000645 | 0.000005 | 0.282332 | 0.000027 | 0.282324 | −1.60 | 0.97 | 1287 | 1677 | −0.98 |
| D1800-2-16 | 273 | 2 | 0.041951 | 0.000254 | 0.001526 | 0.000008 | 0.282624 | 0.000023 | 0.282616 | 0.49 | 0.8 | 902 | 1261 | −0.95 |
| D1800-2-17 | 272 | 2 | 0.049611 | 0.000196 | 0.001810 | 0.000010 | 0.282679 | 0.000026 | 0.282670 | 2.37 | 0.92 | 829 | 1141 | −0.95 |

续表

| 样品测试点 | $T$(Ma) | 1σ | $^{176}Yb/^{177}Hf$ | 2σ | $^{176}Lu/^{177}Hf$ | 2σ | $^{176}Hf/^{177}Hf$ | 2σ | $^{176}Hf/^{177}Hf_i$ | $\varepsilon_{Hf}(t)$ | 2σ | $T_{DM}$(Hf) | $T_{2DM}$(Hf) | $f_{Lu/Hf}$ |
|---|---|---|---|---|---|---|---|---|---|---|---|---|---|---|
| D1800-2-18 | 274 | 2 | 0.038526 | 0.000233 | 0.001557 | 0.000017 | 0.282819 | 0.000031 | 0.282811 | 7.40 | 1.08 | 623 | 822 | −0.95 |
| D1800-2-19 | 272 | 3 | 0.031859 | 0.000386 | 0.001144 | 0.000005 | 0.282653 | 0.000022 | 0.282647 | 1.55 | 0.78 | 852 | 1193 | −0.97 |
| D1800-2-20 | 275 | 3 | 0.037267 | 0.000466 | 0.001514 | 0.000026 | 0.282676 | 0.000027 | 0.282668 | 2.37 | 0.95 | 827 | 1143 | −0.95 |
| D1800-2-21 | 272 | 4 | 0.028819 | 0.000184 | 0.001066 | 0.000002 | 0.282803 | 0.000026 | 0.282798 | 6.89 | 0.91 | 637 | 853 | −0.97 |
| D1800-2-22 | 275 | 2 | 0.032257 | 0.000107 | 0.001143 | 0.000002 | 0.282734 | 0.000023 | 0.282728 | 4.49 | 0.81 | 737 | 1008 | −0.97 |
| D1800-2-24 | 273 | 3 | 0.038440 | 0.000254 | 0.001362 | 0.000011 | 0.282618 | 0.000029 | 0.282611 | 0.30 | 1.03 | 907 | 1273 | −0.96 |
| P03(110)(流纹岩、马尔争组) | | | | | | | | | | | | | | |
| P03(110)-01 | 2229 | 13 | 0.017507 | 0.000363 | 0.000650 | 0.000012 | 0.281490 | 0.000019 | 0.281461 | 5.03 | 0.68 | 2441 | 2531 | −0.98 |
| P03(110)-02 | 319 | 2 | 0.049091 | 0.000643 | 0.001522 | 0.000014 | 0.282801 | 0.000025 | 0.282792 | 7.73 | 0.88 | 648 | 836 | −0.95 |
| P03(110)-03 | 268 | 2 | 0.034865 | 0.001165 | 0.001165 | 0.000023 | 0.282661 | 0.000023 | 0.282655 | 1.77 | 0.83 | 840 | 1176 | −0.96 |
| P03(110)-04 | 268 | 4 | 0.035689 | 0.000210 | 0.001432 | 0.000007 | 0.282847 | 0.000025 | 0.282840 | 8.29 | 0.88 | 581 | 761 | −0.96 |
| P03(110)-06 | 311 | 2 | 0.023051 | 0.000183 | 0.000875 | 0.000005 | 0.282545 | 0.000023 | 0.282540 | −1.38 | 0.82 | 997 | 1408 | −0.97 |
| P03(110)-07 | 411 | 3 | 0.042528 | 0.000514 | 0.001312 | 0.000007 | 0.282811 | 0.000033 | 0.282801 | 10.06 | 1.18 | 631 | 758 | −0.96 |
| P03(110)-09 | 748 | 5 | 0.017068 | 0.000313 | 0.000665 | 0.000011 | 0.282361 | 0.000025 | 0.282352 | 1.65 | 0.9 | 1247 | 1550 | −0.98 |
| P03(110)-11 | 623 | 4 | 0.034522 | 0.000909 | 0.001027 | 0.000014 | 0.282444 | 0.000022 | 0.282432 | 1.73 | 0.79 | 1142 | 1450 | −0.97 |
| P03(110)-12 | 641 | 5 | 0.041177 | 0.000557 | 0.001078 | 0.000001 | 0.282530 | 0.000032 | 0.282517 | 5.14 | 1.15 | 1023 | 1248 | −0.97 |
| P03(110)-13 | 433 | 3 | 0.038685 | 0.000852 | 0.001100 | 0.000010 | 0.282592 | 0.000022 | 0.282583 | 2.86 | 0.76 | 936 | 1233 | −0.97 |
| P03(110)-16 | 265 | 2 | 0.026874 | 0.000395 | 0.000858 | 0.000005 | 0.282659 | 0.000020 | 0.282655 | 1.68 | 0.7 | 836 | 1179 | −0.97 |
| P03(110)-17 | 226 | 2 | 0.000440 | 0.000016 | 0.000010 | 0.000001 | 0.282725 | 0.000025 | 0.282725 | 3.31 | 0.88 | 727 | 1046 | −1.00 |
| P03(110)-18 | 265 | 2 | 0.032086 | 0.000249 | 0.001076 | 0.000003 | 0.282737 | 0.000024 | 0.282731 | 4.38 | 0.84 | 732 | 1008 | −0.97 |

续表

| 样品测试点 | $T$(Ma) | 1σ | $^{176}Yb/^{177}Hf$ | 2σ | $^{176}Lu/^{177}Hf$ | 2σ | $^{176}Hf/^{177}Hf$ | 2σ | $^{176}Hf/^{177}Hf_i$ | $\varepsilon_{Hf}(t)$ | 2σ | $T_{DM}$(Hf) | $T_{2DM}$(Hf) | $f_{Lu/Hf}$ |
|---|---|---|---|---|---|---|---|---|---|---|---|---|---|---|
| P03(127)-06 | 450 | 3 | 0.028452 | 0.000429 | 0.001136 | 0.000010 | 0.282492 | 0.000031 | 0.282482 | −0.34 | 1.08 | 1079 | 1448 | −0.97 |
| P03(127)-07 | 1004 | 6 | 0.047396 | 0.000556 | 0.001364 | 0.000007 | 0.282002 | 0.000024 | 0.281976 | −5.95 | 0.86 | 1775 | 2222 | −0.96 |
| P03(127)-08 | 418 | 3 | 0.044689 | 0.001416 | 0.001781 | 0.000054 | 0.282581 | 0.000031 | 0.282567 | 1.93 | 1.11 | 970 | 1280 | −0.95 |
| P03(127)-09 | 138 | 1 | 0.044497 | 0.000121 | 0.001392 | 0.000002 | 0.282444 | 0.000022 | 0.282440 | −8.72 | 0.77 | 1155 | 1741 | −0.96 |
| P03(127)-10 | 266 | 2 | 0.086302 | 0.001030 | 0.002266 | 0.000016 | 0.282571 | 0.000030 | 0.282560 | −1.65 | 1.07 | 997 | 1391 | −0.93 |
| P03(127)-11 | 265 | 4 | 0.145359 | 0.002436 | 0.004471 | 0.000054 | 0.282625 | 0.000038 | 0.282602 | −0.18 | 1.33 | 978 | 1297 | −0.87 |
| P03(127)-13 | 267 | 3 | 0.058147 | 0.002135 | 0.001607 | 0.000050 | 0.282612 | 0.000034 | 0.282604 | −0.07 | 1.21 | 921 | 1292 | −0.95 |
| P03(127)-14 | 265 | 3 | 0.124964 | 0.002081 | 0.003709 | 0.000026 | 0.282636 | 0.000031 | 0.282617 | 0.35 | 1.08 | 940 | 1263 | −0.89 |
| P03(127)-15 | 346 | 3 | 0.046332 | 0.000582 | 0.001592 | 0.000011 | 0.282471 | 0.000020 | 0.282460 | −3.42 | 0.7 | 1122 | 1564 | −0.95 |
| P03(127)-16 | 265 | 4 | 0.054208 | 0.001160 | 0.001407 | 0.000010 | 0.282648 | 0.000022 | 0.282641 | 1.18 | 0.77 | 865 | 1211 | −0.96 |
| P03(127)-17 | 267 | 3 | 0.213480 | 0.004631 | 0.006628 | 0.000071 | 0.282496 | 0.000045 | 0.282463 | −5.05 | 1.58 | 1256 | 1606 | −0.80 |
| P03(127)-18 | 256 | 2 | 0.095678 | 0.002125 | 0.002421 | 0.000038 | 0.282701 | 0.000035 | 0.282689 | 2.70 | 1.23 | 811 | 1108 | −0.93 |
| D1732（长石石英砂岩、库孜贡苏组） | | | | | | | | | | | | | | |
| D1732-03 | 245 | 2 | 0.024845 | 0.000134 | 0.000846 | 0.000003 | 0.282504 | 0.000025 | 0.282500 | −4.25 | 0.87 | 1054 | 1540 | −0.97 |
| D1732-05 | 451 | 3 | 0.031512 | 0.000261 | 0.001060 | 0.000009 | 0.282248 | 0.000028 | 0.282239 | −8.94 | 1.01 | 1419 | 1991 | −0.97 |
| D1732-06 | 450 | 4 | 0.036665 | 0.000241 | 0.001126 | 0.000004 | 0.282197 | 0.000023 | 0.282187 | −10.79 | 0.81 | 1493 | 2106 | −0.97 |
| D1732-09 | 243 | 7 | 0.018350 | 0.000083 | 0.000619 | 0.000003 | 0.282583 | 0.000024 | 0.282580 | −1.45 | 0.83 | 938 | 1361 | −0.98 |
| D1732-10 | 244 | 2 | 0.020344 | 0.000265 | 0.000748 | 0.000008 | 0.282595 | 0.000028 | 0.282592 | −1.00 | 0.99 | 923 | 1334 | −0.98 |
| D1732-13 | 449 | 3 | 0.025035 | 0.000420 | 0.000832 | 0.000013 | 0.282474 | 0.000028 | 0.282467 | −0.92 | 0.99 | 1096 | 1484 | −0.97 |
| D1732-14 | 448 | 3 | 0.026036 | 0.000644 | 0.000866 | 0.000019 | 0.282143 | 0.000021 | 0.282136 | −12.64 | 0.74 | 1557 | 2221 | −0.97 |

续表

| 样品测试点 | $T$(Ma) | 1σ | $^{176}Yb/^{177}Hf$ | 2σ | $^{176}Lu/^{177}Hf$ | 2σ | $^{176}Hf/^{177}Hf$ | 2σ | $^{176}Hf/^{177}Hf_i$ | $\varepsilon_{Hf}(t)$ | 2σ | $T_{DM}$(Hf) | $T_{2DM}$(Hf) | $f_{Lu/Hf}$ |
|---|---|---|---|---|---|---|---|---|---|---|---|---|---|---|
| D1732-15 | 282 | 5 | 0.024688 | 0.000184 | 0.000841 | 0.000010 | 0.282386 | 0.000025 | 0.282382 | −7.60 | 0.87 | 1218 | 1779 | −0.97 |
| D1732-16 | 385 | 4 | 0.037493 | 0.000732 | 0.001306 | 0.000020 | 0.282535 | 0.000028 | 0.282525 | −0.26 | 0.99 | 1023 | 1394 | −0.96 |
| D1732-17 | 700 | 5 | 0.034232 | 0.000287 | 0.001048 | 0.000011 | 0.281955 | 0.000021 | 0.281941 | −13.95 | 0.76 | 1825 | 2491 | −0.97 |
| D1732-21 | 450 | 5 | 0.028989 | 0.000192 | 0.000956 | 0.000003 | 0.282234 | 0.000021 | 0.282225 | −9.43 | 0.75 | 1435 | 2021 | −0.97 |
| D1732-22 | 449 | 3 | 0.019863 | 0.000232 | 0.000691 | 0.000004 | 0.282625 | 0.000022 | 0.282620 | 4.50 | 0.76 | 880 | 1141 | −0.98 |
| D1732-23 | 447 | 3 | 0.047442 | 0.000349 | 0.001457 | 0.000011 | 0.282202 | 0.000027 | 0.282190 | −10.76 | 0.95 | 1498 | 2102 | −0.96 |
| D1596（闪长玢岩、侵入至黄羊岭组） | | | | | | | | | | | | | | |
| D1596-04 | 445 | 3 | 0.022856 | 0.000439 | 0.000973 | 0.000014 | 0.282185 | 0.000018 | 0.282177 | −11.27 | 0.65 | 1503 | 2133 | −0.97 |
| D1596-05 | 445 | 4 | 0.037986 | 0.000946 | 0.001141 | 0.000012 | 0.282578 | 0.000025 | 0.282569 | 2.60 | 0.87 | 957 | 1258 | −0.97 |
| D1596-06 | 260 | 2 | 0.044181 | 0.000183 | 0.001789 | 0.000008 | 0.282739 | 0.000020 | 0.282730 | 4.23 | 0.7 | 743 | 1013 | −0.95 |
| D1596-07 | 958 | 6 | 0.049087 | 0.001029 | 0.001549 | 0.000026 | 0.282260 | 0.000025 | 0.282232 | 2.10 | 0.89 | 1420 | 1684 | −0.95 |
| D1596-08 | 258 | 3 | 0.060833 | 0.001126 | 0.001895 | 0.000005 | 0.282328 | 0.000026 | 0.282319 | −10.35 | 0.91 | 1336 | 1934 | −0.94 |
| D1596-09 | 312 | 3 | 0.049780 | 0.000159 | 0.001455 | 0.000015 | 0.283038 | 0.000027 | 0.283030 | 15.99 | 0.96 | 306 | 302 | −0.96 |
| D1596-10 | 257 | 2 | 0.030850 | 0.001390 | 0.001085 | 0.000038 | 0.282914 | 0.000031 | 0.282909 | 10.49 | 1.11 | 480 | 612 | −0.97 |
| D1596-11 | 1441 | 9 | 0.024722 | 0.000266 | 0.000825 | 0.000003 | 0.282029 | 0.000024 | 0.282006 | 5.42 | 0.85 | 1713 | 1864 | −0.98 |
| D1596-12 | 258 | 3 | 0.022609 | 0.000087 | 0.000669 | 0.000003 | 0.282350 | 0.000028 | 0.282347 | −9.38 | 1 | 1263 | 1874 | −0.98 |
| D1596-14 | 444 | 4 | 0.047397 | 0.000481 | 0.001435 | 0.000017 | 0.282306 | 0.000027 | 0.282294 | −7.14 | 0.95 | 1351 | 1873 | −0.96 |
| D1596-15 | 444 | 3 | 0.017246 | 0.000093 | 0.000522 | 0.000001 | 0.282342 | 0.000027 | 0.282338 | −5.58 | 0.94 | 1268 | 1775 | −0.98 |
| D1596-18 | 258 | 4 | 0.021450 | 0.000191 | 0.000625 | 0.000004 | 0.282383 | 0.000028 | 0.282380 | −8.19 | 0.99 | 1215 | 1799 | −0.98 |

续表

| 样品测试点 | $T$(Ma) | 1σ | $^{176}Yb/^{177}Hf$ | 2σ | $^{176}Lu/^{177}Hf$ | 2σ | $^{176}Hf/^{177}Hf$ | 2σ | $^{176}Hf/^{177}Hf_i$ | $\varepsilon_{Hf}(t)$ | 2σ | $T_{DM}$(Hf) | $T_{2DM}$(Hf) | $f_{Lu/Hf}$ |
|---|---|---|---|---|---|---|---|---|---|---|---|---|---|---|
| D1800-1（辉绿岩、侵入至马尔争组） | | | | | | | | | | | | | | |
| D1800-1-05 | 208 | 2 | 0.024823 | 0.000102 | 0.001014 | 0.000004 | 0.282577 | 0.000025 | 0.282573 | −2.47 | 0.9 | 956 | 1399 | −0.97 |
| D1800-1-08 | 2038 | 13 | 0.008164 | 0.000084 | 0.000263 | 0.000001 | 0.281379 | 0.000025 | 0.281368 | −3.87 | 0.89 | 2566 | 2889 | −0.99 |
| D1800-1-09 | 421 | 3 | 0.018273 | 0.000261 | 0.000683 | 0.000007 | 0.282344 | 0.000019 | 0.282339 | −6.06 | 0.69 | 1271 | 1787 | −0.98 |
| D1800-1-10 | 230 | 2 | 0.031271 | 0.000345 | 0.001039 | 0.000002 | 0.282582 | 0.000026 | 0.282578 | −1.82 | 0.92 | 949 | 1375 | −0.97 |
| D1800-1-15 | 216 | 2 | 0.018508 | 0.000158 | 0.000749 | 0.000006 | 0.282545 | 0.000024 | 0.282542 | −3.40 | 0.84 | 994 | 1464 | −0.98 |
| D1800-1-21 | 420 | 3 | 0.026363 | 0.000303 | 0.000916 | 0.000004 | 0.282388 | 0.000021 | 0.282381 | −4.59 | 0.74 | 1217 | 1694 | −0.97 |
| D1800-1-23 | 267 | 3 | 0.035099 | 0.000186 | 0.001420 | 0.000007 | 0.282797 | 0.000031 | 0.282790 | 6.52 | 1.08 | 652 | 873 | −0.96 |
| D1800-1-24 | 423 | 3 | 0.050479 | 0.000586 | 0.001959 | 0.000024 | 0.282553 | 0.000023 | 0.282537 | 1.01 | 0.81 | 1015 | 1342 | −0.94 |
| D1801（辉绿岩、侵入至马尔争组） | | | | | | | | | | | | | | |
| D1801-01 | 439 | 4 | 0.061435 | 0.000138 | 0.002359 | 0.000006 | 0.282505 | 0.000032 | 0.282485 | −0.47 | 1.14 | 1096 | 1448 | −0.93 |
| D1801-02 | 439 | 3 | 0.069442 | 0.000570 | 0.001968 | 0.000017 | 0.282540 | 0.000028 | 0.282524 | 0.90 | 0.99 | 1033 | 1362 | −0.94 |
| D1801-04 | 438 | 3 | 0.051247 | 0.002288 | 0.001817 | 0.000086 | 0.282390 | 0.000042 | 0.282375 | −4.41 | 1.48 | 1245 | 1696 | −0.95 |
| D1801-06 | 267 | 3 | 0.013774 | 0.000056 | 0.000458 | 0.000002 | 0.282036 | 0.000020 | 0.282034 | −20.2 | 0.71 | 1686 | 2562 | −0.99 |
| D1801-07 | 293 | 3 | 0.033251 | 0.000599 | 0.001197 | 0.000020 | 0.282316 | 0.000028 | 0.282310 | −9.91 | 0.98 | 1328 | 1933 | −0.96 |
| D1801-08 | 1574 | 10 | 0.037813 | 0.000296 | 0.001183 | 0.000028 | 0.281758 | 0.000027 | 0.281722 | −1.32 | 0.96 | 2105 | 2395 | −0.96 |
| D1801-09 | 768 | 6 | 0.031987 | 0.000797 | 0.001025 | 0.000027 | 0.282269 | 0.000033 | 0.282254 | −1.36 | 1.16 | 1388 | 1755 | −0.97 |
| D1801-10 | 320 | 3 | 0.059353 | 0.000759 | 0.002126 | 0.000051 | 0.282625 | 0.000027 | 0.282612 | 1.38 | 0.94 | 915 | 1241 | −0.94 |
| D1801-11 | 226 | 2 | 0.054873 | 0.001184 | 0.001818 | 0.000072 | 0.282529 | 0.000023 | 0.282521 | −3.92 | 0.81 | 1046 | 1504 | −0.95 |
| D1801-12 | 987 | 6 | 0.027359 | 0.000254 | 0.001020 | 0.000022 | 0.282301 | 0.000027 | 0.282282 | 4.51 | 0.97 | 1343 | 1555 | −0.97 |
| D1801-13 | 227 | 3 | 0.041107 | 0.000299 | 0.001176 | 0.000013 | 0.282444 | 0.000022 | 0.282439 | −6.78 | 0.77 | 1147 | 1686 | −0.96 |

续表

| 样品测试点 | $T$(Ma) | 1σ | $^{176}Yb/^{177}Hf$ | 2σ | $^{176}Lu/^{177}Hf$ | 2σ | $^{176}Hf/^{177}Hf$ | 2σ | $^{176}Hf/^{177}Hf_i$ | $\varepsilon_{Hf}(t)$ | 2σ | $T_{DM}$(Hf) | $T_{2DM}$(Hf) | $f_{Lu/Hf}$ |
|---|---|---|---|---|---|---|---|---|---|---|---|---|---|---|
| D1801-14 | 319 | 8 | 0.040474 | 0.000519 | 0.001326 | 0.000017 | 0.282418 | 0.000026 | 0.282411 | −5.77 | 0.93 | 1188 | 1692 | −0.96 |
| D1801-15 | 437 | 4 | 0.024702 | 0.000667 | 0.000711 | 0.000012 | 0.282097 | 0.000023 | 0.282091 | −14.5 | 0.83 | 1615 | 2329 | −0.98 |
| D1801-20 | 227 | 3 | 0.028569 | 0.000254 | 0.001145 | 0.000007 | 0.282560 | 0.000024 | 0.282555 | −2.70 | 0.83 | 984 | 1428 | −0.97 |
| D1801-21 | 269 | 3 | 0.023422 | 0.000174 | 0.000646 | 0.000002 | 0.282579 | 0.000024 | 0.282576 | −1.03 | 0.84 | 943 | 1354 | −0.98 |
| D1801-22 | 437 | 4 | 0.023405 | 0.000915 | 0.000672 | 0.000016 | 0.282165 | 0.000022 | 0.282160 | −12.0 | 0.78 | 1518 | 2175 | −0.98 |
| D1801-23 | 826 | 6 | 0.016837 | 0.000083 | 0.000498 | 0.000001 | 0.281733 | 0.000025 | 0.281725 | −18.8 | 0.9 | 2102 | 2887 | −0.99 |
| D1801-24 | 1377 | 9 | 0.046482 | 0.000425 | 0.001746 | 0.000026 | 0.281940 | 0.000027 | 0.281890 | 2.04 | 0.97 | 1881 | 2099 | −0.95 |
| P07(10)(二长花岗岩、侵入至马尔争组) | | | | | | | | | | | | | | |
| P07(10)-02 | 209 | 3 | 0.044183 | 0.000895 | 0.001467 | 0.000040 | 0.282760 | 0.000026 | 0.282754 | 3.97 | 0.92 | 706 | 991 | −0.96 |
| P07(10)-04 | 187 | 3 | 0.034284 | 0.000729 | 0.001256 | 0.000022 | 0.282713 | 0.000028 | 0.282709 | 1.88 | 0.97 | 768 | 1107 | −0.96 |
| P07(10)-05 | 929 | 11 | 0.043126 | 0.000324 | 0.001511 | 0.000013 | 0.281681 | 0.000026 | 0.281655 | −19.0 | 0.93 | 2231 | 2975 | −0.95 |
| P07(10)-07 | 210 | 3 | 0.061131 | 0.003548 | 0.001708 | 0.000082 | 0.282709 | 0.000025 | 0.282702 | 2.15 | 0.9 | 784 | 1107 | −0.95 |
| P07(10)-08 | 211 | 4 | 0.032864 | 0.000202 | 0.001047 | 0.000004 | 0.282741 | 0.000026 | 0.282737 | 3.38 | 0.91 | 725 | 1030 | −0.97 |
| P07(10)-11 | 210 | 3 | 0.046306 | 0.000514 | 0.001327 | 0.000023 | 0.282776 | 0.000026 | 0.282771 | 4.57 | 0.91 | 681 | 953 | −0.96 |
| P07(10)-13 | 208 | 3 | 0.041535 | 0.000167 | 0.001262 | 0.000004 | 0.282757 | 0.000027 | 0.282752 | 3.86 | 0.96 | 706 | 997 | −0.96 |
| P07(10)-14 | 209 | 3 | 0.042480 | 0.000473 | 0.001298 | 0.000009 | 0.282807 | 0.000026 | 0.282802 | 5.66 | 0.91 | 635 | 883 | −0.96 |
| P07(10)-15 | 210 | 3 | 0.034825 | 0.000138 | 0.001138 | 0.000005 | 0.282733 | 0.000024 | 0.282728 | 3.07 | 0.86 | 738 | 1049 | −0.97 |
| P07(10)-16 | 211 | 4 | 0.038514 | 0.001330 | 0.001137 | 0.000040 | 0.282769 | 0.000031 | 0.282764 | 4.36 | 1.1 | 688 | 968 | −0.97 |
| P07(10)-17 | 210 | 4 | 0.035151 | 0.000204 | 0.001125 | 0.000004 | 0.282823 | 0.000025 | 0.282819 | 6.27 | 0.88 | 610 | 845 | −0.97 |
| P07(10)-18 | 412 | 5 | 0.018625 | 0.000100 | 0.000657 | 0.000003 | 0.282460 | 0.000023 | 0.282455 | −2.15 | 0.81 | 1110 | 1534 | −0.98 |

续表

| 样品测试点 | $T$(Ma) | 1σ | $^{176}Yb/^{177}Hf$ | 2σ | $^{176}Lu/^{177}Hf$ | 2σ | $^{176}Hf/^{177}Hf$ | 2σ | $^{176}Hf/^{177}Hf_i$ | $\varepsilon_{Hf}(t)$ | 2σ | $T_{DM}$(Hf) | $T_{2DM}$(Hf) | $f_{Lu/Hf}$ |
|---|---|---|---|---|---|---|---|---|---|---|---|---|---|---|
| P07(10)-20 | 210 | 3 | 0.024191 | 0.000136 | 0.000784 | 0.000005 | 0.282713 | 0.000024 | 0.282710 | 2.41 | 0.86 | 759 | 1091 | −0.98 |
| P07(10)-21 | 210 | 3 | 0.061903 | 0.002270 | 0.001709 | 0.000061 | 0.282881 | 0.000027 | 0.282874 | 8.23 | 0.97 | 536 | 720 | −0.95 |
| P07(10)-22 | 209 | 3 | 0.037454 | 0.000171 | 0.001181 | 0.000005 | 0.282786 | 0.000024 | 0.282782 | 4.93 | 0.86 | 663 | 930 | −0.96 |
| P07(10)-23 | 178 | 3 | 0.220974 | 0.004070 | 0.006645 | 0.000141 | 0.282977 | 0.000036 | 0.282955 | 10.4 | 1.28 | 459 | 558 | −0.80 |
| P07(10)-24 | 180 | 2 | 0.083210 | 0.001394 | 0.002228 | 0.000029 | 0.282776 | 0.000024 | 0.282768 | 3.82 | 0.84 | 698 | 978 | −0.93 |
| P07(10)-27 | 209 | 3 | 0.024441 | 0.000173 | 0.000780 | 0.000005 | 0.282813 | 0.000023 | 0.282810 | 5.94 | 0.83 | 618 | 865 | −0.98 |
| P07(10)-29 | 183 | 2 | 0.047709 | 0.000786 | 0.001402 | 0.000024 | 0.282731 | 0.000023 | 0.282726 | 2.39 | 0.82 | 746 | 1071 | −0.96 |
| D232（碱长花岗岩、侵入至马尔争组和P07(10)花岗质岩基） | | | | | | | | | | | | | | |
| D232-01 | 187 | 3 | 0.027403 | 0.000239 | 0.000853 | 0.000003 | 0.282828 | 0.000023 | 0.282825 | 5.97 | 0.82 | 599 | 847 | −0.97 |
| D232-03 | 186 | 3 | 0.038696 | 0.000453 | 0.001211 | 0.000013 | 0.282728 | 0.000030 | 0.282724 | 2.38 | 1.05 | 747 | 1075 | −0.96 |
| D232-04 | 186 | 3 | 0.030374 | 0.000321 | 0.000942 | 0.000004 | 0.282772 | 0.000025 | 0.282769 | 3.98 | 0.88 | 679 | 973 | −0.97 |
| D232-05 | 186 | 4 | 0.029303 | 0.000364 | 0.000927 | 0.000013 | 0.282758 | 0.000023 | 0.282755 | 3.48 | 0.81 | 699 | 1005 | −0.97 |
| D232-06 | 139 | 2 | 0.098990 | 0.001335 | 0.003163 | 0.000043 | 0.282825 | 0.000025 | 0.282817 | 4.64 | 0.88 | 642 | 895 | −0.90 |
| D232-07 | 218 | 4 | 0.041959 | 0.000381 | 0.001581 | 0.000014 | 0.282718 | 0.000034 | 0.282712 | 2.66 | 1.2 | 768 | 1081 | −0.95 |
| D232-08 | 186 | 3 | 0.049402 | 0.000297 | 0.001743 | 0.000012 | 0.282709 | 0.000025 | 0.282703 | 1.64 | 0.89 | 785 | 1122 | −0.95 |
| D232-10 | 186 | 3 | 0.032093 | 0.000243 | 0.000980 | 0.000003 | 0.282797 | 0.000024 | 0.282794 | 4.86 | 0.85 | 644 | 917 | −0.97 |
| D232-11 | 186 | 3 | 0.025759 | 0.000331 | 0.000767 | 0.000002 | 0.282757 | 0.000023 | 0.282754 | 3.45 | 0.81 | 698 | 1006 | −0.98 |
| D232-12 | 185 | 3 | 0.029587 | 0.000446 | 0.000914 | 0.000004 | 0.282721 | 0.000022 | 0.282718 | 2.16 | 0.77 | 750 | 1088 | −0.97 |
| D232-13 | 206 | 3 | 0.048438 | 0.000415 | 0.001768 | 0.000008 | 0.282817 | 0.000026 | 0.282810 | 5.88 | 0.93 | 629 | 867 | −0.95 |
| D232-15 | 186 | 3 | 0.026859 | 0.000178 | 0.000859 | 0.000008 | 0.282800 | 0.000024 | 0.282797 | 4.96 | 0.86 | 639 | 910 | −0.97 |

续表

| 样品测试点 | $T$(Ma) | 1σ | $^{176}Yb/^{177}Hf$ | 2σ | $^{176}Lu/^{177}Hf$ | 2σ | $^{176}Hf/^{177}Hf$ | 2σ | $^{176}Hf/^{177}Hf_i$ | $\varepsilon_{Hf}(t)$ | 2σ | $T_{DM}$(Hf) | $T_{2DM}$(Hf) | $f_{Lu/Hf}$ |
|---|---|---|---|---|---|---|---|---|---|---|---|---|---|---|
| D232-16 | 189 | 3 | 0.065905 | 0.001150 | 0.001944 | 0.000031 | 0.282691 | 0.000028 | 0.282684 | 1.04 | 0.99 | 815 | 1162 | −0.94 |
| D232-17 | 115 | 2 | 0.229548 | 0.009920 | 0.007137 | 0.000268 | 0.283813 | 0.000076 | 0.283798 | 38.8 | 2.7 | −974 | −1335 | −0.79 |
| D232-18 | 195 | 3 | 0.025256 | 0.000121 | 0.000738 | 0.000002 | 0.282711 | 0.000026 | 0.282708 | 2.03 | 0.91 | 761 | 1104 | −0.98 |
| D232-20 | 184 | 3 | 0.071933 | 0.001043 | 0.002355 | 0.000038 | 0.282836 | 0.000023 | 0.282828 | 6.01 | 0.81 | 612 | 842 | −0.93 |
| D232-21 | 213 | 3 | 0.071933 | 0.000671 | 0.002264 | 0.000030 | 0.282789 | 0.000024 | 0.282780 | 4.95 | 0.84 | 680 | 932 | −0.93 |
| D232-22 | 208 | 3 | 0.055779 | 0.000437 | 0.001655 | 0.000003 | 0.282769 | 0.000024 | 0.282763 | 4.24 | 0.86 | 697 | 973 | −0.95 |
| D232-23 | 143 | 2 | 0.041207 | 0.000320 | 0.001266 | 0.000005 | 0.282817 | 0.000034 | 0.282814 | 4.63 | 1.22 | 620 | 898 | −0.96 |
| D233（碱长花岗岩、侵入至马尔争组和P07(10)花岗质岩基） | | | | | | | | | | | | | | |
| D233-01 | 185 | 3 | 0.054507 | 0.001784 | 0.001919 | 0.000049 | 0.282820 | 0.000025 | 0.282814 | 5.53 | 0.88 | 627 | 873 | −0.94 |
| D233-04 | 187 | 3 | 0.065512 | 0.000757 | 0.002331 | 0.000026 | 0.282868 | 0.000030 | 0.282860 | 7.23 | 1.06 | 564 | 766 | −0.93 |
| D233-05 | 187 | 4 | 0.059529 | 0.000540 | 0.002171 | 0.000018 | 0.283007 | 0.000037 | 0.282999 | 12.15 | 1.3 | 358 | 451 | −0.93 |
| D233-08 | 186 | 3 | 0.064941 | 0.001295 | 0.001934 | 0.000035 | 0.282823 | 0.000024 | 0.282817 | 5.66 | 0.86 | 623 | 865 | −0.94 |
| D233-09 | 209 | 3 | 0.039382 | 0.000261 | 0.001300 | 0.000003 | 0.282730 | 0.000026 | 0.282725 | 2.94 | 0.91 | 745 | 1057 | −0.96 |
| D233-10 | 166 | 3 | 0.037381 | 0.000248 | 0.001273 | 0.000008 | 0.282719 | 0.000025 | 0.282715 | 1.62 | 0.88 | 761 | 1108 | −0.96 |
| D233-12 | 187 | 3 | 0.046269 | 0.000175 | 0.001286 | 0.000006 | 0.282763 | 0.000022 | 0.282759 | 3.63 | 0.76 | 698 | 996 | −0.96 |
| D234—2 | 199 | 3 | 0.145114 | 0.000942 | 0.004285 | 0.000026 | 0.282835 | 0.000034 | 0.282819 | 6.04 | 1.2 | 647 | 851 | −0.87 |
| D233-15 | 188 | 3 | 0.028502 | 0.000061 | 0.000954 | 0.000002 | 0.282780 | 0.000026 | 0.282777 | 4.29 | 0.92 | 668 | 954 | −0.97 |
| D233-16 | 2475 | 26 | 0.020100 | 0.000216 | 0.000727 | 0.000008 | 0.281334 | 0.000032 | 0.281300 | 2.94 | 1.12 | 2657 | 2782 | −0.98 |
| D233-17 | 120 | 2 | 0.042740 | 0.000213 | 0.001443 | 0.000010 | 0.282255 | 0.000031 | 0.282252 | −15.78 | 1.11 | 1423 | 2173 | −0.96 |
| D233-20 | 122 | 2 | 0.035784 | 0.000599 | 0.001206 | 0.000014 | 0.282282 | 0.000026 | 0.282279 | −14.76 | 0.91 | 1376 | 2110 | −0.96 |

续表

| 样品测试点 | $T$(Ma) | 1σ | $^{176}Yb/^{177}Hf$ | 2σ | $^{176}Lu/^{177}Hf$ | 2σ | $^{176}Hf/^{177}Hf$ | 2σ | $^{176}Hf/^{177}Hf_i$ | $\varepsilon_{Hf}(t)$ | 2σ | $T_{DM}$(Hf) | $T_{2DM}$(Hf) | $f_{Lu/Hf}$ |
|---|---|---|---|---|---|---|---|---|---|---|---|---|---|---|
| D233-21 | 209 | 2 | 0.074397 | 0.000670 | 0.002077 | 0.000014 | 0.282679 | 0.000025 | 0.282671 | 1.02 | 0.89 | 835 | 1178 | −0.94 |
| D233-22 | 211 | 3 | 0.048318 | 0.000531 | 0.001523 | 0.000006 | 0.282779 | 0.000028 | 0.282773 | 4.68 | 1.01 | 679 | 947 | −0.95 |
| D233-24 | 2407 | 28 | 0.014701 | 0.000092 | 0.000553 | 0.000002 | 0.281203 | 0.000028 | 0.281177 | −0.54 | 0.99 | 2821 | 3024 | −0.98 |
| P16(38)(含黑云母石英砂岩、刀锋山组) | | | | | | | | | | | | | | |
| P16(38)-01 | 662 | 5 | 0.012778 | 0.000095 | 0.000398 | 0.000002 | 0.281919 | 0.000023 | 0.281914 | −15.75 | 0.82 | 1843 | 2575 | −0.99 |
| P16(38)-02 | 991 | 16 | 0.022999 | 0.000257 | 0.000752 | 0.000002 | 0.281666 | 0.000026 | 0.281652 | −17.72 | 0.92 | 2207 | 2943 | −0.98 |
| P16(38)-03 | 662 | 11 | 0.020929 | 0.000073 | 0.000654 | 0.000002 | 0.281780 | 0.000025 | 0.281772 | −20.78 | 0.89 | 2046 | 2888 | −0.98 |
| P16(38)-04 | 1018 | 8 | 0.016800 | 0.000152 | 0.000537 | 0.000002 | 0.282006 | 0.000024 | 0.281995 | −4.95 | 0.85 | 1732 | 2170 | −0.98 |
| P16(38)-05 | 783 | 6 | 0.030881 | 0.000450 | 0.001005 | 0.000009 | 0.281929 | 0.000021 | 0.281915 | −13.05 | 0.76 | 1859 | 2498 | −0.97 |
| P16(38)-06 | 662 | 7 | 0.039222 | 0.000079 | 0.001445 | 0.000005 | 0.282450 | 0.000025 | 0.282432 | 2.58 | 0.88 | 1147 | 1426 | −0.96 |
| P16(38)-07 | 1007 | 19 | 0.030849 | 0.000174 | 0.001068 | 0.000007 | 0.281617 | 0.000023 | 0.281597 | −19.32 | 0.81 | 2293 | 3053 | −0.97 |
| P16(38)-08 | 663 | 8 | 0.048817 | 0.000465 | 0.001714 | 0.000011 | 0.282439 | 0.000027 | 0.282418 | 2.10 | 0.94 | 1171 | 1457 | −0.95 |
| P16(38)-09 | 954 | 6 | 0.024269 | 0.000222 | 0.000750 | 0.000004 | 0.281854 | 0.000025 | 0.281841 | −11.85 | 0.88 | 1950 | 2551 | −0.98 |
| P16(38)-10 | 579 | 5 | 0.030612 | 0.000055 | 0.001055 | 0.000003 | 0.282059 | 0.000021 | 0.282047 | −12.89 | 0.73 | 1682 | 2335 | −0.97 |
| P16(38)-11 | 579 | 7 | 0.014739 | 0.000210 | 0.000552 | 0.000007 | 0.282125 | 0.000021 | 0.282119 | −10.36 | 0.75 | 1570 | 2177 | −0.98 |
| P16(38)-12 | 869 | 6 | 0.020895 | 0.000451 | 0.000799 | 0.000010 | 0.282375 | 0.000021 | 0.282362 | 4.72 | 0.75 | 1232 | 1450 | −0.98 |
| P16(38)-13 | 2813 | 8 | 0.022388 | 0.000183 | 0.000737 | 0.000002 | 0.280728 | 0.000027 | 0.280688 | −10.44 | 0.96 | 3471 | 3870 | −0.98 |
| P16(38)-14 | 576 | 7 | 0.013764 | 0.000107 | 0.000446 | 0.000002 | 0.282243 | 0.000026 | 0.282238 | −6.20 | 0.93 | 1403 | 1914 | −0.99 |
| P16(38)-16 | 663 | 5 | 0.030568 | 0.000063 | 0.001112 | 0.000002 | 0.282391 | 0.000024 | 0.282377 | 0.65 | 0.84 | 1220 | 1549 | −0.97 |
| P16(38)-17 | 879 | 6 | 0.020115 | 0.000058 | 0.000614 | 0.000001 | 0.282064 | 0.000023 | 0.282054 | −5.98 | 0.80 | 1655 | 2129 | −0.98 |

续表

| 样品测试点 | $T$(Ma) | 1σ | $^{176}Yb/^{177}Hf$ | 2σ | $^{176}Lu/^{177}Hf$ | 2σ | $^{176}Hf/^{177}Hf$ | 2σ | $^{176}Hf/^{177}Hf_i$ | $\varepsilon_{Hf}(t)$ | 2σ | $T_{DM}$(Hf) | $T_{2DM}$(Hf) | $f_{Lu/Hf}$ |
|---|---|---|---|---|---|---|---|---|---|---|---|---|---|---|
| P16(38)-18 | 861 | 6 | 0.054240 | 0.000397 | 0.001615 | 0.000009 | 0.282318 | 0.000025 | 0.282292 | 2.06 | 0.87 | 1340 | 1611 | —0.95 |
| P16(38)-19 | 2114 | 5 | 0.033491 | 0.000144 | 0.001169 | 0.000004 | 0.281160 | 0.000022 | 0.281113 | —11.45 | 0.80 | 2925 | 3401 | —0.96 |
| P16(38)-20 | 660 | 7 | 0.020277 | 0.000299 | 0.000787 | 0.000012 | 0.281958 | 0.000019 | 0.281948 | —14.59 | 0.68 | 1809 | 2502 | —0.98 |
| P16(38)-22 | 1009 | 6 | 0.022647 | 0.000202 | 0.000608 | 0.000001 | 0.282042 | 0.000022 | 0.282031 | —3.89 | 0.78 | 1685 | 2097 | —0.98 |
| P16(38)-24 | 1819 | 7 | 0.032090 | 0.000151 | 0.000846 | 0.000002 | 0.281148 | 0.000030 | 0.281119 | —17.98 | 1.05 | 2917 | 3577 | —0.97 |
| P16(38)-25 | 1941 | 9 | 0.020078 | 0.000354 | 0.000596 | 0.000008 | 0.281173 | 0.000020 | 0.281151 | —14.07 | 0.73 | 2865 | 3430 | —0.98 |
| P16(38)-26 | 1921 | 7 | 0.036523 | 0.000418 | 0.001071 | 0.000010 | 0.281235 | 0.000023 | 0.281196 | —12.92 | 0.82 | 2816 | 3345 | —0.97 |
| P16(38)-27 | 578 | 4 | 0.030830 | 0.000451 | 0.000786 | 0.000009 | 0.282143 | 0.000030 | 0.282134 | —9.84 | 1.05 | 1554 | 2143 | —0.98 |
| P16(38)-28 | 579 | 6 | 0.048098 | 0.000236 | 0.001432 | 0.000012 | 0.282284 | 0.000023 | 0.282268 | —5.05 | 0.82 | 1382 | 1844 | —0.96 |
| P16(38)-30 | 2461 | 7 | 0.030265 | 0.000184 | 0.000872 | 0.000001 | 0.280971 | 0.000023 | 0.280930 | —9.98 | 0.82 | 3157 | 3574 | —0.97 |
| P16(38)-31 | 662 | 5 | 0.024497 | 0.000823 | 0.000651 | 0.000017 | 0.281934 | 0.000029 | 0.281926 | —15.33 | 1.02 | 1835 | 2549 | —0.98 |
| P16(38)-36 | 663 | 7 | 0.022127 | 0.000111 | 0.000658 | 0.000001 | 0.281929 | 0.000019 | 0.281921 | —15.51 | 0.69 | 1843 | 2561 | —0.98 |
| P16(38)-37 | 663 | 8 | 0.008406 | 0.000070 | 0.000244 | 0.000001 | 0.282482 | 0.000022 | 0.282479 | 4.28 | 0.76 | 1067 | 1320 | —0.99 |
| P16(38)-41 | 578 | 4 | 0.031150 | 0.000206 | 0.000877 | 0.000004 | 0.282119 | 0.000025 | 0.282109 | —10.70 | 0.87 | 1591 | 2197 | —0.97 |
| P16(38)-42 | 996 | 19 | 0.016210 | 0.000038 | 0.000471 | 0.000002 | 0.282131 | 0.000020 | 0.282122 | —0.94 | 0.72 | 1557 | 1903 | —0.99 |
| P16(38)-44 | 627 | 5 | 0.022674 | 0.000383 | 0.000639 | 0.000007 | 0.282406 | 0.000026 | 0.282399 | 0.63 | 0.91 | 1184 | 1523 | —0.98 |
| P16(38)-46 | 627 | 7 | 0.017829 | 0.000035 | 0.000470 | 0.000002 | 0.281856 | 0.000020 | 0.281850 | —18.80 | 0.71 | 1934 | 2739 | —0.99 |
| P16(38)-47 | 1046 | 15 | 0.029338 | 0.000341 | 0.000803 | 0.000005 | 0.281987 | 0.000023 | 0.281971 | —5.19 | 0.83 | 1770 | 2207 | —0.98 |